建设行业职业教育任务引领型系列教材

工　程　材　料

主　编　卢志宏　李　丹
副主编　黄　健　马少华

中国建筑工业出版社

图书在版编目（CIP）数据

工程材料/卢志宏，李丹主编；黄健，马少华副主编．—北京：中国建筑工业出版社，2022.10
建设行业职业教育任务引领型系列教材
ISBN 978-7-112-27874-9

Ⅰ.①工… Ⅱ.①卢… ②李… ③黄… ④马… Ⅲ.①工程材料-高等学校-教材 Ⅳ.①TB3

中国版本图书馆CIP数据核字（2022）第162979号

本教材分为学习任务和线上平台作业两部分。学习任务突显了工作过程系统化的职业教育理念，按市政工程材料的性能检测及应用展开，包括砂、石、水泥、水泥混凝土、建筑砂浆、石灰、稳定土、钢材、沥青、沥青混合料项目。学习任务包含常用材料的种类、规格、取样复验、技术性能、质量标准、储存保管等以及不同品种材料的性能特点、应用。其中，材料的性能检测是课程重点，材料的性质与应用是课程核心。线上平台作业呈现了“互联网＋教育”“线上＋线下”同步教学模式。学生借助互联网，查阅最新标准、规范，及时更替或补充纸质版资料，培养学生的自我学习能力。教材旨在培养学生学会学习、工作，养成良好的职业思维与素养。

本教材可作为职业院校建设类专业的教材，也可作为企业培训教材。

为了更好地支持相应课程的教学，我们向采用本书作为教材的教师提供课件，有需要者可与出版社联系。建工书院：http://edu.cabplink.com，邮箱：jckj@cabp.com.cn，2917266507@qq.com，电话：（010）58337285。

责任编辑：聂　伟
责任校对：姜小莲

建设行业职业教育任务引领型系列教材
工程材料
主　编　卢志宏　李　丹
副主编　黄　健　马少华
*
中国建筑工业出版社出版、发行（北京海淀三里河路9号）
各地新华书店、建筑书店经销
霸州市顺浩图文科技发展有限公司制版
北京君升印刷有限公司印刷
*
开本：787毫米×1092毫米　1/16　印张：19¾　字数：479千字
2023年1月第一版　2023年1月第一次印刷
定价：**48.00**元（附数字资源及赠教师课件）
ISBN 978-7-112-27874-9
（40029）

前　言

《国家职业教育改革实施方案》（国发［2019］4号）明确提出：职业院校要深化产教融合，坚持知行合一、工学结合；运用现代信息技术改进教学方式方法，及时将新技术、新工艺、新规范纳入教学标准和教学内容；倡导职业院校使用新型活页式、工作手册式教材。在此背景下，我们尝试突破《工程材料》传统教材“理论系统化”体系，突出“工作过程系统化”职教理念，利用“互联网＋教育”技术手段，开展线上、线下同步混合式教学，使“线上”最新标准、规范成为“线下”纸质版教材的有效补充。

“工程材料”是职业院校建设类专业的一门基础课。本教材的“学习任务”均以企业实际问题或任务逐步加以引导、推进。学生在老师创设的“工作情境”中，上网查阅最新版国家、行业标准、规范，在教师的引领、帮助下，查中学、做中学，进而形成知行合一、理实一体的职业教育模式。为突出“工作过程系统化”的教学主线，凸显以学生为主体、自主学习、可持续发展的职业教育宗旨，主编特别将多年来“工程材料”的教改经验总结并转化成“教学思维导图”。

从教学思维导图中，可以清晰地看到由“企业活动”贯穿而成的教学中轴线；教学的重心在教学思维导图的左侧，即学生“自主学习、自主操作”，教师则主要承担引领、督查、帮助等职责。教师必须遵循学生的认知规律，尽量提出与企业相关的具体问题，且化整为零、化繁为简。对于学生自行组织、独立操作的检测项目，教师的引导同样需要由浅入深、由易渐难、循序渐进。

在模拟企业行为，引导学生完成学习任务的过程中，始终将学生视作企业新人、职场新手，让学生依照企业思路，主动上网查找最新版标准、规范，自主完成“企业问题”“企业任务”，进而完成相关材料的种类、规格、技术性能、质量标准、贮存保管等行业常识，即传统的理论知识的学习。借助规范的视频，扎实预习，自行组织，反思改进，完成材料性能检测及质量评定等实践性教学环节，提升学生职业技能与规范意识。以任务为导向、以学生为主体，让学生在查中学、做中学的过程中，首先搭建属于自己的粗浅知识框架；然后，通过教师的引导、答疑、补充、修复，让学生真正内化并完善其自建的知识结构体系。

职业教育服务于一线企业，必须紧跟最新标准与规范，培养学生企业思维、规范意识以及自主学习的能力。为此，采用了“线上＋线下”的混合式教学模式，为区别常规的线下活动，在教学思维导图中，还特别以“云朵曲线”标示出学生的线上平台作业：①学生用手机查阅最新PDF版的相关国家、行业标准、规范，或者通过下载“建标库”APP进行查找。**若发现教材摘录的规范或标准已更新，可对相关内容进行截屏，作为线下教材的更新。**②在材料性能检测前，学生自行上网搜索、优选检测视频；为提升预习质量，加深对规范的理解，还要求学生完成国家、行业标准、规范的试验步骤与检测视频截屏一一对应的“图文作业”。若网上视频与规范要求不相符时，应重新查找正确视频。③以小组为单位，在老师的引导、协助下，自行完成检测项目，并将小组自拍视频剪辑后，发送至学习平台。本教材为方便师生了解“线上教学”程序，将部分学生“线上作业”转化成“二维码资源”。随着信息技术、人工智能的发展，网络资源一定会更丰富、形象、动感，也更易于年轻一代的学生查阅、理解与掌握。在此，也期望企业、行业能与职教工作者一起，开发出更多更好的紧跟新标准、新规范、新技术的学习资源。

本教材旨在培养职教学生学会学习、工作。授之以鱼，不如授之以渔，让学生主动习得，而非被灌输“是什么”以及“怎么做”的相关知识。步入企业，本来就应该查阅并依据标准，规范、严谨地开展工作。教师只需要深入“为什么”及“如何解决”的教学环节，以补充、完善学生自建的知识体系，同时培养学生发现问题、反思修复的职场能力，为日后可持续性发展提供有效帮助和有力支撑。

职业教育教材的开发必须深化产教融合，坚持知行合一、工学结合，为产业发展服务。由于本教材主要面向市政专业，按工程材料的实际应用及性能检测两方面展开，所以在教材的开发过程中，立足市政行业，深入市政施工企业及建设工程第三方检测机构进行调研。在此，衷心感谢广州市市政集团有限公司和广州广检建设工程检测中心的大力支持与配合。特别感谢安关峰总工和叶建新所长的悉心指导与帮助。

本教材分为8个学习任务，共19个子任务。本教材由广州市城市建设职业学校、广州城市职业学院共同编写，具体编写分工如下：子任务1.1、子任务2.1、子任务2.2、子任务3.1由卢志宏编写；子任务3.2由卢志宏和安关峰编写；子任务7.1、子任务7.2、子任务8.1、子任务8.2由李丹编写；子任务8.3由李丹和安关峰编写；子任务6.1、子任务6.2由马少华编写，子任务6.3由马少华和安关峰编写；子任务1.2、子任务4.1、子任务4.2由黄健编写；子任务3.3由汪荷玲编写；子任务5.1由张志敏编写；子任务5.2由林煌编写。全书由卢志宏统稿，安关峰主审。

由于编者水平有限，书中不妥之处在所难免，恳请广大读者，特别是相关行业专家、一线技术人员批评指正。

卢志宏

教学思维导图

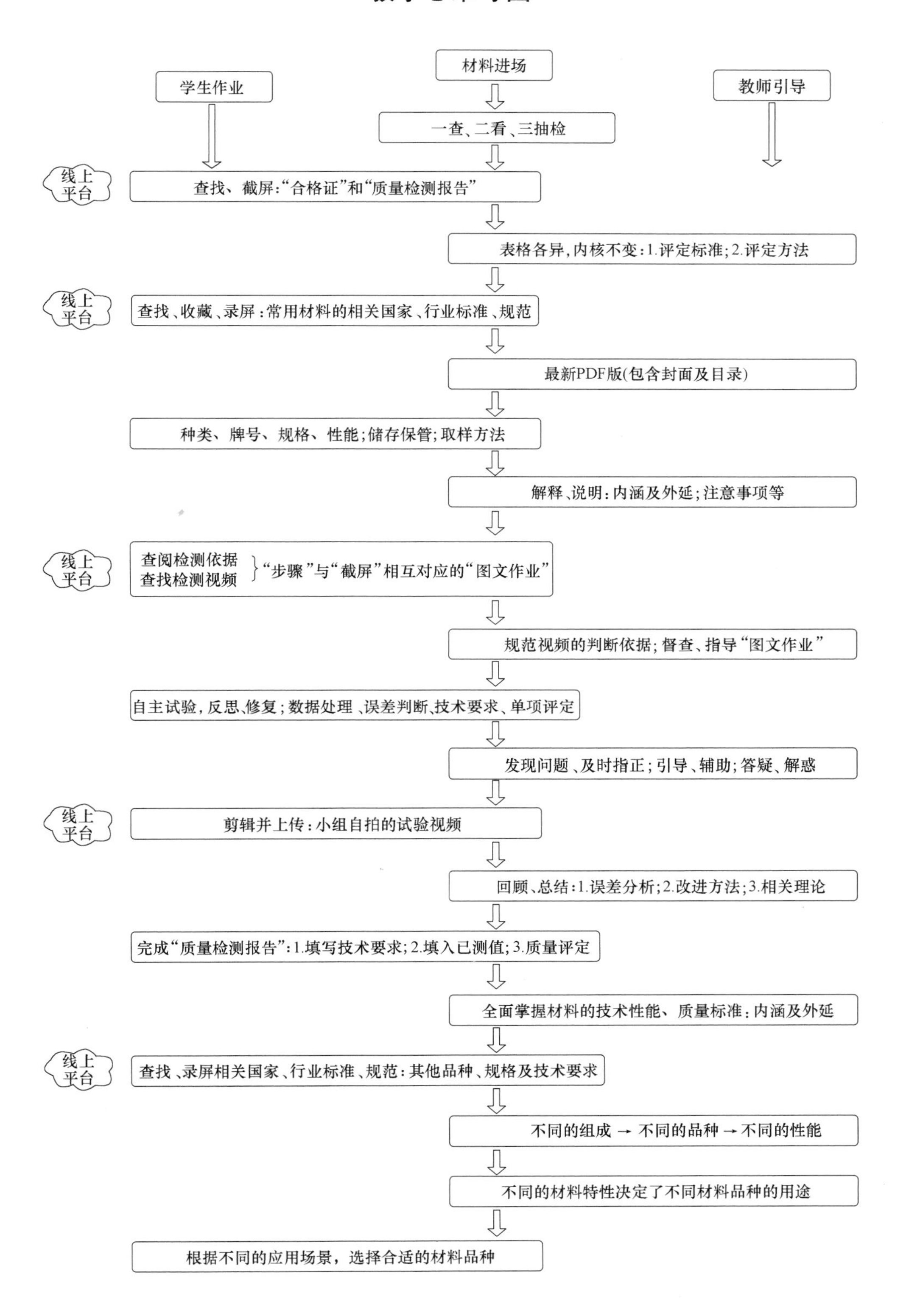

材料进场
学生作业
教师引导
一查、二看、三抽检
线上平台
查找、截屏:“合格证”和“质量检测报告”
表格各异,内核不变:1.评定标准;2.评定方法
线上平台
查找、收藏、录屏:常用材料的相关国家、行业标准、规范
最新PDF版(包含封面及目录)
种类、牌号、规格、性能;储存保管;取样方法
解释、说明:内涵及外延;注意事项等
线上平台
查阅检测依据
查找检测视频
“步骤”与“截屏”相互对应的“图文作业”
规范视频的判断依据;督查、指导“图文作业”
自主试验,反思、修复;数据处理、误差判断、技术要求、单项评定
发现问题、及时指正;引导、辅助;答疑、解惑
线上平台
剪辑并上传:小组自拍的试验视频
回顾、总结:1.误差分析;2.改进方法;3.相关理论
完成“质量检测报告”:1.填写技术要求;2.填入已测值;3.质量评定
全面掌握材料的技术性能、质量标准:内涵及外延
线上平台
查找、录屏相关国家、行业标准、规范:其他品种、规格及技术要求
不同的组成 → 不同的品种 → 不同的性能
不同的材料特性决定了不同材料品种的用途
根据不同的应用场景,选择合适的材料品种

目　录

学习任务 1　砂、石性能检测及其应用

子任务 1.1　砂的性能检测及其应用

一、学习准备

砂、石作为集料，在混凝土中起骨架作用，也称为骨料。与石子相比，砂的粒径较小（公称粒径小于5.00mm），填充在石子之间，故称为细骨料。为确保混凝土质量，应对进场砂的质量严格把关，做到“一查、二看、三抽检”。

（一）查阅产品资料

上网查阅：砂的出厂合格证和质量检测报告，并截屏上传学习平台。

查看砂检测报告（图 1.1-1），请问：依据什么标准进行砂的质量评定？该标准属于国家标准还是行业标准？

平行检测报告

××市建设工程检测中心有限公司

砂 检 验 报 告

平行检测　201719021543

委托单位：××市县发混凝土有限公司　　检验单位：（公章）

工程名称：自检（黄江）　　样品产地：深圳市龙华区[illegible]（麻涌/沙田）

工程部位：自检　　样品编号：SZ[illegible]-0038

收样日期：2022-09-19　试验日期：2022-09-21　报告日期：2022-09-27

检验依据：JGJ52-2006、GB/T 14684-2011　报告编号：SZ2022-00527

检验项目		检验结果	技术要求	备注
表观密度 (kg/m³)		2650	——	砂氯离子含量检验方法和技术要求按GB/T 14684-2011《建设用砂》执行，其他检验项目的检验方法和技术要求按JGJ 52-2006《普通混凝土用砂、石质量及检验方法标准》执行。
堆积密度 (kg/m³)		1470	——	
紧密密度 (kg/m³)		1590	——	
堆积空隙率(%)		——	——	
紧密空隙率(%)		——	——	
含水率 (%)		——	——	
吸水率 (%)		——	——	
含泥量 (标准法，%)		0.6	≥C60时为≤2.0；C55～C30时为≤3.0；≤C25时为≤5.0	
泥块含量 (%)		0.0	≥C60时为≤0.5；C55～C30时为≤1.0；≤C25时为≤2.0	
轻物质含量 (%)		——	≤1.0	
云母含量 (%)		——	≤2.0	
氯离子含量 (%)		0.001	Ⅰ类≤0.01，Ⅱ类≤0.02，Ⅲ类≤0.06	
坚固性（以质量损失%计）		——	≤10	
有机物	比标准颜色(比色法)	——	浅于标准色	
	抗压强度比	——	≥0.95	
碱活性		——	——	
硫化物及硫酸盐含量（以SO_3 %计）		——	≤1.0	
人工砂	石粉含量 (%)	——	≥C60时为≤2.0；C55～C30时为≤3.0；≤C25时为≤5.0	
	MB值	——	<1.4时以[illegible]；≥1.4时按[illegible]	
压碎值指标(人工砂) (%)		——	<30	
贝壳含量 (%)		0.2	≥C40时为≤3；C35～C30时为≤5；C25～C15时为≤8	

公称粒径		5.00mm	2.50mm	1.25mm	630μm	315μm	160μm	细度模数
累计筛余(%)	检验结果	0	14	27	55	79	94	2.7
	Ⅱ区标准值	10-0	25-0	50-10	70-41	92-70	100-90	

结论：该样品按细度模数分属中砂，其级配属Ⅱ区
含泥量、泥块含量符合标准JGJ52-2006混凝土强度等级≥C60要求，贝壳含量符合标准JGJ52-2006混凝土强度等级≥40要求，氯离子含量符合标准GB/T 14684-2011中Ⅰ类技术要求

注：1. 部分复制检验报告需经本中心书面批准（完整复制除外）。　第 1 页，共 1 页

2. 地址：××省××市大岭山镇连马路，邮编：×××××× 电话：××××-22985678转0

批准：　　审核：　　试验：

图 1.1-1　砂检测报告

知识小链接：

一查：查阅随货资料。认真查验出厂合格证、质量检测报告等，确保质量证明文件符合国家标准或行业标准相关规定。

二看：全面查看外观。对进场材料进行宏观检查，发现与质量证明文件不一

致或存在疑义时，应上报主管部门。

三抽检：按标准取样复验。复验结果必须符合相关标准规定，满足该品种、规格的性能指标要求。

（二）查阅现行标准

查阅现行《普通混凝土用砂、石质量及检验方法标准》JGJ 52，并截屏上传到学习平台。借助标准查找下列问题：

1. 天然砂按其产源不同，可分为__________、________和__________；混合砂则是由__________和__________按一定比例组合而成的砂。

2. 复验砂的质量时，每验收批至少应该进行__________、____________、__________的检验；对于海砂，还应该增加____________和__________检测；对于人工砂或混合砂，还应该增加______________检测。

3. 在砂的储运过程中，应避免混入杂质，按____________、____________和________分别堆放。

4. 为确保试样的代表性，在砂堆上取样时，取样部位应__________。取样前应先将取样部位表层__________，然后由各部位抽取大致相等的砂________份，组成一组样品。

摘录：《普通混凝土用砂、石质量及检验方法标准》JGJ 52—2006

2.1　术语

2.1.1　天然砂：由自然条件作用而形成的，公称粒径小于5.00mm的岩石颗粒。按其产源不同，可分为河砂、海砂、山砂。

2.1.2　人工砂：岩石经除土开采，机械破碎、筛分而成。公称粒径小于5.00mm的岩石颗粒。

2.1.3　混合砂：由天然砂和人工砂按一定比例组合而成的砂。

……

4　验收、运输和堆放

4.0.1　供货单位应提供砂或石的产品合格证或质量检验报告。使用单位应按砂或石的同产地同规格分批验收。采用大型工具（如火车、货船或汽车）运输的，应以400m^3或600t为一验收批；采用小型工具（如拖拉机等）运输的，应以200m^3或300t为一验收批。不足上述量者，应按一验收批进行验收。

4.0.2　每验收批砂石至少应进行颗粒级配、含泥量、泥块含量的检验。对于碎石或卵石，还应检验针片状颗粒含量；对于海砂或有氯离子污染的砂，还应检验其氯离子含量；对于海砂，还应检验贝壳含量；对于人工砂或混合砂，还应该检验其石粉含量。对于重要工程或特殊工程，应根据工程要求增加检测项目，对其他指标的合格性有怀疑时，应予检验。

……

4.0.5　砂在运输、装卸和堆放过程中，应防止颗粒离析、混入杂质，并按产地、种类和规格分别堆放。

……

5.1　取样

5.1.1　每验收批取样方法应按下列规定执行：

1. 从料堆上取样时，取样部位应均匀分布。取样前应先将取样部位表层铲除，然后由各部位抽取大致相等的砂 8 份，石子 16 份，组成各自一组样品。

2. 从皮带运输机上取样时，应在皮带运输机机尾的出料处用接料器定时抽取砂 4 份、石 8 份组成各自一组样品。

3. 从火车、汽车、货船上取样时，应从不同部位和深度抽取大致相等的砂 8 份、石 16 份组成各自一组样品。

二、任务实施

以河砂为例，对颗粒级配、含泥量、泥块含量等项目进行复验，并分别对其质量进行单项评定。考虑后期水泥混凝土配方需要，另外增设了砂的含水率、表观密度、堆积密度等性能的检测。

（一）砂的含水率检测

1. 前期准备

查阅现行《普通混凝土用砂、石质量及检验方法标准》JGJ 52，并借助标准找到砂的含水率检测方法。以小组为单位，上网搜索并优选相关检测视频，提前做好检测步骤与视频截屏一一对应的“图文作业”，以确保本组自主试验顺利进行。同时将视频链接及“图文作业”上传至学习平台。

摘录：《普通混凝土用砂、石质量及检验方法标准》JGJ 52—2006

6.6.1　本方法适用于测定砂的含水率。

6.6.2　砂的含水率试验（标准法）应采用下列仪器设备：

（1）烘箱——温度控制范围为 105±5℃；

（2）天平——称量 1000g，感量 1g；

（3）容器——如浅盘等。

6.6.3　含水率试验（标准法）应按以下步骤进行：

由密封的样品中取质量约 500g 的试样两份，分别放入已知质量的干燥容器（m_1）中称重，记下每盘试样与容器的总重（m_2）。将容器连同试样放入温度为 105±5℃的烘箱中烘干至恒重，称量烘干后试样与容器的总重（m_3）。

6.6.4　砂的含水率（标准法）按下式计算，精确至 0.1%：

$$w_{wc}=\frac{m_2-m_3}{m_3-m_1}\times 100\% \quad (6.6.4)$$

式中　w_{wc}——砂的含水率（%）；

m_1——容器质量（g）；

m_2——未烘干的试样与容器的总质量（g）；

m_3——烘干后的试样与容器的总质量（g）。

以两次试验结果的算术平均值作为测定值。

2. 自主试验

请各小组参考规范的检测视频，在老师的引导、帮助下，自行组织、分工协作完成试验。同时，做好数据记录（表 1.1-1），拍摄本组试验视频，以备老师复查。

数据记录及处理　　表1.1-1

<table>
<tr><td rowspan="3">含水率</td><td>烘干前试样质量(g)</td><td>烘干后试样质量(g)</td><td>含水率(%)</td><td>平均值(%)</td></tr>
<tr><td></td><td></td><td></td><td rowspan="2"></td></tr>
<tr><td></td><td></td><td></td></tr>
</table>

注意事项：

选用合适的天平（称量1000g，感量1g），并提前校准；称量前，先洁净天平；去皮后，再称取试样，切不可将试样洒落在天平上；烘干后的试样需要在其冷却后再行称量。

3. 反思探讨

检测结束后，教师进行点评、归纳、分析，同时引入相关理论知识。对于测定值偏离较大的小组，则引导学生深入探讨，反思误差来源与结果偏差之间的关联，明确标准制定的意义，明白规范操作的重要性。

（1）回顾检测各环节，试验室条件是否满足检测要求？本组试验是否存在不规范操作？会带来什么误差？请相关小组提交整改意见或建议。

（2）为什么要检测砂的含水率？其意义何在？

知识小链接：

砂、石骨料是水泥混凝土的重要组成部分。由于混凝土的强度受水灰比的影响极大，所以骨料的水分含量对混凝土的强度影响很大。而砂、石的含水量会受环境影响，特别是骨料中颗粒相对较小、比表面积相对较大的砂，所以高频次检测骨料（特别是砂）的含水率，及时调整混凝土施工配合比，对保证混凝土质量有着极其重要的意义。

（二）砂的堆积密度检测

1. 前期准备

查阅现行《普通混凝土用砂、石质量及检验方法标准》JGJ 52，并借助标准找到砂的堆积密度检测方法。以小组为单位，搜索并优选相关检测视频，提前做好检测步骤与视频截屏一一对应的"图文作业"，以确保本组自主试验顺利进行。同时将视频链接及"图文作业"上传至学习平台。

摘录：《普通混凝土用砂、石质量及检验方法标准》JGJ 52—2006

6.5.1　本方法适用于测定砂的堆积密度、紧密密度及空隙率。

6.5.2　堆积密度和紧密密度试验应采用下列仪器设备：

1. 秤——称量 5kg，感量 5g；

2. 容量筒金属制，圆柱形，内径 108mm，净高 109mm，筒壁厚 2mm，容积 1L，筒底厚度为 5mm；

3. 漏斗或铝制料勺；

4. 烘箱——温度控制范围为 105±5℃；

5. 直尺、浅盘等。

6.5.3　试样制备应符合下列规定：

先用公称直径 5.00mm 的筛子过筛，然后取经缩分后的样品不少于 3L，装入浅盘，在温度为 105±5℃烘箱中烘干至恒重，取出并冷却至室温，分成大致相等的两份备用。试样烘干后若有结块，应在试验前先予捏碎。

6.5.4　堆积密度和紧密密度试验应按下列步骤进行：

1. 堆积密度：取试样一份，用漏斗或铝制勺，将它徐徐装入容量筒（漏斗出料口或料勺距容量筒筒口不应超过 50mm）直至试样装满并超出容量筒筒口。然后用直尺将多余的试样沿筒口中心线向相反方向刮平，称其质量（m_2）。

2. 紧密密度：取试样一份，分两层装入容量筒。装完一层后，在筒底垫放一根直径为 10mm 的钢筋，将筒按住，左右交替颠击地面各 25 下，然后再装入第二层；第二层装满后用同样方法颠实（但筒底所垫钢筋的方向应与第一层放置方向垂直）；二层装完并颠实后，加料直至试样超出容量筒筒口，然后用直尺将多余的试样沿筒口中心线向两个相反方向刮平，称其质量（m_2）。

6.5.5　试验结果计算应符合下列规定：

1. 堆积密度（ρ_L）及紧密密度（ρ_c）按下式计算，精确至 $10kg/m^3$：

$$\rho_L(\rho_c)=\frac{m_2-m_1}{V}\times 1000 \tag{6.5.5-1}$$

式中　$\rho_L(\rho_c)$——堆积密度（紧密密度）（kg/m^3）；

m_1——容量筒的质量（kg）；

m_2——容量筒和砂总质量（kg）；

V——容量筒容积（L）。

以两次试验结果的算术平均值作为测量值。

2. 空隙率（ν）按下式计算，精确至 1%。

$$\nu_L=\left(1-\frac{\rho_L}{\rho}\right)\times 100\% \tag{6.5.5-2}$$

$$\nu_c=\left(1-\frac{\rho_c}{\rho}\right)\times 100\% \tag{6.5.5-3}$$

式中　ν_L——堆积密度的空隙率（%）；

ν_c——紧密密度的空隙率（%）；

ρ_L——砂的堆积密度（kg/m^3）；

ρ——砂的表观密度（kg/m^3）；

ρ_c——砂的紧密密度（kg/m^3）。

2. 自主试验

请各小组参考规范的检测视频，在老师的引导、帮助下，自行组织、分工协作完成试验。同时，做好数据记录（表 1.1-2、表 1.1-3），拍摄本组试验视频，以备老师复查。

（1）堆积密度检测

数据记录及处理（一）　　**表 1.1-2**

	容量筒质量(g)	容量筒体积(L)	试样＋容量筒质量(g)	堆积密度(kg/m^3)	平均值(kg/m^3)
堆积密度					

（2）紧密密度检测

数据记录及处理（二）　　**表 1.1-3**

	容量筒质量(g)	容量筒体积(L)	试样＋容量筒质量(g)	紧密密度(kg/m^3)	平均值(kg/m^3)
紧密密度					

注意事项：

本次试验需要提前烘干砂。

堆积密度：试验过程中防止振动容量筒；多余的试样用直尺由中间向两边刮平。

紧密密度：筒底钢筋直径为 10mm；分两次装入容量筒，每次左右交替颠击地面各 25 下，共 50 下；第二次放置钢筋的方向应与第一次垂直。

3. 反思探讨

检测结束后，教师进行点评、归纳、分析，同时引入相关理论知识。对于测定值偏离较大的小组，则引导学生深入探讨，反思误差来源与结果偏差之间的关联，明确标准制定的意义以及规范操作的重要性。

（1）回顾检测各环节，试验室条件是否满足检测要求？本组试验是否存在不规范操作？会带来什么误差？请相关小组提交整改意见或建议。

（2）砂的堆积密度和紧密密度有何区别？

知识小链接：

堆积密度是指包括颗粒内外孔及颗粒间空隙的松散颗粒堆积体的平均密度，

用处于自然堆积状态的未经振实的颗粒物料的总质量除以堆积物料的总体积求得。

紧密密度是指包括颗粒内外孔及颗粒间空隙的紧密颗粒堆积体的平均密度，用处于堆积状态的已经振实的颗粒物料的总质量除以堆积物料的总体积求得。

堆积密度是砂在松散状态下的质量表征，主要用于混凝土施工配合比设计时，计算松散状态下砂的质量和体积。而紧密密度主要表征砂应用于混凝土中对于混凝土密实度的贡献，对于评定混凝土的强度以及耐久性有一定的参考意义。

（三）砂的表观密度检测

1. 前期准备

查阅现行《普通混凝土用砂、石质量及检验方法标准》JGJ 52，并借助标准找到砂的表观密度检测方法。以小组为单位，搜索并优选相关检测视频，提前做好检测步骤与视频截屏一一对应的“图文作业”，以确保本组自主试验顺利进行。同时将视频链接及“图文作业”上传至学习平台。

摘录：《普通混凝土用砂、石质量及检验方法标准》JGJ 52—2006

6.2.1　本方法适用于测定砂的表观密度。

6.2.2　标准法表观密度试验应采用下列仪器设备：

1. 天平——称量1000g，感量1g；
2. 容量瓶——容量500mL；
3. 烘箱——温度控制范围为105±5℃；
4. 干燥器、浅盘、铝制料勺、温度计等。

6.2.3　试样制备应符合下列规定：

经缩分后不少于650g的样品装入浅盘，在温度为105±5℃的烘箱中烘干至恒重，并在干燥器内冷却至室温。

6.2.4　标准法表观密度试验应按下列步骤进行：

1. 称取烘干的试样300g（m_0），装入盛有半瓶冷开水的容量瓶中。

2. 摇转容量瓶，使试样在水中充分搅动以排除气泡，塞紧瓶塞，静置24h；然后用滴管加水至瓶颈刻度线平齐，再塞紧瓶塞，擦干容量瓶外壁的水分，称其质量（m_1）。

3. 倒出容量瓶中的水和试样，将瓶的内外壁洗净，再向瓶内加入与本条文第2款水温相差不超过2℃的冷开水至瓶颈刻度线。塞紧瓶塞，擦干容量瓶外壁水分，称其质量（m_2）。

6.2.5　表观密度（标准法）应按下式计算，精确至10kg/m³：

$$\rho=\left(\frac{m_0}{m_0+m_2-m_1}-\alpha_t\right)\times 1000 \qquad (6.2.5)$$

式中　ρ——表观密度（kg/m³）；

m_0——试样的烘干质量（g）；

m_1——试样、水及容量瓶总质量（g）；

m_2——水及容量瓶总质量（g）；

α_t——水温对砂的表观密度影响的修正系数，见表6.2.5。

表6.2.5　不同水温对砂的表观密度影响的修正系数

水温(℃)	15	16	17	18	19	20
α_t	0.002	0.003	0.003	0.004	0.004	0.005
水温(℃)	21	22	23	24	25	—
α_t	0.005	0.005	0.005	0.007	0.008	—

以两次试验结果的算术平均值作为测定值。当两次结果之差大于20kg/m^{3}时，应重新取样进行试验。

2. 自主试验

请各小组参考规范的检测视频，在老师的引导、帮助下，自行组织、分工协作完成试验。同时，做好数据记录（表1.1-4），拍摄本组试验视频，以备老师复查。

（1）数据记录及数据处理

数据记录及数据处理　　表1.1-4

	试样质量(g)	瓶＋水质量(g)	瓶＋水＋试样质量(g)	表观密度(kg/m^3)	平均值(kg/m^3)
表观密度					

（2）误差判断

注意事项：

称取干燥试样；先加部分水，砂加入后需静置24h，让水充分进入到砂的孔隙中；加水至刻线时，务必精准滴加（眼睛与容量瓶刻线、凹液面保持在同一水平线）；擦去瓶外壁的水后再行称量。本试验需要测定水的温度，选择正确的温度修正系数。

3. 反思探讨

检测结束后，教师进行点评、归纳、分析，同时引入相关理论知识。对于测定值偏离较大的小组，则引导学生深入探讨，反思误差来源与结果偏差之间的关联，明确标准制定的意义以及规范操作的重要性。

（1）回顾检测各环节，试验室条件是否满足检测要求？本组试验是否存在不规范操作？会带来什么误差？请相关小组提交整改意见或建议。

（2）表观密度和堆积密度有何区别？空隙率如何计算呢？

知识小链接：

表观密度是指材料在自然状态下，单位体积（包括内部封闭孔隙）的质量。

堆积密度是指散粒材料或粉状材料，在堆积状态下单位体积的质量，包括颗粒体积（含封闭、非封闭孔隙）和颗粒之间空隙的体积。

两者的区别是在计算的体积不同，表观密度的体积包含颗粒内部封闭孔隙，但不包括非封闭孔隙及颗粒之间的空隙。而堆积密度的体积包括了颗粒之间的空隙，也包括颗粒内部的孔隙。一般来说，表观密度都会比堆积密度大。

（四）砂的颗粒级配检测

1. 前期准备

查阅现行《普通混凝土用砂、石质量及检验方法标准》JGJ 52，并借助标准找到砂的颗粒级配检测方法。以小组为单位，搜索并优选相关检测视频，提前做好检测步骤与视频截屏一一对应的“图文作业”，以确保本组自主试验顺利进行。同时将视频链接及“图文作业”上传至学习平台。

摘录：《普通混凝土用砂、石质量及检验方法标准》JGJ 52—2006

6.1.1 本方法适用于测定普通混凝土用砂的颗粒级配及细度模数。

6.1.2 砂的筛分析试验应采用下列仪器设备：

1. 试验筛——公称直径分别为 10.0mm、5.00mm、2.50mm、1.25mm、630μm、315μm、160μm 的方孔筛各一只，筛的底盘和盖各一只；筛框直径为 300mm 或 200mm。其产品质量要求应符合现行国家标准《金属丝编织网试验筛》GB/T 6003.1 和《金属穿孔板试验筛》GB/T 6003.2 的要求；

2. 天平——称量 1000g，感量 1g；

3. 摇筛机；

4. 烘箱——温度控制范围为 105±5℃；

5. 浅盘、硬、软毛刷等。

6.1.3 试样制备应符合下列规定：

用于筛分析的试样，其颗粒的公称粒径不应大于 10.0mm。试验前应先将来样通过公称直径 10.0mm 的方孔筛，并计算筛余。称取经缩分后样品不少于 550g 两份，分别装入两个浅盘，在 105±5℃的温度下烘干到恒重。冷却至室温备用。

注：恒重是指在相邻两次称量间隔时间不小于 3h 的情况下，前后两次称量之差小于该项试验所要求的称量精度（下同）。

6.1.4 筛分析试验应按下列步骤进行：

1. 准确称取烘干试样 500g（特细砂可称 250g），置于按筛孔大小顺序排列（大孔在上、小孔在下）的套筛的最上一只筛（公称直径为 5.00mm 的方孔筛）上；将套筛装入摇筛机内固紧，筛分10min；然后取出套筛，再按筛孔由大到小的顺序，在清洁的浅盘上逐一进行手筛，直至每分钟的筛出量不超过试样总量的0.1%时为止；通过的颗粒并入下一只筛子，并和下一筛子中的试样一起进行手筛。按这样顺序依次进行，直至所有的筛子全部筛完为止。

注：1. 当试样含泥量超过5%时，应先将试样水洗，然后烘干至恒重，再进行筛分；

2. 无摇筛机时，可改用手筛。

2. 试样在各只筛子上的筛余量均不得超过按式（6.1.4）计算得出的剩留量，否则应将该筛的筛余试样分成两份或数份，再次进行筛分，并以其筛余量之和作为该筛的筛余量。

$$m_r=\frac{A\sqrt{d}}{300} \tag{6.1.4}$$

式中　m_r——某一筛上的剩余量（g）；

d——筛孔边长（mm）；

A——筛的面积（mm^2）。

3. 称取各筛筛余试样的质量（精确至1g），所有各筛的分计筛余量和底盘中的剩余量之和与筛分前的试样总量相比，相差不得超过1%。

6.1.5　筛分析试验结果应按下列步骤计算：

1. 计算分计筛余（各筛上的筛余量除以试样总量的百分率），精确至0.1%；

2. 计算累计筛余（该筛的分计筛余与筛孔大于该筛的各筛的分计筛余之和），精确至0.1%；

3. 根据各筛两次试验累计筛余的平均值，评定该试样的颗粒级配分布情况，精确至1%；

4. 砂的细度模数应按下式计算，精确至0.01。

$$\mu_f=\frac{(\beta_2+\beta_3+\beta_4+\beta_5+\beta_6)-5\beta_1}{100-\beta_1} \tag{6.1.5}$$

式中　μ_f——砂的细度模数；

β_1、β_2、β_3、β_4、β_5、β_6——分别为公称直径5.00mm、2.50mm、1.25mm、630μm、315μm、160μm方孔筛上的累计筛余。

5. 以两次试验结果的算术平均值作为测定值，精确至0.1。当两次试验所得的细度模数之差大于0.20时，应重新取样进行试验。

2. 自主试验

请各小组参考规范的检测视频，在老师的引导、帮助下，自行组织、分工协作完成试验。同时，做好数据记录（表1.1-5、表1.1-6），拍摄本组试验视频，以备老师复查。

数据记录　　表 1.1-5

公称粒径	5.00mm	2.50mm	1.25mm	630μm	315μm	160μm	底盘
筛余量(g)							

提醒：称取各筛筛余试样的质量（精确至 1g），所有各筛的分计筛余量和底盘中的剩余量之和与筛分前的试样总量相比，相差不得超过 1%。否则重做。

数据处理　　表 1.1-6

公称粒径	5.00mm	2.50mm	1.25mm	630μm	315μm	160μm	底盘
筛余量(g)							
分计筛余(%)							
累计筛余(%)							

（1）计算分计筛余（各筛上的筛余量除以试样总量的百分率），精确至 0.1%；

（2）计算累计筛余（该筛的分计筛余与筛孔大于该筛的各筛的分计筛余之和），精确至 0.1%；将累计筛余代入细度模数公式计算细度模数 μ_f。

（3）误差判断

注意事项：

用于筛分析的试样，试验前应烘干，其颗粒的公称粒径不应大于 10.0mm。在摇筛机完成筛分后，需要逐个手摇，此过程需要防止砂洒漏出来。另外，还需要防止卡网的砂粒残留在筛内；须精准称量，若砂筛分后各筛盘砂质量之和与 500g 误差超过 5g，则需重新试验。

（4）质量评定

查阅标准：粗砂的细度模数为__________；中砂的细度模数为________；细砂的细度模数为________。

单项评定：该批砂属于__________。（粗、中、细砂）

砂的颗粒级配区　　表 1.1-7

公称粒径	5.00mm	2.50mm	1.25mm	630μm	315μm	160μm
累计筛余(%)（测定值）						
级配区Ⅰ区(%)	10～0	35～5	65～35	85～71	95～80	100～90
级配区Ⅱ区(%)	10～0	25～0	50～10	70～41	92～70	100～90
级配区Ⅲ区(%)	10～0	15～0	25～0	40～16	85～55	100～90

单项评定（表 1.1-7）：该批砂属于________区。（Ⅰ、Ⅱ、Ⅲ）

摘录：《普通混凝土用砂、石质量及检验方法标准》JGJ 52—2006

3.1.1　砂的粗细程度按细度模数 μ_f 分为粗、中、细、特细四级，其范围应符合下列规定：

粗砂：$\mu_f = 3.7 \sim 3.1$

中砂：$\mu_f = 3.0 \sim 2.3$

细砂：$\mu_f = 2.2 \sim 1.6$

特细砂：μ_f＝1.5～0.7

3.1.2　砂筛应采用方孔筛。砂的公称粒径、砂筛筛孔的公称直径和方孔筛筛孔边长应符合表3.1.2-1的规定。

表3.1.2-1　砂的公称粒径、砂筛筛孔的公称直径和方孔筛筛孔边长尺寸

砂的公称粒径	砂筛筛孔的公称直径	方孔筛筛孔边长
5.00mm	5.00mm	4.75mm
2.50mm	2.50mm	2.36mm
1.25mm	1.25mm	1.18mm
630μm	630μm	600μm
315μm	315μm	300μm
160μm	160μm	150μm
80μm	80μm	75μm

除特细砂外，砂的颗粒级配可按公称直径630μm筛孔的累计筛余量（以质量百分率计，下同），分成三个级配区（见表3.1.2-2），且砂的颗粒级配应处于表3.1.2-2中的某一区内。

砂的实际颗粒级配与表3.1.2-2中的累计筛余相比，除公称粒径为5.00mm和630μm（表3.1.2-2斜体所标数值）的累计筛余外，其余公称粒径的累计筛余可稍有超出分界线，但总超出量不应大于5%。

当天然砂的实际颗粒级配不符合要求时，宜采取相应的技术措施，并经试验证明能确保混凝土质量后，方允许使用。

表3.1.2-2　砂的颗粒级配区

累计筛余(%) 公称粒径	级配区		
	Ⅰ区	Ⅱ区	Ⅲ区
5.00 mm	*10～0*	*10～0*	*10～0*
2.50mm	35～5	25～0	15～0
1.25mm	65～35	50～10	25～0
630 μm	*85～71*	*70～41*	*40～16*
315μm	95～80	92～70	85～55
160μm	100～90	100～90	100～90

3. 反思探讨

检测结束后，教师进行点评、归纳、分析，同时引入相关理论知识。对于测定值偏离较大的小组，则引导学生深入探讨，反思误差来源与结果偏差之间的关联，明确标准制定的意义及规范操作的重要性。

（1）回顾检测各环节，试验室条件是否满足检测要求？本组试验是否存在不规范操作？会带来什么误差？请相关小组提交整改意见或建议。

（2）进场验收时，为什么必须复检砂的颗粒级配？水泥混凝土一般选用哪区的砂？

知识小链接：

混凝土配制需要骨料具有良好的颗粒级配，即粗颗粒的空隙恰好由中颗粒填充，中颗粒的空隙恰好由细颗粒填充，如此逐级填充使骨料形成最致密的堆积状态，空隙率达到最小值，堆积密度达到最大值。这样可达到节约水泥，提高混凝土综合性能的目的。

一般认为，处于Ⅱ区级配的砂，其粗细适中，级配较好。Ⅰ区级配的砂含粗颗粒较多，属于粗砂，拌制的混凝土保水性差。Ⅲ区级配的砂属于细砂，拌制的混凝土保水性、黏聚性好，但水泥用量大，干缩大，容易产生微裂缝。混凝土用砂的级配必须合理，否则难以配制出性能良好的混凝土。当现有的砂级配不良时，可采用人工级配方法来改善，最简单措施是将粗、细砂按适当比例进行试配，掺合使用。

（五）砂的含泥量、泥块含量检测

1. 前期准备

查阅现行《普通混凝土用砂、石质量及检验方法标准》JGJ 52，并借助标准找到砂的含泥量、泥块含量检测方法。以小组为单位，搜索并优选相关检测视频，提前做好检测步骤与视频截屏一一对应的“图文作业”，以确保本组自主试验顺利进行。同时将视频链接及“图文作业”上传至学习平台。

摘录：《普通混凝土用砂、石质量及检验方法标准》JGJ 52—2006

6.8.1　本方法适用于测定粗砂、中砂和细砂的含泥量，特细砂中的含泥量测定方法见本标准第6.9节。

6.8.2　含泥量试验应采用下列仪器设备：

1. 天平——称量1000g，感量1g；
2. 烘箱——温度控制范围为105±5℃；
3. 试验筛——筛孔公称直径为80μm及1.25mm的方孔筛各一个；
4. 洗砂用的容器及烘干用的浅盘。

6.8.3　试样制备应符合下列规定：

样品缩分至1100g置于温度为105±5℃的烘箱中烘干至恒重，冷却至室温后，称取各为400g（m_0）的试样两份备用

6.8.4　含泥量试验应按下列步骤进行：

1. 取烘干的试样一份置于容器中，并注入引用水，使水面高出砂面约150mm，充分拌匀后，浸泡2h，然后用手在水中淘洗试样，使尘屑、淤泥和黏土与砂粒分离，并使之悬浮或溶于水中。缓缓地将浑浊液倒入公称直径为1.25mm、80μm的方孔套筛（1.25mm筛放置于上面）上滤去小于80μm的

颗粒。试验前筛子的两面应先用水湿润，在整个试验过程中应避免砂粒丢失。

2. 再次加水于容器中，重复上述过程，直到筒内洗出的水清澈为止。

3. 用水淋洗剩留在筛上的细粒，并将 80μm 筛放在水中（使水面略高出筛中砂粒的上表面）来回摇动，以充分洗除小于 80μm 的颗粒。然后将两只筛上剩留的颗粒和容器中已经洗净的试样一并装入浅盘，置于温度为 105±5℃的烘箱中烘干至恒重。取出来冷却至室温后，称试样的质量（m_1）。

6.8.5　砂中含泥量应按下式计算，精确至 0.1%。

$$w_c=\frac{m_0-m_1}{m_0}\times100\% \tag{6.8.5}$$

式中　w_c——砂中含泥量（%）；

m_0——试验前的烘干试样质量（g）；

m_1——试验后的烘干试样质量（g）。

以两个试样试验结果的算术平均值作为测定值。两次结果之差大于 0.5% 时，应重新取样进行试验。

……

6.10.1　本方法适用于测定砂中泥块含量

6.10.2　砂中泥块含量试验应采用下列仪器设备：

1. 天平——称量 1000g，感量 1g；称 5000g，感量 5g；

2. 烘箱——温度控制范围为 105±5℃；

3. 试验筛——筛孔公称直径为 630μm 及 1.25mm 的方孔筛各一只；

4. 洗砂用的容器及烘干用的浅盘等。

6.10.3　试样制备应符合下列规定：

将样品缩分至 5000g，置于温度为 105±5℃的烘箱中烘干至恒重，冷却至室温后，用公称直径 1.25mm 的方孔筛筛分。

6.10.4　泥块含量试验应按下列步骤进行：

1. 称取试验约 200g（m_1）置于容器之中，并注入饮用水，使水面高出砂面 150mm。充分拌匀后，浸泡 24h，然后用手在水中碾碎泥块，再把试样放在公称直径 630μm 的方孔筛上，用水淘洗，直至水清澈为止。

2. 保留下来的试样应小心地从筛里取出，装入水平浅盘后，置于温度为 105±5℃烘箱中烘干至恒重，冷却后称重（m_2）。

6.10.5　砂中泥块含量应按下式计算，精确至 0.1%：

$$\omega_{c,L}=\frac{m_1-m_2}{m_1}\times100\% \tag{6.10.5}$$

式中　$\omega_{c,L}$——泥块含量（%）；

m_1——试验前的干燥试样质量（g）；

m_2——试验后的干燥试样质量（g）。

以两个试样试验结果的算术平均值作为测定值。

2. 自主试验

请各小组参考规范的检测视频，在老师的引导、帮助下，自行组织、分工协作完成实验。同时，做好数据记录（表1.1-8、表1.1-10），拍摄本组实验视频，以备老师复查。

（1）含泥量检测

1）数据记录及处理

数据记录及处理（一）　　**表1.1-8**

<table>
<tr><td rowspan="3">含泥量</td><td>检测序号</td><td>洗净前干砂质量(g)</td><td>洗净、烘干后砂质量(g)</td><td>含泥量(%)</td><td>平均值(%)</td></tr>
<tr><td>1</td><td></td><td></td><td></td><td rowspan="2"></td></tr>
<tr><td>2</td><td></td><td></td><td></td></tr>
</table>

注意事项：

试验试样为干砂；浸泡充分（水面高出砂面约150mm，浸泡2h），淘洗至水清；取1.25mm、80μm的方孔套筛（上大下小）；筛上的砂粒必须全部回归，确保细砂不被丢失；淘洗后需将砂烘干至恒量，再行称重。

2）误差判断

3）质量评定

查阅标准，填写表1.1-9。

天然砂含泥量技术要求　　**表1.1-9**

混凝土强度等级	≥C60	C55～C30	≤C25
含泥量(按质量计,%)	≤	≤	≤

单项评定：该批砂的含泥量满足（　　）混凝土强度等级的要求。

A. ≥C60　　B. C55～C30　　C. ≤C25

（2）泥块含量检测

1）数据记录及处理

数据记录及处理（二）　　**表1.1-10**

<table>
<tr><td rowspan="3">泥块含量</td><td>检测序号</td><td>洗净前干砂质量(g)</td><td>洗净、烘干后砂质量(g)</td><td>泥块含量(%)</td><td>平均值(%)</td></tr>
<tr><td>1</td><td></td><td></td><td></td><td rowspan="2"></td></tr>
<tr><td>2</td><td></td><td></td><td></td></tr>
</table>

注意事项：

试验试样为干砂；水面高出砂面150mm，浸泡24h，然后用手在水中碾碎泥块，并淘洗至水清；筛上（630μm的方孔筛）细砂必须全部回归，保证砂粒不被丢失；淘洗后需将砂烘干至恒量，再行称重。

2）质量评定

查阅标准，填写表1.1-11。

天然砂泥块含量技术要求　　表 1.1-11

混凝土强度等级	≥C60	C55～C30	≤C25
泥块含量(按质量计,%)	≤	≤	≤

单项评定：该批砂的泥块含量满足（　　）混凝土强度等级的要求。

A. ≥C60　　B. C55～C30　　C. ≤C25

摘录：《普通混凝土用砂、石质量及检验方法标准》JGJ 52—2006

3.1.3　天然砂中含泥量应符合表 3.1.3 的规定。

表 3.1.3　天然砂中含泥量

混凝土强度等级	≥C60	C55～C30	≤C25
含泥量(按重量计,%)	≤2.0	≤3.0	≤5.0

对有抗冻、抗渗或其他特殊要求的小于或等于 C25 混凝土用砂，含泥量不应大于 3.0%。

3.1.4　砂中的泥块含量应符合表 3.1.4 的规定。

表 3.1.4　砂中的泥块含量

混凝土强度等级	≥C60	C55～C30	≤C25
泥块含量(按重量计,%)	≤0.5	≤1.0	≤2.0

对于有抗冻、抗渗或其他特殊要求的小于或等于 C25 混凝土用砂，其泥块含量不应大于 1.0%。

3. 反思探讨

检测结束后，教师进行点评、归纳、分析，同时引入相关理论知识。对于测定值偏离较大的小组，则引导学生深入探讨，反思误差来源与结果偏差之间的关联，明确标准制定的意义以及规范操作的重要性。

（1）回顾检测各环节，试验室条件是否满足检测要求？本组试验是否存在不规范操作？会带来什么误差？请相关小组提交整改意见或建议。

（2）进场验收时，为什么必须复检砂的含泥量、泥块含量？对于有抗冻、抗渗要求的，含泥量、泥块含量最低不得大于多少？

知识小链接：

骨料中的泥颗粒极细，附着在骨料的表面，影响了水泥浆对骨料之间的黏结；而泥块则在混凝土中形成薄弱部分，对混凝土的质量影响更大。随着砂含泥量、泥块含量的增加，不仅降低了混凝土的强度及耐久性（抗渗、抗冻等），还会增大混凝土拌合物的需水量，导致混凝土的流动性下降，坍落度经时损失明显，因此必须严加限制骨料中泥和泥块含量。

天然砂中含泥量应符合 JGJ 52—2006 中表 3.1.3 的规定，对有抗冻、抗渗或其他特殊要求的小于或等于 C25 混凝土用砂，含泥量不应大于 3.0%；砂中的泥块含量应符合 JGJ 52—2006 中表 3.1.4 的规定。

三、报告填写

1. 查阅现行《普通混凝土用砂、石质量及检验方法标准》JGJ 52，填写砂的技术要求。

2. 把“任务实施”的检验结果填入表 1.1-12，未检测项目标示横线。

3. 对比检验结果和技术要求，评定砂的质量。

砂的质量检验报告　　　　**表 1.1-12**

委托单位：________________ 检验单位：________________

工程名称：________________ 样品产地：________________

工程部位：________________ 样品编号：________________

收样日期：________ 试验日期：________ 报告日期：________________

检验依据：________________ 报告编号：________________

<table>
<tr><td colspan="2">检验项目</td><td colspan="3">检验结果</td><td colspan="3">技术要求</td><td colspan="2">单项评定</td></tr>
<tr><td colspan="2">表观密度(kg/m³)</td><td colspan="3"></td><td colspan="3"></td><td colspan="2"></td></tr>
<tr><td colspan="2">堆积密度(kg/m³)</td><td colspan="3"></td><td colspan="3"></td><td colspan="2"></td></tr>
<tr><td colspan="2">紧密密度(kg/m³)</td><td colspan="3"></td><td colspan="3"></td><td colspan="2"></td></tr>
<tr><td colspan="2">含泥量(%)</td><td colspan="3"></td><td colspan="3"></td><td colspan="2"></td></tr>
<tr><td colspan="2">泥块含量(%)</td><td colspan="3"></td><td colspan="3"></td><td colspan="2"></td></tr>
<tr><td colspan="2">轻物质含量(%)</td><td colspan="3"></td><td colspan="3"></td><td colspan="2"></td></tr>
<tr><td colspan="2">云母含量(%)</td><td colspan="3"></td><td colspan="3"></td><td colspan="2"></td></tr>
<tr><td colspan="2">氯离子含量(%)</td><td colspan="3"></td><td colspan="3"></td><td colspan="2"></td></tr>
<tr><td colspan="2">贝壳含量(%)</td><td colspan="3"></td><td colspan="3"></td><td colspan="2"></td></tr>
<tr><td colspan="2">石粉含量(%)</td><td colspan="3"></td><td colspan="3"></td><td colspan="2"></td></tr>
<tr><td colspan="2">坚固性(以质量损失计,%)</td><td colspan="3"></td><td colspan="3"></td><td colspan="2"></td></tr>
<tr><td colspan="2">总压碎值指标(%)</td><td colspan="3"></td><td colspan="3"></td><td colspan="2"></td></tr>
<tr><td colspan="2">比标准颜色(比色法)</td><td colspan="3"></td><td colspan="3"></td><td colspan="2"></td></tr>
<tr><td colspan="2">碱活性</td><td colspan="3"></td><td colspan="3"></td><td colspan="2"></td></tr>
<tr><td colspan="2">硫化物及硫酸盐含量
(以 SO_3 质量计,%)</td><td colspan="3"></td><td colspan="3"></td><td colspan="2"></td></tr>
<tr><td rowspan="5">颗粒级配</td><td>公称粒径</td><td>5.00mm</td><td>2.50mm</td><td>1.25mm</td><td>630μm</td><td>315μm</td><td>160μm</td><td>细度模数</td><td>单项评定</td></tr>
<tr><td>累计筛余(%)</td><td></td><td></td><td></td><td></td><td></td><td></td><td></td><td></td></tr>
<tr><td>级配区Ⅰ区</td><td>10～0</td><td>35～5</td><td>65～35</td><td>85～71</td><td>95～80</td><td>100～90</td><td colspan="2" rowspan="3">级配属　　区</td></tr>
<tr><td>级配区Ⅱ区</td><td>10～0</td><td>25～0</td><td>50～10</td><td>70～41</td><td>92～70</td><td>100～90</td></tr>
<tr><td>级配区Ⅲ区</td><td>10～0</td><td>15～0</td><td>25～0</td><td>40～16</td><td>85～55</td><td>100～90</td></tr>
<tr><td colspan="2">备注</td><td colspan="8">砂按细度模数分:粗/中/细/特细砂;颗粒级配分:Ⅰ/Ⅱ/Ⅲ 区</td></tr>
<tr><td colspan="2">结论</td><td colspan="8">是否符合《普通混凝土用砂、石质量及检验方法标准》JGJ 52—2006 的要求:
不符合□　　符合□</td></tr>
</table>

批准：____________ 审核：____________ 试验：____________

摘录：《普通混凝土用砂、石质量及检验方法标准》JGJ 52—2006

3.1.5　人工砂或混合砂中石粉含量应符合表3.1.5的规定。

表3.1.5　人工砂或混合砂中石粉含量

混凝土强度等级		≥C60	C55～C30	≤C25
石粉含量(%)	*MB*<1.4(合格)	≤5.0	≤7.0	≤10.0
	MB≥1.4(不合格)	≤2.0	≤3.0	≤5.0

3.1.6　砂的坚固性应采用硫酸钠溶液检验，试样经5次循环后，其质量损失应符合表3.1.6的规定。

表3.1.6　砂的坚固性指标

混凝土所处的环境条件及其性能要求	5次循环后的重量损失(%)
在严寒及寒冷地区室外使用并经常处于潮湿或干湿交替状态下的混凝土 对于有抗疲劳、耐磨、抗冲击要求的混凝土 有腐蚀介质作用或经常处于水位变化区的地下结构混凝土	≤8
其他条件下使用的混凝土	≤10

3.1.7　人工砂的总压碎值指标应小于30%。

3.1.8　当砂中如含有云母、轻物质、有机物、硫化物及硫酸盐等有害物质时，其含量应符合表3.1.8的规定。

表3.1.8　砂中的有害物质限值

项目	质量指标
云母含量(按重量计,%)	≤2.0
轻物质含量(按重量计,%)	≤1.0
硫化物及硫酸盐含量(折算成SO_3按重量计,%)	≤1.0
有机物含量(用比色法试验)	颜色不应深于标准色，当颜色深于标准色时，应按水泥胶砂强度试验方法进行强度对比试验，抗压强度比不应低于0.95

对于有抗冻、抗渗要求的混凝土，砂中云母含量不应大于1.0%。

当砂中含有颗粒状的硫酸盐或硫化物杂质时，应进行专门检验，确认能满足混凝土耐久性要求后，方能采用。

3.1.9　对于长期处于潮湿环境的重要混凝土结构用砂，应采用砂浆棒（快速法）或砂浆长度法进行骨料的碱活性检验。经上述检验判断为有潜在危害时，应控制混凝土中的碱活性检验。经上述检验判断为有潜在危害时，应控制混凝土中的碱含量不超过3kg/m^3，或采用能抑制碱-骨料反应的有效措施。

3.1.10　砂中氯离子含量应符合下列规定：

1. 对于钢筋混凝土用砂，其氯离子含量不得大于0.06%（以干砂的质量百分率计）；

2. 对于预应力混凝土用砂，其氯离子含量不得大于0.02%（以干砂的质量百分率计）。

3.1.11　海砂中贝壳含量应符合表3.1.11的规定。

表3.1.11　海砂中贝壳含量

混凝土强度等级	≥C40	C35~C30	C25~C15
贝壳含量(按质量计,%)	≤3	≤5	≤8

对于有抗冻、抗渗或其他特殊要求的小于或等于C25混凝土用砂，其贝壳含量不应大于5%。

思考：(1) 为什么需要控制骨料中的云母、硫化物及硫酸盐、有机物等成分的含量？它们对混凝土有何危害？

(2) 为何要严格控制砂中氯离子含量？氯离子含量有何要求？如何降低海砂中的氯离子含量？

(3) 对于人工砂或混合砂需要增加哪些项目的检测？为什么？

(4) 查阅现行《建设用砂》GB/T 14684，将国家标准中建设用砂的技术要求填入表1.1-13。对比之前使用的《普通混凝土用砂、石质量及检验方法标准》JGJ 52—2006，《建设用砂》GB/T 14684规定的Ⅰ类、Ⅱ类、Ⅲ类砂分别适用于什么强度等级的混凝土？

建设用砂的技术要求　　　　**表1.1-13**

性能指标	技术要求		
	Ⅰ类	Ⅱ类	Ⅲ类
颗粒级配	同JGJ 52—2006		
级配区	同JGJ 52—2006		
含泥量(%)			

续表

性能指标	技术要求		
	Ⅰ类	Ⅱ类	Ⅲ类
泥块含量(%)			
云母含量(%)			
轻物质含量(%)			
有机物含量(%)			
硫化物及硫酸盐含量(%)			
氯离子含量(%)			
贝壳含量(%)			
坚固性(5 次循环后的质量损失,%)			
压碎值指标(%)			
表观密度(kg/m^3)、堆积密度(kg/m^3)、空隙率(%)			
碱集料反应			
石粉含量(%)			

知识小链接：

《建设用砂》GB/T 14684—2022 规定：建设用砂按技术要求可分为Ⅰ类、Ⅱ类和Ⅲ类。

对比《普通混凝土用砂、石质量及检验方法标准》JGJ 52—2006 和《建设用砂》GB/T 14684—2022，可以看出：Ⅰ类砂适用于强度等级大于 C60 的混凝土；Ⅱ类砂适用于强度等级为 C30～C60 及抗冻、抗渗及其他要求的混凝土；Ⅲ类砂适用于强度等级小于 C30 的混凝土或建筑砂浆。

建设用砂按产源、来源，则分为天然砂和人工砂。天然砂又分为河砂、海砂和山砂；混合砂则是由天然砂和人工砂按一定比例组合而成的砂。

天然砂中，由于河砂表面洁净且较为光滑，故河砂为首选品种。

山砂含有较多的泥和泥块，严重影响了混凝土的强度及耐久性等，因此山砂很少应用于混凝土中。

海砂则因为含有较多氯离子，会促进混凝土内钢筋不断锈蚀。在使用海砂前，必须先经过水洗，将砂中氯离子含量降低至相关规定后，再应用于混凝土。但是，海砂不可应用于预应力混凝土。

砂中氯离子含量应符合下列规定：

(1) 对于钢筋混凝土用砂，其氯离子含量不得大于 0.06%（以干砂的质量百分率计）；

(2) 对于预应力混凝土用砂，其氯离子含量不得大于 0.02%（以干砂的质量百分率计）。

由于天然砂属于难以再生的资源，人工砂的出现解决了天然砂日益紧张的问题。目前，一般采用混合砂，即由天然砂和人工砂按一定比例组合而成的砂。由于人工砂为机械破碎而成，故棱角较多。人工砂若采用干法生产，还伴有一定量的石粉含量（湿法除外），导致混凝土的流动性下降。天然砂与人工砂按一定比例混合，可以降低人工砂之间的内摩擦力，从而获得较好的施工性能。

人工砂或混合砂中的石粉含量会增加混凝土需水量，应满足JGJ 52—2006表3.1.5的要求；砂的坚固性直接影响混凝土强度，其质量应满足JGJ 52—2006表3.1.6的要求，人工砂的总压碎值指标则应小于30%。

骨料中的有害杂质还包括云母、硫化物与硫酸盐、有机物等。云母的层状结构会降低混凝土的强度；硫化物与硫酸盐会引起安定性不良，导致混凝土结构破坏；有机物腐烂后，析出的有机酸会腐蚀水泥石。当砂中含有云母、有机物、硫化物及硫酸盐等有害物质时，其含量必须符合国家标准、行业标准的相关规定。

子任务1.2　石的性能检测及其应用

一、学习准备

水泥混凝土中，石子作为集料，在混凝土中主要起骨架作用。砂是指公称粒径不大于5mm的颗粒；而石是指公称粒径大于5mm的颗粒。石子相比砂，粒径较大，故称为粗骨料。为确保混凝土质量，应对进场石子的质量进行严格把关，做到“一查、二看、三抽检”。

（一）查阅产品资料

上网查阅碎石、卵石的出厂合格证和检测报告（图1.2-1），上传学习平台。

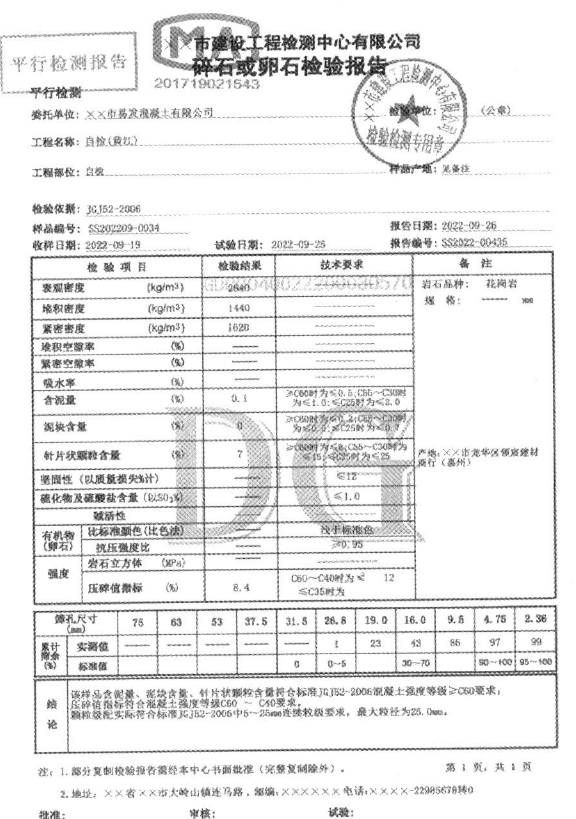

平行检测报告

××市建设工程检测中心有限公司

碎石或卵石检验报告

201719021543

平行检测

委托单位：××市易发混凝土有限公司　　检验单位：（公章）

工程名称：自检（黄江）

工程部位：自检　　样品产地：见备注

检验依据：JGJ52-2006

样品编号：SS202209-0034　　报告日期：2022-09-26

收样日期：2022-09-19　　试验日期：2022-09-25　　报告编号：SS2022-00435

检验项目		检验结果	技术要求	备注
表观密度 (kg/m³)		2640		岩石品种：花岗岩 规格：—— mm
堆积密度 (kg/m³)		1440	——	
紧密密度 (kg/m³)		1620	——	
堆积空隙率 (%)		——	——	
紧密空隙率 (%)		——	——	
吸水率 (%)		——	——	
含泥量 (%)		0.1	≥C60时为≤0.5；C55~C30时为≤1.0；≤C25时为≤2.0	
泥块含量 (%)		0	≥C60时为≤0.2；C55~C30时为≤0.5；≤C25时为≤0.7	
针片状颗粒含量 (%)		7	≥C60时为≤8；C55~C30时为≤15；≤C25时为≤25	产地：××市龙华区领康建材商行（惠州）
坚固性（以质量损失%计）		——	≤12	
硫化物及硫酸盐含量（以SO_3%）		——	≤1.0	
碱活性		——	——	
有机物（卵石）	比标准颜色（比色法）	——	浅于标准色	
	抗压强度比	——	≥0.95	
强度	岩石立方体 (MPa)	——	——	
	压碎值指标 (%)	8.4	C60~C40时为≤12 ≤C35时为	

筛孔尺寸 (mm)		75	63	53	37.5	31.5	26.5	19.0	16.0	9.5	4.75	2.36
累计筛余 (%)	实测值	——	——	——	——	——	1	23	43	86	97	99
	标准值					0	0~5		30~70		90~100	95~100

结论	该样品含泥量、泥块含量、针片状颗粒含量符合标准JGJ52-2006混凝土强度等级≥C60要求； 压碎值指标符合混凝土强度等级C60 ~ C40要求。 颗粒级配实际符合标准JGJ52-2006中5~25mm连续粒级要求，最大粒径为25.0mm。

注：1. 部分复制检验报告需经本中心书面批准（完整复制除外）。　　第1页，共1页

2. 地址：××省××市大岭山镇连马路，邮编：×××××× 电话：××××-22985678转0

批准：　　审核：　　试验：

图1.2-1　碎石或卵石检验报告

（二）查阅现行标准

查阅现行《普通混凝土用砂、石质量及检验方法标准》JGJ 52，录屏上传到学习平台。然后借助标准查找下列问题：

1. 石子按其产源不同，可分为________和__________；石子的公称粒径大于__________mm。

2. 复验石的质量时，每验收批至少应该进行__________、____________、__________、__________的检验。

3. 在石的储运过程中，应避免混入杂质，按____________、____________和________分别堆放。碎石或卵石的堆料高度不宜超过______，对于单粒级或最大粒径不超过 20mm 的连续粒级，其堆料高度可增加到______。

4. 为确保试样的代表性，在石堆上取样时，取样部位应__________。取样前应先将取样部位表层__________，然后由各部位抽取大致相等的石子________份，组成一组样品。

知识小链接：

1. 建筑用石主要有碎石和卵石。碎石是由天然石或卵石经过破碎筛分而得的，公称粒径大于5.00mm 的岩石颗粒。卵石由自然条件作用形成的，公称粒径大于 5.00mm 的岩石颗粒。

2. 建筑用石入场需要经过复验和入库等程序。供货单位应该提供石的产品合格证和质量检验报告。

每验收批石子至少应进行颗粒级配，含泥量、泥块含量检验。对于碎石或卵石应检验针片状颗粒含量。

3. 砂或石在运输、装卸和堆放过程中，应防止颗粒离析、混入杂质，并应按产地、种类和规格分别堆放。碎石或卵石的堆料高度不宜超过 5m，对于单粒级或最大粒径不超过 20mm 的连续粒级，其堆料高度可增加到 10m。

4. 从料堆上取样时，取样部位应均匀分布。取样前应将取样部位表层铲除。然后由各部位抽取大致相等的砂 8 份，石子为 16 份，组成各自一组样品。

二、任务实施

依据现行《普通混凝土用砂、石质量及检验方法标准》JGJ 52，对石子的颗粒级配、密度（表观密度、堆积密度和紧密密度）、含泥量、泥块含量以及针、片状含量等复验项目进行检测，并对其质量进行评定。考虑后期水泥混凝土配方需要，还增设了砂的含水率、表观密度、堆积密度等性能的检测。石子样品由于颗粒比较大，容易造成较大的误差，因此要求石子样品的质量满足表 1.2-1 的要求。

每一单项试验项目所需石子最少取用质量（kg）　　表 1.2-1

试验项目	最大公称粒径(mm)							
	10.0	16.0	20.0	25.0	31.5	40.0	63.0	80.0
筛分析	8	15	16	20	25	32	50	64
表观密度	8	8	8	8	12	16	24	24
含水率	2	2	2	2	3	3	4	6
吸水率	8	8	16	16	16	24	24	32
堆积密度、紧密密度	40	40	40	40	80	80	120	120
含泥量	8	8	24	24	40	40	80	80
泥块含量	8	8	24	24	40	40	80	80
针、片状含量	1.2	4	8	12	20	40	—	—
硫化物及硫酸盐	1.0							

（一）石子的含水率检测

1. 前期准备

查阅现行《普通混凝土用砂、石质量及检验方法标准》JGJ 52，找到石子的含水率检测方法。以小组为单位，搜索并优选相关检测视频，提前做好检测步骤与视频截屏一一对应的“图文作业”，以确保本组自主试验顺利进行。同时将视频链接及截屏上传到学习平台。

摘录：《普通混凝土用砂、石质量及检验方法标准》JGJ 52—2006

7.4.1　本方法适用于测定石子的含水率。

7.4.2　含水率试验应采用下列仪器设备：

1. 烘箱——温度控制范围为 105±5℃；
2. 秤——称量 20kg，感量 20g；
3. 容器——如浅盘等。

7.4.3　含水率试验应按以下步骤进行：

1. 按表 5.1.3-2 的要求称量试样，分成两份备用；
2. 将试样置于干净的容器中，称取试样和容器的总质量（m_1），并在 105±5℃的烘箱中烘干至恒重；
3. 取出试样，冷却后称取试样与容器的总质量（m_2），并称取容器的质量（m_3）。

7.4.4　石的含水率 ω_{wc} 按下式计算精确至 0.1%：

$$\omega_{wc}=\frac{m_1-m_2}{m_2-m_3}\times100\% \tag{7.4.4}$$

式中　ω_{wc}——石的含水率（%）；

m_1——烘干前试样与容器总质量（g）；

m_2——烘干后试样与容器总质量（g）；

m_3——容器质量（g）。

以两次试验结果的算术平均值作为测定值。

2. 自主试验

请各小组参考规范的检测视频，在老师的引导、帮助下，自行组织、分工协作完成试验。同时，做好数据记录（表 1.2-2），拍摄本组试验视频，以备老师复查。

数据记录及处理　　表 1.2-2

	烘干前试样质量(g)	烘干后试样质量(g)	含水率(%)	平均值(kg/m^3)
含水率				

3. 反思探讨

检测结束后，教师进行点评、归纳、分析，同时引入相关理论知识。对于测定值偏离较大的小组，引导学生深入探讨，反思误差来源与结果偏差之间的关联，明确标准制定的意义以及规范操作的重要性。

（1）回顾检测各环节，试验室条件是否满足检测要求？本组试验是否存在不规范操作？会带来什么误差？请相关小组提交整改意见或建议。

（2）为何要检测石子的含水率？

知识小链接：

1. 注意事项

天平在称量前需进行精度和准度校验；称取试样时，不可将其洒落在天平上；烘干后的试样需要在其冷却后再称量。

2. 检测意义

石子是水泥混凝土的重要组成部分，而混凝土的强度受水灰比（水分与水泥的比例）的影响极大，所以水的含量对混凝土的强度影响很大。而石子的含水量会受环境影响，所以高频次检测石子的含水量，及时调整混凝土施工配合比，对保证混凝土的强度和质量有重要意义。

（二）石子的堆积密度和紧密密度检测

1. 前期准备

查阅现行《普通混凝土用砂、石质量及检验方法标准》JGJ 52，找到石子堆积密度检测方法。以小组为单位，搜索并优选相关检测视频，提前做好检测步骤与视频截屏一一对应的“图文作业”，以确保本组自主试验顺利进行。同时，请将视频链接及截屏上传到学习平台。

摘录：《普通混凝土用砂、石质量及检验方法标准》JGJ 52—2006

7.6.1　本方法适用于测定碎石或卵石的堆积密度、紧密密度及空隙率。

7.6.2　堆积密度和紧密密度试验应采用下列仪器设备：

1. 秤——称量 100kg，感量 100g；
2. 容量筒——金属制，其规格见表 7.6.2；
3. 平头铁锹；
4. 烘箱——温度控制范围为 105±5℃。

表 7.6.2　容量筒的规格要求

碎石或卵石的最大公称粒径(mm)	容量筒容积(L)	容量筒规格(mm)		筒壁厚度(mm)
		内径	净高	
10.0,16.0,20.0,25.0	10	208	294	2
31.5,40.0	20	294	294	3
63.0,80.0	30	360	294	4

注：测定紧密密度时，对最大公称粒径为 31.5mm、40.0mm 的骨料，可采用 10L 的容量筒，对最大公称粒径为 63.0mm、80.0mm 的骨料，可采用 20L 的容量筒。

7.6.3　试样的制备应符合下列要求：按表 5.1.3-2 的规定称取试样，放入浅盘，在 105±5℃的烘箱中烘干，也可摊在清洁的地面上风干，拌匀后分成两份备用。

7.6.4　堆积密度和紧密密度试验应按以下步骤进行：

1. 堆积密度：取试样一份，置于平整干净的地板（或铁板）上，用平头铁锹铲起试样，使石子自由落入容量筒内。此时，从铁锹的齐口至容量筒上口的距离应保持为 50mm 左右。装满容量筒除去凸出筒口表面的颗粒，并以合适的颗粒填入凹陷部分，使表面稍凸起部分和凹陷部分的体积大致相等，称取试样和容量筒总质量（m_2）。

2. 紧密密度：取试样一份，分三层装入容量筒。装完一层后，在筒底垫放一根直径为 25mm 的钢筋，将筒按住并左右交替颠击地面各 25 下，然后装入第二层。第二层装满后，用同样方法颠实（但筒底所垫钢筋的方向应与第一层放置方向垂直），然后再装入第三层，如法颠实。待三层试样装填完毕后，加料直到试样超出容量筒口，用钢筋沿筒口边缘滚转，刮下高出筒口的颗粒，用合适的颗粒填平凹处，使表面稍凸起部分和凹陷部分的体积大致相等。称取试样和容量筒总质量（m_2）。

7.6.5　试验结果计算应符合下列规定：

堆积密度（ρ_L）或紧密密度（ρ_c）按下式计算，精确至 $10kg/m^2$：

$$\rho_L(\rho_c)=\frac{m_2-m_1}{V}\times 1000 \tag{7.6.5-1}$$

式中　ρ_L——堆积密度（kg/m^3）；

ρ_c——紧密密度（kg/m^3）；

m_1——容量筒的质量（kg）；
m_2——容量筒和试样的总质量（kg）；
V——容量筒的体积（L）。
以两次试验结果的算术平均值作为测定值。

2. 自主试验

请各小组参考规范的检测视频，在老师的引导、帮助下，自行组织、分工协作完成试验。同时，做好数据记录（表 1.2-3、表 1.2-4），拍摄本组试验视频，以备老师复查。

数据记录及处理（一） **表 1.2-3**

	容量筒质量(g)	容量筒体积(L)	容量筒+试样的质量(g)	堆积密度（kg/m^3）	平均值（kg/m^3）
堆积密度					

数据记录及处理（二） **表 1.2-4**

	容量筒质量(g)	容量筒体积(L)	容量筒+试样的质量(g)	紧密密度（kg/m^3）	平均值（kg/m^3）
紧密密度					

3. 反思探讨

检测结束后，教师进行点评、归纳、分析，同时引入相关理论知识。对于测定值偏离较大的小组，则引导学生深入探讨，反思误差来源与结果偏差之间的关联，明确标准制定的意义以及规范操作的重要性。

（1）回顾检测各环节，试验室条件是否满足检测要求？本组试验是否存在不规范操作？会带来什么误差？请相关小组提交整改意见或建议。

（2）石子的堆积密度和紧密密度有何区别？

知识小链接：

1. 注意事项

石子试验前要烘干；紧密密度试验在筒底垫放的钢筋直径为 25mm；分三层装入容量筒，每次左右交替颠击地面各 25 下，共 50 下；筒底所垫钢筋的方向应与前一次放置方向垂直。

2. 石子堆积密度和紧密密度的区别

堆积密度是石子在松散状态下的质量表征，主要用于混凝土施工配合比设计时，计算松散状态下石子的质量和体积。而紧密密度主要表征石子应用于混凝土中，对于混凝土密实度的贡献，对于评定混凝土的强度以及耐久性有一定的参考意义。

（三）石子的表观密度检测

1. 前期准备

查阅现行《普通混凝土用砂、石质量及检验方法标准》JGJ 52，并借助标准找到石子表观密度检测方法。以小组为单位，搜索并优选相关检测视频，提前做好检测步骤与视频截屏一一对应的“图文作业”，以确保本组自主试验顺利进行。同时将视频链接及截屏上传到学习平台。

摘录：《普通混凝土用砂、石质量及检验方法标准》JGJ 52—2006

7.2.1　本方法适用于测定碎石或卵石的表观密度。

7.2.2　标准法表观密度试验应采标用下列仪器设备：

1. 液体天平——称量5000g，感量5g，其型号及尺寸应能允许在臂上悬挂盛试样的吊篮，并在水中称重（见图7.2.2）；

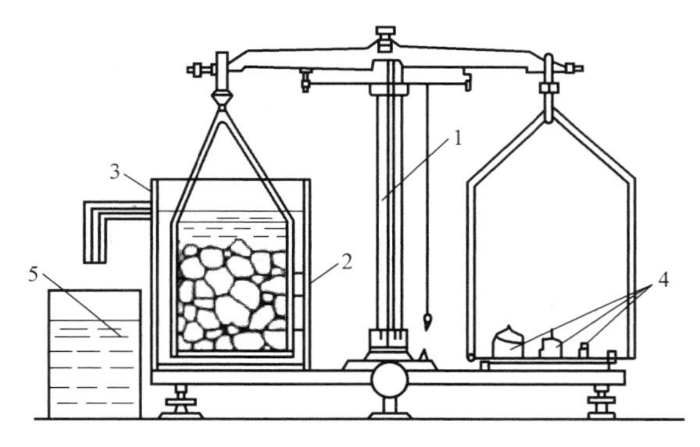

图7.2.2　液体天平

1—5kg天平；2—吊篮；3—带有溢流孔的金属容器；4—砝码；5—容器

2. 吊篮——直径和高度均为150mm，由孔径为1～2mm的筛网或钻有孔径为2～3mm孔洞的耐锈蚀金属板制成；

3. 盛水容器——有溢流孔；

4. 烘箱——温度控制范围为105±5℃；

5. 试验筛——筛孔公称直径为5.00mm的方孔筛一只；

6. 温度计——0～100℃；

7. 带盖容器、浅盘、刷子和毛巾等。

7.2.3　试样制备应符合下列规定：

试验前，将样品筛除公称粒径5.00mm以下的颗粒，并缩分至略大于2倍于表7.2.3所规定的最少质量，冲洗干净后分成两份备用。

表 7.2.3　表观密度试验所需的试样最少质量

最大公称粒径(mm)	10.0	16.0	20.0	25.0	31.5	40.0	63.0	80.0
试样最少质量(kg)	2.0	2.0	2.0	2.0	3.0	4.0	6.0	6.0

7.2.4　标准法表观密度试验应按下列步骤进行：

1. 按表 7.2.3 的规定称取试样；

2. 取试样一份装入吊篮，并浸入盛水的容器中，水面至少高出试样 50mm；

3. 浸水 24h 后，移放到称量用的盛水容器中，并用上下升降吊篮的方法排除气泡（试样不得露出水面）。吊篮每升降一次约为 1s，升降高度为 30～50mm；

4. 测定水温（此时吊篮应全浸在水中），用天平称取吊篮及试样在水中的质量（m_2）。称量时盛水容器中水面的高度由容器的溢流孔控制；

5. 提起吊篮，将试样置于浅盘中，放入 105±5℃的烘箱中烘干至恒重；取出来放在带盖的容器中冷却至室温后，称重（m_0）；

注：恒重是指相邻两次称量间隔时间不小于 3h 的情况下，其前后两次称量之差小于该项试验所要求的称量精度。下同。

6. 称取吊篮在同样温度的水中质量（m_1），称量时盛水容器的水面高度仍应由溢流口控制。

注：试验的各项称重可以在 15～25℃的温度范围内进行，但从试样加水静置的最后 2h 起直至试验结束，其温度相差不应超过 2℃。

7.2.5　表观密度 ρ 应按下式计算，精确至 $10kg/m^3$：

$$\rho=\left(\frac{m_0}{m_0+m_1-m_2}-\alpha_t\right)\times 1000 \quad (7.2.5)$$

式中　ρ——表观密度（kg/m^3）；

m_0——试样的烘干质量（g）；

m_1——吊篮在水中的质量（g）；

m_2——吊篮和试样在水中的质量（g）；

α_t——水温对石子的表观密度影响的修正系数，见表 7.2.5。

表 7.2.5　不同水温下碎石或卵石的表观密度影响的修正系数

水温(℃)	15	16	17	18	19	20
α_t	0.002	0.003	0.003	0.004	0.004	0.005
水温(℃)	21	22	23	24	25	—
α_t	0.005	0.006	0.006	0.007	0.008	—

以两次试验结果的算术平均值作为测定值。当两次结果之差大于 $20kg/m^3$ 时，应重新取样进行试验。对颗粒材质不均匀的试样，两次试验结果之差大于 $20kg/m^3$ 时，可取四次测定结果的算术平均值作为测定值。

2. 自主试验

请各小组参考规范的检测视频，在老师的引导、帮助下，自行组织、分工协作完成试验。同时，做好数据记录（表1.2-5），拍摄本组试验视频，以备老师复查。

（1）数据记录及数据处理

数据记录及数据处理　　表1.2-5

<table>
<tr><td rowspan="3">表观密度</td><td>试样质量(g)</td><td>吊篮在水中的质量(g)</td><td>吊篮和试样在水中的质量(g)</td><td>表观密度(kg/m³)</td><td>平均值(kg/m³)</td></tr>
<tr><td></td><td></td><td></td><td></td><td rowspan="2"></td></tr>
<tr><td></td><td></td><td></td><td></td></tr>
</table>

（2）误差判断

3. 反思探讨

检测结束后，教师进行点评、归纳、分析，同时引入相关理论知识。对于测定值偏离较大的小组，则引导学生深入探讨，反思误差来源与结果偏差之间的关联，明确标准制定的意义以及规范操作的重要性。

回顾检测各环节，试验室条件是否满足检测要求？本组试验是否存在不规范操作？会带来什么误差？请相关小组提交整改意见或建议。

知识小链接：

表观密度的测定需要严格测定水的温度，选择正确的温度修正系数；石子加入吊篮后放入水中需要静置24h，目的是需要水充分进入石子的孔隙中，静置时间不够也是造成试验误差的一个原因。

（四）石子的颗粒级配检测

石子的颗粒级配是“各种大小”的石子在总量中占的比例。“各种大小”就是用筛盘筛孔的公称直径来表达。筛盘的公称直径为：2.50mm、5.00mm、10.0mm、16.0mm、20.0mm、25.0mm、31.5mm、40.0mm、50.0mm、63.0mm、80.0mm、100.0mm。对应的方孔筛筛孔边长为：2.36mm、4.75mm、9.5mm、16.0mm、19.0mm、26.5mm、31.5mm、37.5mm、50.0mm、63.0mm、75.0mm、90.0mm。

1. 前期准备

查阅现行《普通混凝土用砂、石质量及检验方法标准》JGJ 52，并借助标准找到石子的颗粒级配检测方法。以小组为单位，搜索并优选相关检测视频，提前做好检测步骤与视频截屏一一对应的“图文作业”，以确保本组自主试验顺利进行。同时将视频链接及截屏上传到学习平台。

摘录：《普通混凝土用砂、石质量及检验方法标准》JGJ 52—2006

7.1.1　本方法适用于测定碎石或卵石的颗粒级配。

7.1.2　筛分析试验应采用下列仪器设备：

1. 试验筛——筛孔公称直径为100.0mm、80.0mm、63.0mm、50.0mm、40.0mm、31.5mm、25.0mm、20.0mm、16.0mm、10.0mm、5.00mm和2.50mm方孔筛以及筛的底盘和盖各一只，其规格和质量要求应符合现行国家标准《金属穿孔板试验筛》GB/T 6003.2的要求，筛框直径为300mm；

2. 天平和秤——天平的称量5kg，感量5g；秤的称量20kg，感量20g；

3. 烘箱——温度控制范围为105±5℃；

4. 浅盘。

7.1.3　试样制备应符合下列规定：试验前，应将样品缩分至表7.1.3所规定的试样最少质量，并烘干或风干后备用。

表7.1.3　筛分析所需试样的最少质量

公称粒径(mm)	10.0	16.0	20.0	25.0	31.5	40.0	63.0	80.0
试样最少质量(kg)	2.0	3.2	4.0	5.0	6.3	8.0	12.6	16.0

7.1.4　筛分析试验应按下列步骤进行：

1. 按表7.1.3的规定称取试样；

2. 将试样按筛孔大小顺序过筛，当每只筛上的筛余层厚度大于试样的最大粒径值时，应将该筛上的筛余试样分成两份，再次进行筛分，直至各筛每分钟的通过量不超过试样总量的0.1%；

注：当筛余试样的颗粒粒径比公称粒径大20mm以上时，在筛分过程中，允许用手拨动颗粒。

3. 称取各筛筛余的质量，精确至试样总质量的0.1%。各筛的分计筛余量和筛底剩余量的总和与筛分前测定的试样总量相比，其相差不得超过1%。

7.1.5　筛分析试验结果应按下列步骤计算：

1. 计算分计筛余（各筛上筛余量除以试样的百分率），精确至1%；

2. 计算累计筛余（该筛的分计筛余与筛孔大于该筛的各筛的分计筛余百分率之总和），精确至1%；

3. 根据各筛的累计筛余，评定该试样的颗粒级配。

2. 自主试验

请各小组参考检测视频，在老师的引导、帮助下，自行组织、分工协作完成试验，同时，做好数据记录，拍摄本组试验视频，以备老师复查。

（1）数据记录及处理请查阅标准，分计筛余百分率计算式：________

________；累计筛余百分率计算式：________________。把计算结果（精确至0.1%）填入表1.2-6。

石子颗粒级配数据表　　　　**表1.2-6**

石子最大粒径：　　　　(mm)					试样称量：　　　　(g)					
筛孔尺寸(mm)	53.0	37.5	31.5	26.5	19.0	16.0	9.5	4.75	2.36	底盘
筛余量(g)										
分计筛余(%)										
累计筛余(%)										

提醒：各号筛的筛余量及底盘量之和，与筛前总量之差超过1%，需重做试验。

(2) 质量评定

请查阅标准，根据计算结果判定石子属于哪个级配区。卵石和碎石的颗粒级配应符合表1.2-7的规定。

碎石或卵石的颗粒级配范围　　　　**表1.2-7**

级配情况	公称粒级(mm)	累计筛余(按质量计,%) 方孔筛筛孔边长尺寸(mm)											
		2.36	4.75	9.5	16.0	19.0	26.5	31.5	37.5	53	63	75	90
连续粒级	5～10	95～100	80～100	0～15	0	—	—	—	—	—	—	—	—
	5～16	95～100	85～100	30～60	0～10	0	—	—	—	—	—	—	—
	5～20	95～100	90～100	40～80	—	0～10	0	—	—	—	—	—	—
	5～25	95～100	90～100	—	30～70	—	0～5	0	—	—	—	—	—
	5～31.5	95～100	90～100	70～90	—	15～45	—	0～5	0	—	—	—	—
	5～40	—	95～100	70～90	—	30～65	—	—	0～5	0	—	—	—
单粒级	10～20	—	95～100	85～100	—	0～15	0	—	—	—	—	—	—
	16～31.5	—	95～100	—	85～100	—	—	0～10	0	—	—	—	—
	20～40	—	—	95～100	—	85～100	—	—	0～10	0	—	—	—
	31.5～63	—	—	—	95～100	—	—	75～100	45～75	—	0～10	0	—
	40～80	—	—	—	—	95～100	—	—	70～100	—	30～60	0～10	0

单项评定：该批石子属于_________～_________级配区；

该批石子级配是否良好？是____否____。

知识小链接：

碎石或卵石的颗粒级配，应符合规范要求。混凝土用石应采用连续粒级。

单粒级宜用于组合成满足要求的连续粒级；也可与连续粒级混合使用，以改善其级配或配成较大的粒度的连续粒级。

当卵石的颗粒级配不符合标准要求时，应采取措施并经试验证实确保工程质量后，方可允许使用。

3. 反思探讨

检测结束后，教师进行点评、归纳、分析，同时引入相关理论知识。对于测定值偏离较大的小组，则引导学生深入探讨，反思误差来源与结果偏差之间的关联，明确标准制定的意义以及规范操作的重要性。

（1）本组试验出现过哪些问题？导致什么后果？如何改进？

（2）为什么必须复检石子的颗粒级配？石子的颗粒级配对混凝土的性能有什么影响吗？

知识小链接：

石子最终是作为混凝土的组成材料而存在，因此需要关注石子的性质对混凝土的性能的影响。石子的颗粒级配就是各种尺寸大小的石子所占的比例。不同尺寸大小的石子所组成的空间结构也是不一样的，如组成的空间结构空隙较大（一般这种情况石子的大小比较均一，单级配或断级配），就会造成混凝土内部的空隙大，混凝土的致密性下降，强度下降等；因此石子应采用连续级配，大小不同的石子相互组合，小的石子填充到大的石子空隙中，混凝土内部空隙率较小，致密性较高，强度较大。

（五）石子的含泥量、泥块含量检测

石子的含泥量、泥块含量是指石子中含有泥或泥块的比例。碎石来源于开采破碎的岩石，在山体岩石中，一般会含有泥土；卵石若来自于山体，也会含有泥土。

1. 前期准备

查阅现行《普通混凝土用砂、石质量及检验方法标准》JGJ 52，并借助标准找到石子的含泥量、泥块含量检测方法。以小组为单位，搜索并优选相关检测视频，提前做好检测步骤与视频截屏一一对应的“图文作业”，以确保本组自主试验顺利进行。

摘录：《普通混凝土用砂、石质量及检验方法标准》JGJ 52—2006

7.7.1　本方法适用于测定碎石或卵石中的含泥量。

7.7.2　含泥量试验应采用下列仪器设备。

1. 秤——称量20kg，感量20g；
2. 烘箱——温度控制范围为105±5℃；
3. 试验筛——筛孔公称直径为1.25mm及80μm的方孔筛各一只；
4. 容器——容积约10L的瓷盘或金属盘；
5. 浅盘。

7.7.3　试样制备应符合下列规定：

将样品缩分至表7.7.3所规定的量（注意防止细粉丢失），并置于温度为105±5℃的烘箱内烘干至恒重，冷却至室温后分成两份备用。

表7.7.3　含泥量试验所需的试样最少质量

最大公称粒径(mm)	10.0	16.0	20.0	25.0	31.5	40.0	63.0	80.0
试样量不少于(kg)	2	2	6	6	10	10	20	20

7.7.4　含泥量试验应按下列步骤进行：

1. 称取试样一份（m_0）装入容器中摊平，并注入饮用水。使水面高出石子表面150mm。浸泡2h后，用手在水中淘洗颗粒。使成尘屑、淤泥和黏土与较粗颗粒分离，并使之悬浮或溶解于水。缓缓地将浑浊液倒入公称直径为1.25mm及80μm的方孔套筛（1.25mm筛放置上面）上，过滤掉小于80μm的颗粒。试验前筛子的两面应先用水湿润。在整个试验过程中应注意避免大于80μm的颗粒丢失。

2. 再次加水于容器中，重复上述过程，直至洗出的水清澈为止。

3. 用水冲洗剩留在筛上的细粒，并将公称直径为80μm的方孔筛放在水中（使水面略高出筛内颗粒）来回摇动，以充分洗除小于80μm的颗粒。然后将两只筛上剩余的颗粒和桶中已经洗干净的试样一并装入浅盘。置于温度为105±5℃烘箱中烘干至恒重，取出冷却至温室后称取试样的质量（m_1）。

7.7.5　碎石或卵石中含泥量W_0应按下式计算，精确至0.1%：

$$W_c=\frac{m_0-m_1}{m_0}\times100\% \tag{7.7.5}$$

式中　W_c——含泥量（%）；

m_0——试验前烘干试样的质量（g）；

m_1——试验后烘干试样的质量（g）。

以两个试样试验结果的算术平均值作为测定值。两次结果之差大于0.2%时，应重新取样进行试验。

7.8　碎石或卵石中泥块含量试验

7.8.1　本方法适用于测定碎石或卵石中泥块的含量。

7.8.2　泥块含量试验应采用下列仪器设备：

1. 秤——称量20kg，感量20g；
2. 试验筛——筛孔公称直径为2.50mm及5.00mm的方孔筛各一只；
3. 水筒及浅盘等；
4. 烘箱——温度控制范围为105±5℃。

7.8.3　试样制备应符合下列规定：

将样品缩分至略大于表7.7.3所示的量。缩分时应防止所含黏土块被压碎。缩分后的试样在105±5℃烘箱内烘至恒重。冷却至温室后分成两份备用。

7.8.4　泥块含量试验应按下列步骤进行：

1. 筛去公称粒径5.00mm以下颗粒，称取质量m_1；

2. 将试样在容器中摊平，加入饮用水使水面高出试样表面。24h后把水放出，用手碾压泥块，然后把试样放在公称直径为2.50mm的方孔筛上摇动淘洗，直至洗出的水清澈为止；

3. 将筛上的试样小心地从筛里取出，置于温度为105±5℃烘箱烘干至恒重，取出冷却至温室后称取质量m_2。

7.8.5　泥块含量$W_{c,L}$应按下式计算，精确至0.1%。

$$W_{c,L}=\frac{m_1-m_2}{m_1}\times 100\% \tag{7.8.5}$$

式中　$W_{c,L}$——泥块含量（%）；

m_1——公称直径5mm筛上筛余量（g）；

m_2——试验后烘干试样的质量（g）。

以两个试样试验结果的算术平均值作为测定值。

2. 自主试验

请各小组参考检测视频，在老师的引导、帮助下，自行组织、分工协作完成试验。同时，做好数据记录，拍摄本组试验视频，以备老师复查。

(1) 含泥量和泥块含量检测，数据记录及处理。把计算结果（精确至0.1%）填入表1.2-8中。

石子的含泥量和泥块含量检测数据表　　**表1.2-8**

含泥量	序号	烘干样质量(g)	洗净样质量(g)	试验结果(%)	平均值(%)	泥块含量	序号	烘干样质量(g)	洗净样质量(g)	试验结果(%)	平均值(%)
	1						1				
	2						2				

误差判断：两次结果之差小于等于0.2%时，以两个试样试验结果的______

作为测定值；两次结果之差大于0.2%时，应______________。

（2）质量评定（表1.2-9）。

石子含泥量、泥块含量技术要求　　　　表1.2-9

类别	Ⅰ	Ⅱ	Ⅲ
含泥量(按质量计,%)	≤0.5	≤1.0	≤1.5
泥块含量(按质量计,%)	0	≤0.2	≤0.5

对照国家标准要求，石子的含泥量：____%，满足国家标准____类要求。石子的泥块含量：____%，满足国家标准____类要求。

单项评定：该批石子的含泥量满足的混凝土强度等级要求为：________。

A. ≥C60　　B. C55～C30　　C. ≤C25

该批石子的泥块含量满足的混凝土强度等级要求为：________。

A. ≥C60　　B. C55～C30　　C. ≤C25

摘录：《普通混凝土用砂、石质量及检验方法标准》JGJ 52—2006

3.2.3　碎石或卵石中含泥量应符合表3.2.3的规定。

表3.2.3　碎石或卵石中含泥量

混凝土强度等级	≥C60	C55～C30	≤C25
含泥量(按质量计,%)	≤0.5	≤1.0	≤2.0

对于有抗冻、抗渗或其他特殊要求的混凝土，其所用碎石或卵石中含泥量不应大于1.0%。当碎石或卵石的含泥是非黏土质的石粉时，其含泥量可由表3.2.3的0.5%，1.0%，2.0%，分别提高到1.0%，1.5%，3.0%。

3.2.4　碎石或卵石中泥块含量应符合表3.2.4的规定。

表3.2.4　碎石或卵石中泥块含量

混凝土强度等级	≥C60	C55～C30	≤C25
泥块含量(按质量计,%)	≤0.2	≤0.5	≤0.7

对于有抗冻、抗渗或其他特殊要求的强度等级小于C30的混凝土，其所用碎石或卵石中泥块含量不应大于0.5%。

3. 反思探讨

检测结束后，教师进行点评、归纳、分析，同时引入相关理论知识。对于测定值偏离较大的小组，则引导学生深入探讨，反思误差来源与结果偏差之间的关联，明确标准制定的意义以及规范操作的重要性。

（1）本组试验出现过哪些问题？导致什么后果？如何改进？

（2）为什么必须复检石子的含泥量和泥块含量？石子的含泥量和泥块含量对混凝土的性能有什么影响吗？

知识小链接：

石子最终是作为混凝土的组成材料而存在，因此需要关注石子的性质对混凝土的性能的影响。泥或泥块最大的特点就是没有强度。石子在混凝土中是通过与水泥浆的黏结来形成整体。泥或泥块一般会附着在石子的表面，就会导致水泥浆只能黏结泥或泥块，从而使混凝土整体强度降低。

（六）石子针、片状含量的检测

顾名思义，石子的针、片状含量就是指“针状（细长型）”“片状（扁平型）”形态的石子的含量。

1. 前期准备

查阅现行《普通混凝土用砂、石质量及检验方法标准》JGJ 52，并借助目录，找到石子针片状含量的检测方法。以小组为单位，搜索并优选相关检测视频，提前做好检测步骤与视频截屏一一对应的“图文作业”，并上传学习平台，以确保本组自主试验顺利进行。

思考：那什么样的石头才会被界定成“针状（细长型）”“片状（扁平型）”形态呢？

摘录：《普通混凝土用砂、石质量及检验方法标准》JGJ 52—2006

7.9.1　本方法适用于测定碎石或卵石的针状和片状颗粒的总含量。

7.9.2　针状和片状颗粒的总含量试验应采用下列仪器设备：

1. 针状规准仪（图7.9.2-1）和片状规准仪（图7.9.2-2），或游标卡尺；

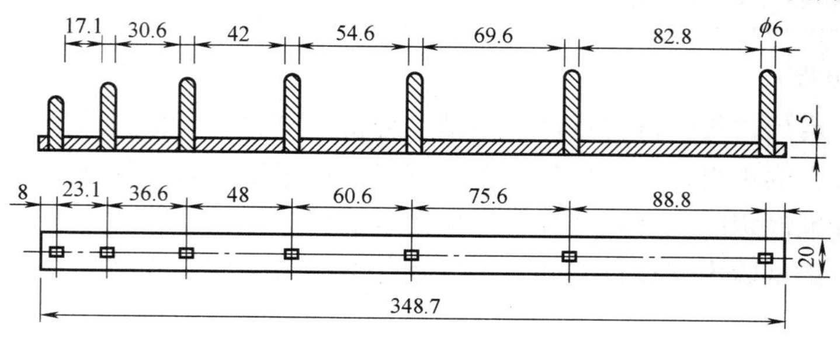

图7.9.2-1　针状规准仪（单位：mm）

2. 天平和秤——天平的称量2kg，感量2g；秤的称量20kg，感量20g；

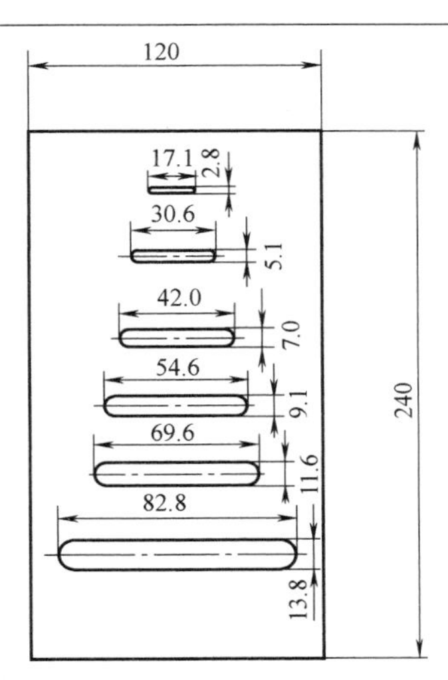

图 7.9.2-2　片状规准仪（单位：mm）

3. 试验筛——筛孔公称直径分别为 5.0mm、10.0mm、20.0mm、25.0mm、31.5mm、40.0mm、63.0mm 和 80.0mm 的方孔筛各一只，根据需要选用；

4. 卡尺。

7.9.3　试样制备应符合下列规定：

将样品在室内风干至表面干燥，并缩分至表 7.9.3-1 规定的量，称量（m_0），然后筛分成表 7.9.3-2 所规定的粒级备用。

表 7.9.3-1　针状和片状颗粒的总含量试验所需的试样最少质量

最大公称粒径(mm)	10.0	16.0	20.0	25.0	31.5	≥40.0
试样最少质量(kg)	0.3	1	2	3	5	10

表 7.9.3-2　针状和片状颗粒的总含量试验的粒级划分及其相应的规准仪孔宽或间距

公称粒级(mm)	5.0～10.0	10.0～16.0	16.0～20.0	20.0～25.0	25.0～31.5	31.5～40.0
片状规准仪上相应的孔宽(mm)	2.8	5.1	7.0	9.1	11.6	13.8
针状规准仪上相对应的间距(mm)	17.1	30.6	42.0	54.6	69.6	82.8

7.9.4　针状和片状颗粒的总含量试验应按下列步骤进行：

1. 按表 7.9.3-2 所规定的粒级用规准仪逐粒对试样进行鉴定，凡颗粒长度大于针状规准仪上相对应的间距的，为针状颗粒。厚度小于片状规准仪上相对应孔宽的，为片状颗粒。

2. 公称粒径大于 40mm 的可用卡尺鉴定其针片状颗粒，卡尺卡口的设定宽度应符合表 7.9.4 的规定。

表 7.9.4　公称粒径大于 40mm 用卡尺卡口的设定宽度

公称粒级(mm)	40.0～63.0	63.0～80.0
片状颗粒的卡口宽度(mm)	18.1	27.6
针状颗粒的卡口宽度(mm)	108.6	165.6

3. 称取由各粒级挑出的针状和片状颗粒的总质量（m_1）。

7.9.5　碎石或卵石中针状和片状颗粒的总含量 W_p 应按下式计算，精确至1%：

$$W_p=\frac{m_1}{m_0}\times100\%$$

式中　W_p——针状和片状颗粒的总含量（%）；

m_1——试样中所含针状和片状颗粒的总质量（g）；

m_0——试样总质量（g）。

2. 自主试验

请各小组参考检测视频，在老师的引导、帮助下，自行组织、分工协作完成试验。同时，做好数据记录，拍摄本组试验视频，以备老师复查。

（1）数据记录及数据处理。

针片状含量的计算式：________________。把计算结果（精确至0.1%）填入表1.2-10。

石子针片状含量试验数据　　表1.2-10

	试样质量(g)	针、片状颗粒质量(g)	针、片状含量(%)	平均值(%)
针片状含量				

（2）质量评定。

对照国家标准要求，石子的压碎指标：______%，满足国家标准____类要求。石的针片状颗粒含量：______%，满足国家标准____类要求。

摘录：《普通混凝土用砂、石质量及检验方法标准》JGJ 52—2006

3.2.2　碎石或卵石中针、片状颗粒含量应符合表3.2.2的规定。

表3.2.2　针、片状颗粒含量

混凝土强度等级	≥C60	C55～C30	≤C25
针、片状颗粒含量（按质量计，%）	≤8	≤15	≤25

单项评定：该批石子针、片状含量满足（　　）混凝土强度等级的要求。

A. ≥C60　　B. C55～C30　　C. ≤C25

3. 反思探讨

检测结束后，教师进行点评、归纳、分析，同时引入相关理论知识。对于测定值偏离较大的小组，则引导学生深入探讨，反思误差来源与结果偏差之间的关联，明确标准制定的意义以及规范操作的重要性。

（1）本组试验出现过哪些问题？导致什么后果？如何改进？

（2）为什么必须复检石子的针、片状含量？石子的针、片状含量对混凝土的性能有什么影响吗？

知识小链接：

众所周知，细长和扁平形态的物体，在其尖点处的接触面积较小，在外力一定的情况下，接触点受到的应力就比较大，从而容易破坏。因此对于石子而言，针、片状含量高，就意味着由石头组成的混凝土抵抗应力的能力较弱，较容易受到外力的破坏。因此在实际应用中，要选择针、片状含量较低的石子。

三、报告填写

1. 查阅现行《普通混凝土用砂、石质量及检验方法标准》JGJ 52，填写石子的技术要求。

2. 把任务实施的检验结果填入表1.2-11，未检测项目标示横线。

3. 对比检验结果和技术要求，评定石的质量。

石子的质量检验报告　　　　**表1.2-11**

委托单位：________　检验单位：________

工程名称：________　样品产地：________

工程部位：________　样品编号：________

收样日期：____　试验日期：____　报告日期：________

检验依据：________　报告编号：________

检验项目	检验结果	技术要求	单项评定
表观密度(kg/m^3)			
堆积密度(kg/m^3)			
紧密密度(kg/m^3)			
堆积空隙率(%)			
紧密空隙率(%)			
吸水量(%)			
含泥量(%)			
泥块含量(%)			
坚固性(以质量损失计,%)			
针片状颗粒含量(%)			
碱活性			
硫化物及硫酸盐含量(以SO_3质量计,%)			
强度(MPa)			

筛分试验	筛孔尺寸(mm)	53.0	37.5	31.5	26.5	19.0	16.0	9.5	4.75	2.36	底盘
	筛余量(g)										
	分计筛余(%)										
	累计筛余(%)										
	标准值(%)										

续表

级配		最大粒径	mm
结论	是否符合《普通混凝土用砂、石质量及检验方法标准》JGJ 52—2006 的技术要求： 不符合□　　　　符合□		
备注			

批准：＿＿＿＿＿＿＿＿＿　审核：＿＿＿＿＿＿＿＿＿＿＿　试验：＿＿＿＿＿＿＿＿＿

以上任务完成了石子的颗粒集配、含泥量和泥块含量、针片状含量等复验项目。除了以上的复验项目，《普通混凝土用砂、石质量及检验方法标准》JGJ 52—2006 规定还需检验石子的强度、密度、碱活性等，可根据实际实践条件，按照任务实施的环节开展。

摘录：《普通混凝土用砂、石质量及检验方法标准》JGJ 52—2006

3.2.5　碎石的强度可用岩石的抗压强度和压碎值指标表示。岩石的抗压强度应比所配制的混凝土强度至少高 20%。当混凝土强度等级大于或等于 C60 时，应进行岩石抗压强度检验。岩石强度首先由生产单位提供，工程中可采用压碎值指标进行质量控制。碎石的压碎值指标宜符合表 3.2.5-1 的规定。

表 3.2.5-1　碎石的压碎值指标

岩石品种	混凝土强度等级	碎石压碎值指标(%)
沉积岩	C60～C40	≤10
	≤C35	≤16
变质岩或深成的火成岩	C60～C40	≤12
	≤C35	≤20
喷出的火成岩	C60～C40	≤13
	≤C35	≤30

注：沉积岩包括石灰岩、砂岩等；变质岩包括片麻岩、石英岩等；深成的火成岩包括花岗岩、正长岩、闪长岩和橄榄岩等；喷出的火成岩包括玄武岩和辉绿岩等。

卵石的强度可用压碎值指标表示。其压碎值指标宜符合表 3.2.5-2 的规定。

表 3.2.5-2　卵石的压碎值指标

混凝土强度等级	C60～C40	≤C35
压碎值指标(%)	≤12	≤16

3.2.6　碎石或卵石的坚固性应用硫酸钠溶液法检验，试样经 5 次循环后，其质量损失应符合表 3.2.6 的规定。

表 3.2.6　碎石或卵石的坚固性指标

混凝土所处的环境条件及其性能要求	5 次循环后的质量损失(%)
在严寒及寒冷地区室外使用，并经常处于潮湿或干湿交替状态下的混凝土；有腐蚀性介质作用或经常处于水位变化区的地下结构有抗疲劳、耐磨、抗冲击等要求的混凝土	≤8
在其他条件下使用混凝土	≤12

3.2.7　碎石或卵石中的硫化物和硫酸盐含量以及卵石中有机物等有害物质含量，应符合表3.2.7的规定。

表3.2.7　碎石或卵石中的有害物质含量

项目	质量要求
硫化物及硫酸盐含量(折算成 SO_3，按质量计，%)	≤1.0
卵石中的有机物含量(用比色法试验)	黑色应不深于标准色，当颜色深于标准色时，应配置成混凝土进行强度对比试验，抗压强度比应不低于0.95

当碎石或卵石中含有颗粒状硫酸盐或硫化物杂质时，应进行专门检验，确认能满足混凝土耐久性要求后，方可采用。

3.2.8　对于长期处于潮湿环境的重要结构混凝土，其所使用的碎石或卵石应进行碱活性检验。

进行碱活性检验时，首先应采用岩相法检验碱活性骨料的品种、类型和数量。当检验出骨料中含有活性二氧化硅时，应采用快速砂浆棒法和砂浆长度法进行碱活性检验；当检验出骨料中含有活性碳酸盐时，应采用岩石柱法进行碱活性检验。

经上述检验，当判定骨料存在潜在碱-碳酸盐反应危害时，不宜用作混凝土骨料；否则，应通过专门的混凝土试验，做最后评定。

当判定骨料存在碱-硅反应危害时，应该控制混凝土中的碱含量不超过 $3kg/m^3$，或采用能抑制碱-骨料反应的有效措施。

学习任务 2　水泥的性能检测及其应用

子任务 2.1　通用水泥的性能检测

一、学习准备

水泥是一种水硬性胶凝材料，它将砂、石等其他材料胶结、固化成水泥混凝土，是建设工程极为重要的组成材料。水泥广泛应用于民用建筑、道路、桥梁等工程，可制成混凝土、钢筋混凝土、预应力混凝土构件，也可配置砌筑砂浆、抹面砂浆等。为确保工程质量，我们应对进场水泥的质量进行严格把关，做到“一查、二看、三抽检”。

（一）查阅产品资料

上网查阅水泥出厂合格证和水泥物理性能检验报告（图 2.1-1），并截屏上传学习平台。

1. 查看水泥质量检测报告，找一找水泥性能的检测和水泥质量的评定分别

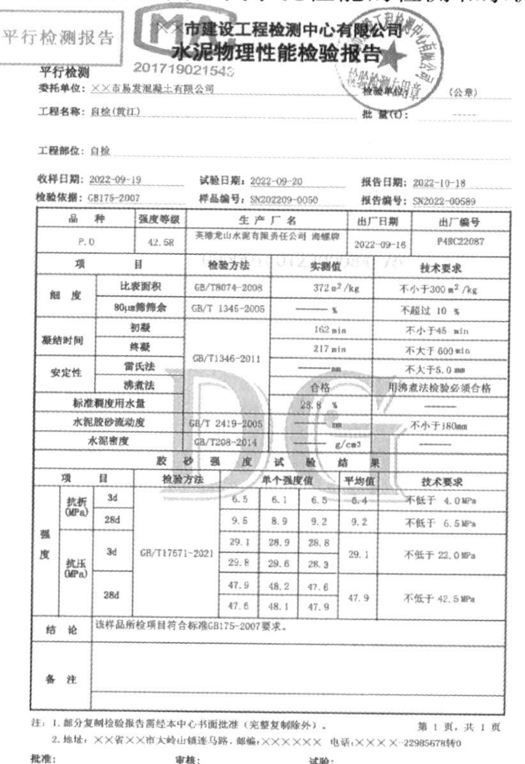

平行检测报告

××市建设工程检测中心有限公司
水泥物理性能检验报告

平行检测　201719021543

委托单位：××市易发混凝土有限公司　　检验单位（公章）

工程名称：自检（贯江）　　批量(t)：-----

工程部位：自检

收样日期：2022-09-19　试验日期：2022-09-20　报告日期：2022-10-18

检验依据：GB175-2007　样品编号：SN202209-0050　报告编号：SN2022-00589

品种	强度等级	生产厂名	出厂日期	出厂编号
P.O	42.5R	英德龙山水泥有限责任公司 海螺牌	2022-09-16	P48C22087

项目		检验方法	实测值	技术要求
细度	比表面积	GB/T8074-2008	372 m^2/kg	不小于300 m^2/kg
	80μm筛筛余	GB/T 1345-2005	—— %	不超过 10 %
凝结时间	初凝	GB/T1346-2011	162 min	不小于45 min
	终凝		217 min	不大于600 min
安定性	雷氏法		—— mm	不大于5.0 mm
	沸煮法		合格	用沸煮法检验必须合格
标准稠度用水量			28.8 %	——
水泥胶砂流动度		GB/T 2419-2005	—— mm	不小于180mm
水泥密度		GB/T208-2014	—— g/cm^3	——

胶　砂　强　度　试　验　结　果

项目			检验方法	单个强度值			平均值	技术要求
强度	抗折(MPa)	3d	GB/T17671-2021	6.5	6.1	6.5	6.4	不低于 4.0 MPa
		28d		9.5	8.9	9.2	9.2	不低于 6.5 MPa
	抗压(MPa)	3d		29.1	28.9	28.8	29.1	不低于 22.0 MPa
				29.8	29.6	28.3		
		28d		47.9	48.2	47.6	47.9	不低于 42.5 MPa
				47.6	48.1	47.9		
结论	该样品所检项目符合标准GB175-2007要求。							
备注								

注：1. 部分复制检验报告需经本中心书面批准（完整复制除外）。　第 1 页，共 1 页

2. 地址：××省××市大岭山镇莲马路，邮编：×××××× 电话：××××-22985678转0

批准：　审核：　试验：

图 2.1-1　水泥物理性能检验报告

依据什么标准进行？

2. 在质量检测报告中，技术要求、检测结果与单项评定之间有何因果关系？

知识小链接：

水硬性胶凝材料指在建筑工程中能将散粒材料（如砂、石等）或块状材料（如砖、瓷砖等）胶结成一个整体，不仅能在空气中，而且能更好地在水中硬化，保持并继续发展其强度的材料，统称为水泥。

水泥品种繁多，按其主要水硬性物质可分为硅酸盐水泥、铝盐酸水泥、硫铝盐酸水泥、铁铝盐酸水泥等系列，其中以硅酸盐水泥系列生产量最大、应用最为广泛。

硅酸盐系列水泥是以硅酸盐为主要成分的水泥熟料、适量石膏和规定的混合材共同磨细制成。按其性能和用途不同，可分为通用水泥、专用水泥和特性水泥三大类。专用水泥如道路水泥、砌筑水泥等；特性水泥如抗硫酸盐水泥、中低热水泥等。

（二）查阅现行标准

查阅现行《通用硅酸盐水泥》GB 175，录屏查阅过程，上传至学习平台。然后，借助规范回答下列问题。

1. 通用硅酸盐水泥有哪些品种？分别用什么代号表示？六大通用硅酸盐水泥分别有哪些强度等级？

摘录：《通用硅酸盐水泥》GB 175—2007

5.1　组分

通用硅酸盐水泥的组分应符合表1的规定

表1　　%

品种	代号	组分(质量分数)				
		熟料+石膏	粒化高炉矿渣	火山灰质混合材料	粉煤灰	石灰石
硅酸盐水泥	P·Ⅰ	100	—	—	—	—
	P·Ⅱ	≥95	≤5	—	—	—
		≥95	—	—	—	≤5
普通硅酸盐水泥	P·O	≥80且<95	≥5且<20[a]			—
矿渣硅酸盐水泥	P·S·A	≥50且<80	>20且≤50[b]	—	—	—
	P·S·B	≥30且<50	>50且≤70[b]	—	—	—
火山灰质硅酸盐水泥	P·P	≥60且<80	—	>20且≤40[c]	—	—
粉煤灰硅酸盐水泥	P·F	≥60且<80	—	—	>20且≤40[d]	—

续表

品种	代号	组分(质量分数)				
		熟料+石膏	粒化高炉矿渣	火山灰质混合材料	粉煤灰	石灰石
复合硅酸盐水泥	P·C	≥50且<80	>20且≤50[e]			

注：[a] 本组分材料为符合本标准5.2.3的活性混合材料，其中允许用不超过水泥质量8%且符合本标准5.2.4的非活性混合材料或不超过水泥质量5%且符合本标准5.2.5的窑灰代替。

[b] 本组分材料为符合GB/T 203或GB/T 18046的活性混合材料，其中允许用不超过水泥质量8%且符合本标准5.2.3的活性混合材料或符合本标准5.2.4的非活性混合材料或符合本标准5.2.5的窑灰中的任一种材料代替。

[c] 本组分材料为符合GB/T 2847的活性混合材料。

[d] 本组分材料为符合GB/T 1596的活性混合材料。

[e] 本组分材料为由两种（含）以上符合本标准5.2.3的活性混合材料或/和符合本标准5.2.4的非活性混合材料组成，其中允许用不超过水泥质量8%且符合本标准5.2.5的窑灰代替。掺矿渣时混合材料掺量不得与矿渣硅酸盐水泥重复。

……

6. 强度等级

6.1 硅酸盐水泥的强度等级分为42.5、42.5R、52.5、52.5R、62.5、62.5R六个等级。

6.2 普通硅酸盐水泥的强度等级分为42.5、42.5R、52.5、52.5R四个等级。

6.3 矿渣硅酸盐水泥、粉煤灰硅酸盐水泥、火山灰质硅酸盐水泥、复合硅酸盐水泥分为32.5、32.5R、42.5、42.5R、52.5、52.5R六个等级。

6.4 复合硅酸盐水泥的强度等级为42.5、42.5R、52.5、52.5R四个等级。

知识小链接：

（1）通用硅酸盐水泥：用于一般土木建筑工程，是由硅酸盐水泥熟料、适量石膏和规定的混合材共同粉磨制成的水泥。

（2）硅酸盐水泥熟料：将石灰石、黏土、铁粉按适当比例充分混合、磨细，制备成生料，然后将生料进行高温煅烧至部分熔融，形成熟料。硅酸盐水泥熟料的主要矿物组成及特性见表2.1-1。

硅酸盐水泥熟料的主要矿物组成及特性　　表2.1-1

矿物成分	含量(%)	水化速率	水化热	强度
$3CaO \cdot SiO_2(C_3S)$	37～60	快	大	高
$2CaO \cdot SiO_2(C_2S)$	15～37	慢	小	早期低，后期高
$3CaO \cdot Al_2O_3(C_3A)$	7～15	最快	最大	低
$4CaO \cdot Al_2O_3 \cdot Fe_2O_3(C_4AF)$	10～18	快	中	中

硅酸盐水泥熟料主要由上述矿物组成，由于各矿物特性不同，因此可以通过调整配料比例和生产工艺，改变熟料矿物的含量比例，制得性能不同的水泥。如提高C_3S含量，可制成高强水泥；降低C_3A和C_3S含量，提高C_2S含量，可制得中、低热水泥；提高C_4AF含量，降低C_3A含量，可制得道路水泥。通过较

大幅度调整矿物成分比例可制得不同品种的硅酸盐类特性水泥或专用水泥。

(3) 石膏的作用：由于水泥熟料的凝结速度极快，加入石膏可以使水泥凝结速度减缓，使之便于施工操作。现行《通用硅酸盐水泥》GB 175 规定：通用水泥中三氧化硫的含量不得超过3.5%（矿渣水泥可放宽到4.0%）。

(4) 水泥混合材的种类：在硅酸盐类水泥中除硅酸盐水泥（P·Ⅰ），不掺任何混合材料外，其他几种都掺入一定量的混合材料。混合材料多为工业废渣或天然矿物材料，常用的种类有：粒化高炉矿渣、火山灰质混合材料、粉煤灰等。

1）粒化高炉矿渣

高炉冶炼生铁时，浮在铁水表面的熔融物经急冷处理成疏松颗粒状材料称为粒化高炉矿渣。粒化高炉矿渣主要成分是 CaO、SiO_2 和 Al_2O_3，一般含量可达90%以上。其中的活性 SiO_2 和活性 Al_2O_3，在 $Ca(OH)_2$ 的作用下，能与水生成新的水化产物——水化硅酸钙、水化铝酸钙而产生胶凝作用。用于水泥混合材料的粒化高炉矿渣应符合现行国家标准《用于水泥中的粒化高炉矿渣》GB/T 203 有关规定。

2）火山灰质混合材料

火山灰质混合材料的品种很多，比如天然矿物——火山灰、硅藻土等；比如工业废渣——煤渣、硅灰等。此类材料的活性成分也是活性 SiO_2 和活性 Al_2O_3，可二次水化。用于水泥混合材的火山灰质材料应符合现行国家标准《用于水泥中的火山灰质混合材料》GB/T 2847 有关规定。

3）粉煤灰

由煤粉燃烧炉烟道气体中收集的粉末称粉煤灰。粉煤灰的化学成分与火山灰相近，活性成分还是活性 SiO_2 和活性 Al_2O_3，可以进行二次水化反应，具有火山灰性。作为水泥混合材料的粉煤灰应符合现行《用于水泥和混凝土中的粉煤灰》GB/T 1596 有关规定。

2. 复验水泥细度、凝结时间、安定性、水泥强度等物理性能时，分别依据哪些标准进行检测？

摘录：《通用硅酸盐水泥》GB 175—2007

8.3 压蒸安定性

按 GB/T 750 进行试验。

8.4 氯离子

按 GB/T 176 进行试验。

8.5 标准稠度用水量、凝结时间和安定性

按 GB/T 1346 进行试验。

8.6 强度

按 GB/T 17671 进行试验。火山灰质硅酸盐水泥、粉煤灰硅酸盐水泥、复合硅酸盐水泥和掺火山灰质混合材料的普通硅酸盐水泥在进行胶砂强度检验

时，其用水量按0.50水灰比和胶砂流动度不小于180mm来确定。当流动度小于180mm时，应以0.01的整数倍递增的方法将水灰比调整至胶砂流动度不小于180mm。

胶砂流动度试验按GB/T 2419进行，其中胶砂制备按GB/T 17671规定进行。

8.7　比表面积

按GB/T 8074进行试验。

8.8　80μm和45μm筛余

按GB/T 1345进行试验。

3. 水泥有散装和包装两种，分别采用何种取样方式，能够使得抽取的水泥试样具有代表性?

摘录:《水泥取样方法》GB/T 12573—2008

6.1　手工取样

6.1.1　散装水泥

当所取水泥深度不超过2m时，每一个编号内采用散装水泥取样器随机取样。通过转动取样器内管控制开关，在适当位置插入水泥一定深度，关闭后小心抽出，将所取样品放入符合9.1要求的容器中。每次抽取的单样量应尽量一致。

6.1.2　袋装水泥

每一个编号内随机抽取不少于20袋水泥，采用袋装水泥取样器取样，将取样器沿对角线方向插入水泥包装袋中，用大拇指按住气孔，小心抽出取样管，将所取样品放入符合9.1要求的容器中。每次抽取的单样量应尽量一致。

6.2　自动取样

采用自动取样器取样。该装置一般安装在尽量接近于水泥包装机或散装容器的管路中，从流动的水泥流中取出样品，将所取样品放入符合9.1要求的容器中。

4. 包装水泥袋上标示了哪些产品信息?散装水泥应如何标识?水泥存放期一般是多久?存放水泥时有哪些注意事项?

摘录：《通用硅酸盐水泥》GB 175—2007

10.1　包装

水泥可以散装或袋装，袋装水泥每袋净含量为50kg，且应不少于标志质量的99％；随机抽取20袋总质量（含包装袋）应不少于1000kg。其他包装形式由供需双方协商确定，但有关袋装质量要求，应符合上述规定。水泥包装袋应符合GB 9774的规定。

10.2　标志

水泥包装袋上应清楚标明：执行标准、水泥品种、代号、强度等级、生产者名称、生产许可证标志（QS）及编号、出厂编号、包装日期、净含量。包装袋两侧应根据水泥的品种采用不同的颜色印刷水泥名称和强度等级，硅酸盐水泥和普通硅酸盐水泥采用红色，矿渣硅酸盐水泥采用绿色；火山灰质硅酸盐水泥、粉煤灰硅酸盐水泥和复合硅酸盐水泥采用黑色或蓝色。

散装发运时应提交与袋装标志相同内容的卡片。

10.3　运输与贮存

水泥在运输与贮存时不得受潮和混入杂物，不同品种和强度等级的水泥在贮运中避免混杂。

知识小链接：

水泥在运输与贮存时不得受潮和混入杂物，不同品种和强度等级的水泥在贮运中避免混杂。

袋装水泥应于库房内贮存，库房地面应有防潮措施。堆放时，应按品种、强度等级（或标号）、出厂编号、到货先后或使用顺序排列成垛，堆垛高度以不超过10袋为宜。当限于条件，水泥不得不露天堆放时，应在距地面不少于30cm垫板上堆放，垫板下不得积水。水泥堆垛必须用布覆盖严密，防止雨露侵入，使水泥受潮。

散装水泥贮存在专用的水泥罐（筒仓）中。

水泥存储期过长，其活性将会降低。一般存储3个月以上的水泥，强度约降低10％～20％。存放期超过3个月的通用水泥和存放期超过1个月的快硬水泥，使用前必须复验，并按复验结果使用（表2.1-2）。

超出存放期或受潮水泥的处理方法　　表2.1-2

受潮情况	处理方法	使用
有粉块、用手可捏成粉末	将粉块压碎	经试验后，根据实际强度使用
部分结成硬块	将硬块筛除，粉块压碎	经试验后，根据实际强度使用，用于受力小的部位，或强度要求不高的工程，可用于配制砂浆
大部分结成硬块	将硬块粉碎磨细	不能作为水泥使用，可掺入新水泥中作为混合材料使用

二、任务实施

查阅现行《水泥细度检验方法　筛析法》GB/T 1345、《水泥胶砂强度检验方法（ISO 法）》GB/T 17671、《水泥标准稠度用水量、凝结时间、安定性检验方法》GB/T 1346，依次录屏后，上传到学习平台。将依据这些标准分别对水泥细度、水泥强度、水泥凝结时间和安定性等性能进行检测。

（一）水泥细度的检测

1. 前期准备

查阅现行《水泥细度检验方法　筛析法》GB/T 1345，找到负压筛析的试验方法，以小组为单位，搜索并优选相关检测视频，提前做好检测步骤与视频截屏一一对应的"图文作业"，以确保本组自主试验顺利进行。同时将视频链接及"图文作业"上传至学习平台。

摘录：《水泥细度检验方法　筛析法》GB/T 1345—2005

7.1　试验准备

试验前所用试验筛应保持清洁，负压筛和手工筛应保持干燥。试验时，80μm 筛析试验称取试样 25g，45μm 筛析试验称取试样 10g。

7.2　负压筛析法

7.2.1　筛析试验前应把负压筛放在筛座上，盖上筛盖，接通电源，检查控制系统，调节负压至 4000～6000Pa 范围内。

7.2.2　称取试样精度至 0.01g，置于洁净的负压筛中，放在筛座上，接通电源，开动筛析仪连续筛析 2min，在此期间如有试样附着在筛盖上，可轻轻地敲击筛盖使试样落下。筛毕，用天平称量全部筛余物。

……

8　结果计算及处理

8.1　计算

水泥试样筛余百分数按下式计算：

$$F=\frac{R_s}{W}\times 100\%$$

式中　F——水泥试样的筛余百分率，单位为质量百分比（%）；

R_s——水泥筛余物的质量，单位为克（g）；

W——水泥试样的质量，单位为克（g）。

结果计算至 0.1%。

8.2　筛余结果的修正

试验筛的筛网会在试验中磨损，因此，筛析结果应进行修正，修正的方法是将 8.1 的结果乘以该试验筛按附录 A 标定后得到的有效修正系数，即为最终结果。

实例：用 A 号试验筛对某水泥样的筛余值为 5.0%，而 A 号试验筛的修正系数为 1.10，则该水泥样的最终结果为：5.0%×1.1=5.5%。

合格评定时，每个样品应称取两个试样分别筛析，取筛余平均值为筛析结果，若两次筛余结果绝对误差大于 0.5%时（筛余值大于 5.0%时可放至 1.0%）应再做一次试验，取两次相近结果的算术平均值，作为最终结果。

2. 自主试验

请各小组参考规范的检测视频，在老师的引导、帮助下，自行组织、分工协作完成试验。同时，做好数据记录（表 2.1-3），拍摄本组试验视频，以备老师复查。

（1）数据记录及处理

数据记录及处理　　　　**表 2.1-3**

检测方法	筛前试样质量(g)	筛余试样质量(g)	筛余百分数(%)	平均值(%)
负压筛法 （45μm 方孔筛）				

（2）误差判断

若两次筛余结果绝对误差大于 0.5% 时（筛余值大于 5.0% 时可放至 1.0%），应再做一次试验。取两次相近结果的算术平均值，作为最终结果。

注意事项：《通用硅酸盐水泥》“GB 175（报批稿）”中取消了 80μm 筛余的规定。故本试验采用 45μm 筛析试验法，称取试样质量 10g；检查筛子是否破损或是否洁净；调节负压至 4000～6000Pa 范围内；轻轻敲击筛盖使试样落下。

（3）质量评定

查阅现行《通用硅酸盐水泥》GB 175，水泥细度的技术要求：____

单项评定：该批水泥细度是否合格？　合格____　不合格____

摘录：《通用硅酸盐水泥》GB 175—2007

7.3.4　细度（选择性指标）

硅酸盐水泥和普通硅酸盐水泥的细度以比表面积表示，其比表面积不小于 $300m^2/kg$；矿渣硅酸盐水泥、火山灰质硅酸盐水泥、粉煤灰硅酸盐水泥和复合硅酸盐水泥的细度以筛余表示，其 80μm 方孔筛筛余不大于 10% 或 45μm 方孔筛筛余不大于 30%。

提醒：试验结束后，必须及时清理，确保仪器及工作面洁净、整齐。

3. 反思探讨

检测结束后，教师进行点评、归纳、分析，同时引入相关理论知识。对于测定值偏离较大的小组，则引导学生深入探讨，反思误差来源与结果偏差之间的关联，明确标准制定的意义及规范操作的重要性。

（1）回顾检测各环节，试验室条件是否满足检测要求？本组试验是否存在不规范操作？会带来什么误差？请相关小组提交整改意见或建议。

（2）细度有哪两种表示方法？筛余量和细度有何关系？比表面积和细度又有何关系？

知识小链接：

水泥细度表示水泥颗粒的粗细程度。水泥细度有两种表示方法：硅酸盐水泥的细度以比表面积法表示，比表面积越大，表示粉末越细；其他几种通用水泥的细度则用筛析法表示，即以筛余粗颗粒的百分比表示粗细程度，筛余量越少，粉末越细。

水泥颗粒越细，水化反应速度越快，水化放热越多，凝结硬化越快，早期强度越高。大量的研究和实践证明，拓宽水泥的颗粒分布有利于水泥性能的优化和改善，较宽的水泥颗粒分布意味着具有较多的微粉含量和较多的粗颗粒含量，既有利于水泥的早期强度，也确保水泥后期强度的进一步发展。

而随着水泥粉磨装备和技术的发展，我国水泥的粉磨电耗大幅降低，但水泥颗粒分布越来越窄。目前，我国大部分厂家生产的水泥45μm筛余趋近于零。这种发展趋势导致水泥需水性增加、水泥早期强度发展快而后期发展不足。为进一步提升水泥性能，现行《通用硅酸盐水泥》GB 175规定普通硅酸盐水泥、矿渣硅酸盐水泥、粉煤灰硅酸盐水泥、火山灰硅酸盐水泥、复合硅酸盐水泥的细度以45μm方孔筛筛余表示，不小于5%。同时，取消80μm筛余的规定。

（二）水泥强度的检测

1. 前期准备

查阅现行《水泥胶砂强度检验方法（ISO法）》GB/T 17671，找到胶砂的制备，试件的制备、养护及破型方法，以小组为单位，搜索并优选相关检测视频，提前做好检测步骤与视频截屏一一对应的“图文作业”，以确保本组自主试验顺利进行。同时将视频链接及“图文作业”上传至学习平台。

（1）胶砂的制备

（2）试件的制作、养护

（3）强度的测定

摘录：《水泥胶砂强度检验方法（ISO 法）》GB/T 17671—2021

7. 胶砂的制备

7.1　配合比

胶砂的质量配合比应为一份水泥、三份中国 ISO 标准砂和半份水（水灰比为 0.50）。每锅材料需 450±2g 水泥、1350±5g 砂子和 225±1mL 水或 225±1g 水。一锅胶砂成型三条试体。

7.2　搅拌

胶砂用搅拌机（5.6.2）按以下程序进行搅拌，可以采用自动控制，也可以采用手动控制：

a）把水加入锅里，再加入水泥，把锅固定在固定架上，上升至工作位置；

b）立即开动机器，先低速搅拌 30±1s 后，在第二个 30±1s 开始的同时均匀地将砂子加入。把搅拌机调至高速再搅拌 30±1s；

c）停拌 90s，在停拌开始的 15±1s 内，将搅拌锅放下，用刮刀将叶片、锅壁和锅底上的胶砂刮入锅中；

d）再在高速下继续搅拌 60±1s。

8. 试件的制备

8.1　尺寸和形状

试件为 40mm×40mm×160mm 的棱柱体。

8.2　成型

8.2.1　用振实台成型

胶砂制备后立即进行成型。将空试模和模套固定在振实台上，用料勺将锅壁上的胶砂清理到锅内并翻转搅拌胶砂使其更加均匀。成型时将胶砂分两层装入试模，装第一层时，每个槽里约放 300g 胶砂，先用料勺沿试模长度划动胶砂以布满模槽，再用大布料器（见图 3）垂直架在模套顶部沿每个模槽来回一次将料层布平，接着振实 60 次。再装入第二层胶砂，用料勺沿试模长度划动胶砂以布满模槽，但不能接触已振实胶砂，再用小布料器（见图 3）布平，振实 60 次。每次振实时可用一块用水湿过拧干，比模套尺寸稍大的棉纱布盖在模套上以防止振实时胶砂飞溅。

移走模套，从振实台上取下试模，用一金属直尺（见图 3）以近似 90°的角度（但向刮平方向稍斜）架在试模模顶的一端，然后沿试模长度方向以横向锯割动作慢慢向另一端移动（见图 2），将超过试模部分的胶砂刮去。锯割动作的多少和直尺角度的大小取决于胶砂的稀稠程度，较稠的胶砂需要多次锯割、锯割动作要慢以防止拉动已振实的胶砂。用拧干的湿毛巾将试模顶部的胶砂擦拭干净，再用同一直边尺以近乎水平的角度将试体表面抹平，抹平的次数要尽量少，总次数不应超过 3 次。最后将试模周边的胶砂擦除干净。

用毛笔或其他方法对试体进行编号。两个龄期以上的试体，在编号时应使同一试模中的 3 条试体分在两个以上龄期内。

8.2.2 用振动台成型

在搅拌胶砂的同时将试模和下料漏斗卡紧在振动台的中心。将搅拌好的全部胶砂均匀地装入下料漏斗中，开动振动台，胶砂通过漏斗流入试模。振动120±5s停止振动，振动完毕，取下试模，用刮平尺以8.2.1规定的刮平手法刮去其高出试模的胶砂并抹平、编号。

9. 试件的养护

9.1 脱模前的处理和养护

在试模上盖一块玻璃板，也可用相似尺寸的钢板或不渗水的、和水泥没有反应的材料剖成的板。盖板不应与水泥砂浆接触。盖板与试模之间的距离应控制在2～3mm之间。为了安全，玻璃板应有磨边。

立即将做好标记的试模放入养护室或湿箱的水平架子上养护，湿空气应能与试模各边接触。养护时不应将试模放在其他试模上。一直养护到规定的脱模时间时取出脱模。

9.2 脱模

脱模应非常小心。脱模时可以用橡皮锤或脱模器。

对于24h龄期的，应在成型试验前20min内脱模。对于24h以上龄期的，应在成型后20～24h之间脱模。

如经24h养护，会因脱模对强度造成损害时，可以延迟至24h以后脱模，但在试验报告中应予说明。

已确定作为24h龄期试验（或其他不下水直接做试验）的已脱模试体，应用湿布覆盖至做试验时为止。

对于胶砂搅拌或振实台的对比，建议称量每个模型中试体的总量。

9.3 水中养护

将做好标记的试件立即水平或竖直放在20±1℃水中养护（5.3），水平放置时刮平面应朝上。

试件放在不易腐烂的篦子上（5.3），并彼此间保持一定间距，以让水与试件的六个面接触，养护期间试件之间间隔或试体上表面的水深不得小于5mm。

注：不宜用未经防腐处理的木篦子。

每个养护池只养护同类型的水泥试体。

最初用自来水装满养护池（或容器），随后随时加水保持适当的水位。在养护期间，可以更换不超过50%的水。

9.4 强度试验试体的龄期

除24h龄期或延迟至48h脱模的试体外，任何到龄期的试体应在试验（破型）前提前从水中取出。揩去试体表面沉积物，并用湿布覆盖至试验为止。试体龄期是从水泥加水搅拌开始试验时算起。不同龄期强度试验在下列时间里进行：

——24h±15min；

——48h±30min；

——72h±45min；

——7d±2h；

——28d±8h。

10. 试验程序

10.1　抗折强度的测定

用抗折强度试验机（5.6.5）测定抗折强度。

将试体一个侧面放在试验机（5.6.5）支撑圆柱上，试体长轴垂直于支撑圆柱，通过加荷圆柱以 50±10N/s 的速率均匀地将荷载垂直地加在棱柱体相对侧面上，直至折断。

保持两个半截棱柱体处于潮湿状态直至抗压试验。

抗折强度按公式（1）进行计算：

$$R_f=\frac{1.5F_fL}{b^3} \tag{1}$$

式中　R_f——抗折强度，单位为兆帕（MPa）；

F_f——折断时施加于棱柱体中部的荷载，单位为牛顿（N）；

L——支撑圆柱之间的距离，单位为毫米（mm）；

b——柱体正方形截面的边长，单位为毫米（mm）。

10.2　抗压强度测定

抗折强度试验完成后，取出两个半截试体，进行抗压强度试验。抗压强度试验通过 5.6.6 和 5.6.7 规定的仪器，在半截棱柱体的侧面上进行。半截棱柱体中心与压力机压板受压中心差应在±0.5mm 内，棱柱体露在压板外的部分约有 10mm。

在整个加荷过程中以 2400±200N/s 的速率均匀地加荷直至破坏。

抗压强度按公式（2）进行计算，受压面积计为 1600mm^2：

$$R_c=\frac{F_c}{A} \tag{2}$$

式中　R_c——抗压强度，单位为兆帕（MPa）；

F_c——破坏时的最大荷载，单位为牛顿（N）；

A——受压面积，单位为平方毫米（mm^2）。

2. 自主试验

请各小组参考规范的检测视频，在老师的引导、帮助下，自行组织、分工协作完成试验。同时，做好数据记录，拍摄本组试验视频，以备老师复查。

（1）数据记录及处理（表 2.1-4）

（2）误差判断

数据记录及处理　　表 2.1-4

龄期	3d		28d		龄期	3d		28d	
抗压强度（MPa）					抗折强度（MPa）				
平均抗压强度（MPa）					平均抗折强度（MPa）				

注意事项：

材料用量：450±2g水泥、1350±5g砂子和225±1mL水；用滴管或加水器准确量取用水量；加料顺序：先加水再放水泥，切记在搅拌锅加水前务必润湿。

在试模装料前刷层薄油，切不可过量，否则振实后会形成空隙，影响强度；胶砂分两层装入试模，每次振实60次；振实后，较干的胶砂需要多次锯割，但抹平的次数要尽量少，直尺尽量水平。

标准养护24h后取出，务必小心脱模。以免对强度造成损害；放在20±1℃水中养护时，刮平面朝上，试件之间间隔或试体上表面的水深不得小于5cm。

为避免人为误差，在强度检测过程中，切忌刮平面朝上或朝下放置试件。

（3）质量评定

查阅现行《通用硅酸盐水泥》GB 175，将被检测水泥的品种、强度等级及性能指标填写入表2.1-5中。

水泥品种、强度等级及性能指标　　表 2.1-5

品种	强度等级	抗压强度(MPa)		抗折强度(MPa)	
		3d	28d	3d	28d
____硅酸盐水泥		≥	≥	≥	≥

单项评定：该批水泥强度是否合格？合格____　不合格____

摘录：《水泥胶砂强度检验方法》GB/T 17671—2021

11.1　抗折强度

11.1.1　结果的计算和表示

以1组3个棱柱体抗折结果的平均值作为试验结果。当3个强度值中有1个超出平均值的±10%时，应剔除后再取平均值作为抗折强度试验结果；当3个强度值中有2个超出平均值+10%时，则以剩余1个作为抗折强度结果。

单个抗折强度结果精确至0.1MPa，算术平均值精确至0.1MPa。

11.1.2　结果的报告

报告所有单个抗折强度结果以及按 11.1.1 规定剔除的抗压强度结果、计算的平均值。

11.2　抗压强度

11.2.1　结果的计算和表示

以 1 组 3 个棱柱体上得到的 6 个抗压强度测定值的平均值为试验结果。当 6 个测定值中有 1 个超出 6 个平均值的±10%时，剔除这个结果，再以剩下 5 个的平均数为结果。如 5 个测定值中再有超过它们平均值的±10%时，则此组结果作废。当 6 个测定值中同时有 2 个或 1 个以上超出平均值的±10%时，则此组结果作废。

单个抗折强度结果精确至 0.1MPa，算术平均值精确至 0.1MPa。

11.2.2　结果的报告

报告所有单个抗压强度结果以及按 11.2.1 规定剔除的抗压强度结果、计算的平均值。

摘录：《通用硅酸盐水泥》GB 175—2007

7.3.3　强度

不同品种不同强度等级的通用硅酸盐水泥，其不同龄期的强度应符合表 3 的规定。

表 3　　单位为兆帕

品种	强度等级	抗压强度/MPa		抗折强度/MPa	
		3d	28d	3d	28d
硅酸盐水泥	42.5	≥17.0	≥42.5	≥3.5	≥6.5
	42.5R	≥22.0		≥4.0	
	52.0	≥23.0	≥52.5	≥4.0	≥7.0
	52.5R	≥27.0		≥5.0	
	62.5	≥28.0	≥62.5	≥5.0	≥8.0
	62.5R	≥32.0		≥5.5	
普通硅酸盐水泥	42.5	≥17.0	≥42.5	≥3.5	≥6.5
	42.5R	≥22.0		≥4.0	
	52.0	≥23.0	≥52.5	≥4.0	≥7.0
	52.5R	≥27.0		≥5.0	

续表

品种	强度等级	抗压强度/MPa		抗折强度/MPa	
		3d	28d	3d	28d
矿渣硅酸盐水泥 火山灰质硅酸盐水泥 粉煤灰硅酸盐水泥 复合硅酸盐水泥	32.5	≥10.0	≥32.5	≥2.5	≥5.5
	32.5R	≥15.0		≥3.5	
	42.5	≥15.0	≥42.5	≥3.5	≥6.5
	42.5R	≥19.0		≥4.0	
	52.0	≥21.0	≥52.5	≥4.0	≥7.0
	52.5R	≥23.0		≥4.5	

提醒：试验结束后，必须及时清理，确保仪器及工作面洁净、整齐。

3. 反思探讨

检测结束后，教师进行点评、归纳、分析，同时引入相关理论知识。对于测定值偏离较大的小组，则引导学生深入探讨，反思误差来源与结果偏差之间的关联，明了标准制定的意义及明白规范操作的重要性。

（1）回顾检测各环节，试验室条件是否满足检测要求？本组试验是否存在不规范操作？会带来什么误差？请相关小组提交整改意见或建议。

（2）水泥一般检测哪两种强度？分别是哪两个龄期？水泥强度等级是依据哪个龄期哪种强度来划分？实际生产中，水泥的实测28d强度应该高于还是等于水泥的强度等级？

知识小链接：

强度是指材料在外力（荷载）作用下，抵抗破坏的能力。根据受力方式不同，强度可分为抗压强度、抗折强度、抗剪强度及抗弯强度等。在实际生产中，为确保工程安全，新出厂水泥的实测28d强度务必高过水泥相应的强度等级。

水泥的强度取决于水泥熟料的矿物组成、混合材料的品种、数量以及水泥的细度。水泥净浆很少被单独使用，所以水泥的强度是以水泥、标准砂、水按规定比例拌合成水泥胶砂拌合物，再按规定方法制成水泥胶砂试件，测其不同龄期的强度。硅酸盐类水泥的强度等级是以水泥胶砂试件3d、28d龄期的抗折强度和抗压强度进行评定，水泥强度等级依据28d龄期的抗压强度划分，根据3d强度又分为普通型和早强型（R）。

（三）水泥凝结时间和安定性的检测

1. 前期准备

查阅现行《水泥标准稠度用水量、凝结时间、安定性试验方法》GB/T 1346，找到水泥凝结时间和安定性的检测方法，以小组为单位，搜索并优选相关检测视频，提前做好检测步骤与视频截屏一一对应的“图文作业”，以确保本组自主试验顺利进行。同时将视频链接及“图文作业”上传至学习平台。

（1）水泥标准稠度用水量

（2）水泥凝结时间

（3）水泥安定性

知识小链接：

在检测水泥凝结时间和安定性之前必须先找到水泥标准稠度用水量。依据GB/T 1346—2011的4.1节～4.8节，提前准备好水泥净浆搅拌机、维卡仪、雷氏夹、煮沸箱、量筒或滴定管、天平等仪器设备。

摘录：《水泥标准稠度用水量、凝结时间、安定性试验方法》GB/T 1346—2011

7. 标准稠度用水量测定方法（标准法）

7.1　试验前准备工作

7.1.1　维卡仪的滑动杆能自由滑动。试模和玻璃底板用湿布擦拭，将试模放在底板上。

7.1.2　调整至试杆接触玻璃板时指针对准零点。

7.1.3　搅拌机运行正常。

7.2　水泥净浆的拌制

用水泥净浆搅拌机搅拌，搅拌锅和搅拌叶片先用湿布擦过，将拌合水倒入搅拌锅内，然后在5～10s内小心将称好的500g水泥加入水中，防止水和水泥溅出；拌合时，先将锅放在搅拌机的锅座上，升至搅拌位置，启动搅拌机，低速搅拌120s，停15s，同时将叶片和锅壁上的水泥浆刮入锅中间，接着高速搅拌120s停机。

7.3　标准稠度用水量的测定步骤

拌合结束后，立即取适量水泥净浆一次性将其装入已置于玻璃底板上的试模中，浆体超过试模上端，用宽约25mm的直边刀轻轻拍打超出试模部分的浆体5次以此排除浆体中的孔隙，然后在试模上表面约1/3处，略倾斜于试模分别向外轻轻锯掉多余净浆；再从试模边沿轻抹顶部一次，使净浆表面光滑。在锯掉多余净浆和抹平的操作过程中，注意不要压实净浆；抹平后迅速将试模和底板移到维卡仪上，并将其中心定在试杆下，降低试杆直至与水泥净浆接触，拧紧螺栓1～2s后，突然放松，使试杆垂直自由地沉入水泥净浆中。在试杆停止沉入或释放试杆30s时记录试杆距底板之间的距离，升起试杆后，立即擦净；整个操作应在搅拌后1.5min内完成。以试杆沉入净浆并距底板6±1mm的水泥净浆为标准稠度净浆。其拌合水量为该水泥的标准稠度用水量（p），按水泥质量的百分比计。

8. 凝结时间的测定方法

8.1　试验前准备工作

调整凝结时间测定仪的试针接触玻璃板时指针对准零点。

8.2　试件的制备

以标准稠度用水量按7.2制成标准稠度净浆，按7.3装模和刮平后，立即放入湿气养护箱中。记录水泥全部加入水中的时间作为凝结时间的起始时间。

8.3　初凝时间的测定

试件在湿气养护箱中养护至加水后30min时进行第一次测定。测定时，从湿气养护箱中取出试模放到试针下，降低试针与水泥净浆表面接触。拧紧螺栓1～2s后，突然放松，试针垂直自由地沉入水泥净浆。观察试针停止下沉或释放试针30s时指针的读数。临近初凝时间时每隔5min（或更短时间）测定一次，当试针沉至距底板4±1mm时，为水泥达到初凝状态；由水泥全部加入水中至初凝状态的时间为水泥的初凝时间，用“min”来表示。

8.4　终凝时间的测定

为了准确观测试针沉入的状况，在终凝针上安装了一个环形附件。在完成初凝时间测定后，立即将试模连同浆体以平移的方式从玻璃板取下，翻转180°，直径大端向上，小端向下放在玻璃板上，再放入湿气养护箱子中继续养护。临近终凝时间时每隔15min（或更短时间）测定1次，当试针沉入试体0.5mm时，即环形附件开始不能在试体上留下痕迹时，为水泥达到终凝状态。由水泥全部加入水中至终凝状态的时间为水泥的终凝时间，用“min”来表示。

8.5　测定注意事项

测定时应注意，在最初测定的操作时应轻轻扶持金属柱，使其徐徐下降，以防试针撞弯，但结果以自由下落为准；在整个测试过程中试针沉入的位置至少要距试模内壁10mm。临近初凝时，每隔5min（或更短时间）测定1次，临近终凝时间时每隔15min（或更短时间）测定1次，到达初凝时应立即重复测 1 次，当两次结论相同时才能确定达到初凝状态。达到终凝时，需要在试体另外两个不同点测试，确认结论相同才能确定到达终凝状态。每次测定不能让试针落入原针孔，每次测试完毕需将试针擦净并将试模放回湿气养护箱内，整个测试过程要防止试模受振。

注：可以使用能得出与标准中规定方法相同结果的凝结时间自动测定仪，有矛盾时以标准规定方法为准。

9. 安定性测定方法（标准法）

9.1　试验前准备工作

每个试样需成型两个试件，每个雷氏夹需配备两个边长或直径约 80mm、厚度 4～5mm 的玻璃板，凡与水泥净浆接触的玻璃板和雷氏夹内表面都要稍稍涂上一层油。

注：有些油会影响凝结时间，矿物油比较合适。

9.2　雷氏夹试件的成型

将预先准备好的雷氏夹放在已稍擦油的玻璃板上，并立即将已制好的标准稠度净浆一次装满雷氏夹，装浆时一只手轻轻扶着雷氏夹，另一只手用宽约 25mm 的直边刀在浆体表面轻轻插捣 3 次，然后抹平，盖上稍涂油的玻璃板，接着立即将试件移至湿气养护箱内养护 24±2h。

9.3　煮沸

9.3.1　调整好煮沸箱内的水位，使能保证在整个煮沸过程中都超过试件，不需要中途添补试验用水，同时又能保证在 30±5min 内升至沸腾。

9.3.2　脱去玻璃板取下试件，先测量雷氏夹指针尖端间的距离（A），精确到 0.5mm，接着将试件放入煮沸箱水中的试件架上，指针朝上，然后在 30±5min 内加热至沸并恒沸 180±5min。

9.3.3　结果判别

煮沸结束后，立即放掉煮沸箱中的热水，打开箱盖，待箱体冷却至室温，取出试件进行检测判别。测量雷氏夹指针尖端的距离（C），准确至 0.5mm，当两个试件煮后增加距离（$C-A$）的平均值不大于 5.0mm 时，即认为该水泥安定性合格，当两个试件煮后增加距离（$C-A$）的平均值大于 5.0mm 时，应用同一样品立即重做一次试验。以复核结果为准。

2. 自主试验

请各小组参考规范的检测视频，在老师的引导、帮助下，自行组织、分工协作完成试验。同时，做好数据记录，拍摄本组试验视频，以备老师复查。

（1）水泥标准稠度用水量

数据记录及处理见表 2.1-6。

注意事项：

称取 500g 水泥；第一次取水量参照经验值，之后再行调整，务必准确量取用水量。切记：加水前，搅拌锅和搅拌叶片务必用湿布擦拭。

数据记录及处理（一） 表2.1-6

品种	测定方法	试验次数	试样质量(g)	加水量(mL)	是否标准稠度	标准稠度用水量(%)
______硅酸盐水泥	调整水量法	1				
		2				
		3				

装模时，先排除浆体中的孔隙，再使净浆表面光滑；松杆前，试杆与净浆面接触，并对准试模中心。当试杆沉入净浆并距底板6±1mm的水泥净浆时，此时的加水量即为标准稠度用水量。

（2）水泥凝结时间

1）数据记录及处理（表2.1-7）

数据记录及处理（二） 表2.1-7

品种	加水时刻(h：min)	初凝时刻(h：min)	终凝时刻(h：min)	初凝时间(min)	终凝时间(min)
______硅酸盐水泥					

2）质量评定

查阅现行《通用硅酸盐水泥》GB 175，该品种水泥的凝结时间的技术要求：____。

单项评定：该批水泥凝结时间是否合格？合格________ 不合格________

注意事项：

按标准稠度用水量制备试件；初凝试验使用试针。加水后30min时进行第1次测定；前期，应轻轻扶持金属柱，以防试针撞弯；但结果以自由下落为准。每次测定不可落入前针孔；临近初凝时每隔5min或更短测定1次；当试针沉至距底板4±1mm时，即达到初凝状态。

终凝试验换装环形附件。翻转试模（大上小下），继续养护。临近终凝时每隔15min或更短测定1次；当环形附件开始不能在试体上留下痕迹时，即为终凝状态。

（3）水泥安定性

1）数据记录及处理（表2.1-8）

数据记录及处理（三） 表2.1-8

品种	雷氏法		试饼法
______硅酸盐水泥	指针尖端的距离(mm)	煮后增加的距离(mm)	是否翘曲、变形、开裂等

注意事项：

玻璃板和雷氏夹内表面都要先刷油；装入雷氏夹后，先插捣，后抹平；养护

24±2h。

放入煮沸箱前，测雷氏夹指针尖端间的距离（A）；指针朝上放入，试件没入水面；30±5min内将水加热至沸，沸煮180±5min；放水冷却后，再次测量雷氏夹指针尖端的距离（C）。

2）质量评定

安定性的技术要求：

雷氏法：

试饼法：

单项评定：该批水泥安定性是否合格？　合格________　不合格________

提醒：试验结束后，必须及时清理，确保仪器及工作面洁净、整齐。

摘录：《通用硅酸盐水泥》GB 175—2007

7.3.1　凝结时间

硅酸盐水泥初凝不小于45min，终凝不大于390min；

普通硅酸盐水泥、矿渣硅酸盐水泥、火山灰质硅酸盐水泥、粉煤灰硅酸盐水泥和复合硅酸盐水初凝不小于45min，终凝不大于600min。

7.3.2　安定性

沸煮法合格。

3. 反思探讨

检测结束后，教师进行点评、归纳、分析，同时引入相关理论知识。对于测定值偏离较大的小组，则引导学生深入探讨，反思误差来源与结果偏差之间的关联，明了标准制定的意义以及规范操作的重要性。

（1）回顾检测各环节，试验室条件是否满足检测要求？本组试验是否存在不规范操作？会带来什么误差？请相关小组提交整改意见或建议。

（2）水泥安定性不良，能否在工程中使用？为什么？

知识小链接：

（1）标准稠度用水量

标准稠度用水量是指水泥净浆达到规定稠度（标准稠度）时所需的拌合水量，以占水泥质量的百分率表示。由于用水量的多少，对水泥的某些技术性能如凝结时间，有很大的影响。所以在测定这些性能时，必须采用标准稠度用水量。

（2）凝结时间

凝结时间分为初凝时间和终凝时间。初凝时间是指从水泥全部加入水中，到水泥开始失去流动性所需的时间；终凝时间是指从水泥全部加入水中，到水泥完全失去可塑性，开始产生强度所需要的时间。为使水泥混凝土有充分的时间进行搅拌、运输、浇捣，水泥初凝时间不可过短；当施工完成，则要求尽快硬化，产生强度，故终凝时间不能太长。

（3）安定性

水泥安定性是指水泥在凝结硬化过程中体积变化的均匀性。当水泥浆体硬化过程发生不均匀变化时，会导致膨胀开裂、翘曲，称为安定性不良。体积安定性不良会造成水泥混凝土构件产生膨胀性裂缝，降低建筑物质量，甚至引发严重工程事故，严禁在工程中使用。

对过量f-CaO引起的安定性不良，可采用沸煮法进行检验。沸煮法检验又分为两种：一种是试饼法，将标准稠度的水泥净浆制成规定尺寸形状的试饼，凝结后经沸水煮，不开裂不翘曲为合格；另一种方法为雷氏法，将标准稠度的水泥净浆装入雷氏夹，经沸煮后，雷氏夹张开幅度不超过规定为合格。雷氏法为标准方法，当两种方法测定结果发生争议时以雷氏法为准。

三、报告填写

1. 查阅现行《通用硅酸盐水泥》GB 175，填写该品种水泥的技术要求。
2. 把任务实施的检验结果填入表2.1-9，未检测项目标示横线。
3. 对比检验结果和技术要求，评定该批水泥的质量。

水泥检测报告　　　　**表2.1-9**

<table>
<tr><td>工程名称</td><td colspan="3"></td><td>检测类别</td><td colspan="2"></td></tr>
<tr><td>生产单位</td><td colspan="3"></td><td>使用部位</td><td colspan="2"></td></tr>
<tr><td>品种等级</td><td></td><td>出厂编号、
牌号、批号</td><td></td><td>代表数量(t)</td><td colspan="2"></td></tr>
<tr><td>样品状态</td><td colspan="6">有/无结块</td></tr>
<tr><td colspan="2">检测项目</td><td colspan="2">标准要求</td><td>检测结果</td><td colspan="2">单项评定</td></tr>
<tr><td rowspan="2">细度</td><td>比表面积</td><td colspan="2"></td><td></td><td colspan="2"></td></tr>
<tr><td>45μm筛余量(%)</td><td colspan="2"></td><td></td><td colspan="2"></td></tr>
<tr><td rowspan="2">凝结
时间</td><td>初凝(min)</td><td colspan="2"></td><td></td><td colspan="2"></td></tr>
<tr><td>终凝(min)</td><td colspan="2"></td><td></td><td colspan="2"></td></tr>
<tr><td rowspan="2">安定性</td><td>试饼法</td><td colspan="2"></td><td></td><td colspan="2"></td></tr>
<tr><td>雷氏法</td><td colspan="2"></td><td></td><td colspan="2"></td></tr>
</table>

续表

检测项目			标准要求	检测结果	单项评定
强度	抗折(MPa)	3d			
		28d			
	抗压(MPa)	3d			
		28d			
三氧化硫(%)					
氧化镁(%)					
烧失量(%)					
氯离子(%)					
不溶物(%)					
国家标准	《通用硅酸盐水泥》GB 175—2007				
结论					

摘录：《通用硅酸盐水泥》GB 175—2007

7.1　化学指标

通用硅酸盐水泥的化学指标应符合表2的规定。

表2　　%

品种	代号	不溶物（质量分数）	烧失量（质量分数）	三氧化硫（质量分数）	氧化镁（质量分数）	氯离子（质量分数）
硅酸盐水泥	P·Ⅰ	≤0.75	≤3.0	≤3.5	≤5.0[a]	≤0.06[c]
	P·Ⅱ	≤1.50	≤3.5			
普通硅酸盐水泥	P·O	—	≤5.0			
矿渣硅酸盐水泥	P·S·A	—	—	≤4.0	≤6.0[b]	
	P·S·B	—	—		—	
火山灰质硅酸盐水泥	P·P	—	—	≤3.5	≤6.0[b]	
粉煤灰硅酸盐水泥	P·F	—	—			
复合硅酸盐水泥	P·C	—	—			

[a] 如果水泥压蒸试验合格，则水泥中氧化镁的含量（质量分数）允许放宽到6.0%。

[b] 如果水泥中氧化镁的含量（质量分数）大于6.0%时，需进行水泥压蒸安定性试验并合格。

[c] 当有更低要求时，该指标由买卖双方确定。

7.2　碱含量（选择性指标）

水泥中碱含量按 $Na_2O+0.658K_2O$ 计算值表示。若使用活性骨料，用户要求提供低碱水泥时，水泥中碱含量应不大于0.06%或由买卖双方协商确定。

知识小链接：

化学指标对水泥性能的影响。

（1）水泥安定性不良的因素有：

1）游离氧化钙（f-CaO）：这种经高温煅烧过的游离氧化钙（f-CaO），在水泥凝结硬化后，会缓慢与水生成 $Ca(OH)_2$，导致水泥石体积膨胀、变形，甚至开裂。

2）氧化镁（f-MgO）：MgO与水的反应更加缓慢，会在水泥硬化几个月后膨胀引起开裂。

3）三氧化硫（SO_3）：水泥中含有过多 SO_3 时，也会在水泥硬化很长时间以后发生硫酸盐类侵蚀而引起膨胀开裂。

由于f-MgO、SO_3 会引起长期安定性不良，规范规定：通用水泥f-MgO含量不得超过6%；SO_3 含量不超过3.5%（矿渣硅酸盐水泥≤4.0%）。通过定量化学分析，控制f-MgO、SO_3 含量，保证长期安定性合格。

水泥中f-MgO和 SO_3 含量，可采用控制原材料成分及生产工艺过程进行有效控制。一般来讲，水泥的安定性问题大多是由f-CaO引起。

（2）氯离子含量：水泥浆体中可溶性氯化物对钢筋有锈蚀作用，严重影响钢筋混凝土的耐久性。《通用硅酸盐水泥》GB 175—2007规定水泥中氯离子含量不大于0.10%。当有更低要求时，买卖双方协商确定。

（3）烧失量和不溶物指标能对通用硅酸盐水泥组分中的混合材料品种和掺量起到控制作用。

（4）碱含量：在特定地区，如果配制混凝土时不得不采用活性较强的骨料，则在购买水泥时，务必向水泥生产企业提出碱含量要求，以避免碱骨料反应，防止变形、开裂等不良现象的发生。当用户要求提供低碱水泥时，可由买卖双方协商确定。

凡水泥的化学指标（不溶物、烧失量、氧化镁、三氧化硫、氯离子）、细度、凝结时间、安定性、各龄期强度中的任意一项不符合标准规定时，均判为不合格品。

子任务2.2　水泥的品种、特性与应用

一、通用硅酸盐水泥特性与应用

（一）通用硅酸盐水泥的特性

由于硅酸盐水泥熟料的组成不同、掺入混合材的种类与数量不同，导致通用硅酸盐水泥的性能、特点既有共性又有差异。

1. 通用硅酸盐水泥是由哪些材料组成的？其中哪两个水泥品种含硅酸盐水泥熟料较多？哪四个水泥品种掺入的混合材较多？

知识小链接：

硅酸盐水泥分两种类型，不掺混合材的称为Ⅰ型硅酸盐水泥，代号P·Ⅰ；掺入不超过5%的石灰石或粒化高炉矿渣混合材的称Ⅱ型硅酸盐水泥，代号P·Ⅱ。普通硅酸盐水泥，混合材掺入量为5%～20%，代号P·O。

矿渣硅酸盐水泥按粒化高炉矿渣掺入量分为两种型号，矿渣掺入量20%～

50%的为A型矿渣水泥（代号P·S·A），掺入量50%～70%的为B型矿渣水泥（代号P·S·B）；火山灰质硅酸盐水泥（代号P·P）、粉煤灰硅酸盐水泥（代号P·F），其混合材掺加量均为20%～40%；复合硅酸盐水泥（代号P·C）掺入了两种或两种以上的混合材，其混合材总掺入量为20%～50%。

矿渣水泥、粉煤灰水泥、火山灰水泥和复合水泥，相对硅酸盐水泥和普通硅酸盐水泥，由于掺入了较多的混合材，故而硅酸盐水泥熟料量相对减少。

2. 相比硅酸盐水泥和普通硅酸盐水泥，掺入较多混合材的水泥性能有变化吗？哪些性能减弱了？哪些性能增强了？

知识小链接：

矿渣水泥、粉煤灰水泥、火山灰水泥和复合水泥，由于掺入较多的混合材，与极少掺甚至不掺混合材的硅酸盐水泥相比，其性能相差甚远，具体技术指标对比如下。普通硅酸盐水泥由于掺入的混合材较少，故其性能和硅酸盐水泥性能较为接近。

（1）强度

硅酸盐水泥凝结硬化快，强度高，尤其是早期强度增长率大，特别适合早期强度要求高的工程、高强混凝土结构和预应力混凝土工程。

掺入较多混合材的水泥（P·S、P·P、P·F、P·C），由于熟料数量相对减少，水泥中水化快的矿物C_3S、C_3A相应减少，而混合材活性组分的反应为二次反应，故延缓了此类水泥凝结硬化速度，早期强度较低。但是，随着二次水化反应的推进，后期强度会赶上甚至超过同强度等级的硅酸盐水泥。

（2）水化热

水泥与水的水化反应是放热反应，所释放的热称为水化热。水化热的多少和释放速率取决于水泥熟料的矿物组成，混合材料的品种和数量，水泥细度和养护条件等。大部分水化热在水泥水化初期放出。

硅酸盐水泥中熟料矿物（C_3S和C_3A）多，早期水化速度快，水化热大，早期强度高，冬期施工可免冻害。但高放热量对大体积混凝土不利，不宜用于大体积混凝土工程。

P·S、P·P、P·F、P·C，由于熟料矿物（C_3S和C_3A）相对减少，故早期水化速度慢，凝结硬化延缓，水化热较小。

（3）抗碳化能力

钢筋能够在碱性环境中形成一层钝化膜，以免生锈。但是，空气中的CO_2与水泥石中的$Ca(OH)_2$发生碳化反应生成$CaCO_3$，随着碳化深度加剧，钢筋将逐步失去碱性保护而锈蚀。因此，钢筋混凝土构件的寿命往往取决于水泥的抗碳化性能。

硅酸盐水泥硬化后的水泥石碱性强，密实度高，抗碳化能力强，所以特别适用于重要的钢筋混凝土结构和预应力混凝土工程。

掺入较多混合材的水泥，其活性组分的二次反应消耗了水泥石中的 $Ca(OH)_2$ 含量，使得碱度降低，抗碳化能力减弱，对钢筋的保护作用较差。

（4）耐腐蚀性

硅酸盐水泥石中有大量的 $Ca(OH)_2$ 和水化铝酸钙，容易引起软水、酸类和盐类的侵蚀。

掺入较多混合材的水泥，由于二次反应消耗了水化产物中的大部分 $Ca(OH)_2$，使得硬化后的水泥石碱性降低，耐腐蚀性增强。

（5）抗冻性

硅酸盐水泥水化硬化后密实度高，抗冻性好，适用于严寒地区受反复冻融作用的混凝土工程。而掺入较多混合材的水泥，抗冻性则不及硅酸盐水泥。

（6）耐磨性

硅酸盐水泥水化硬化后强度高，密实度好，耐磨性好，适用于路面工程。而掺入较多混合材的水泥，耐磨性则不及硅酸盐水泥。

（7）蒸汽养护效果

硅酸盐水泥在常规养护条件下硬化快、强度高。但是，若硬化初期经蒸汽养护，再经自然养护至28d，测得的抗压强度往往低于未经蒸养的28d抗压强度。

掺入较多混合材的水泥，在蒸汽养护条件下，活性混合材参与的二次反应得以加速进行，有利于强度的发展，蒸汽养护效果好。

（8）耐热性

硅酸盐水泥石在250℃温度时水化物开始脱水，水泥石强度下降。但由于矿渣出自炼铁高炉，故矿渣硅酸盐水泥常作为水泥耐热掺料使用，一般认为矿渣掺量大的耐热性更好。

（二）通用硅酸盐水泥的应用

1. 综上所述，通用硅酸盐水泥的共性与特性可总结归纳于表2.2-1中。由于复合硅酸盐水泥性能视掺合组分及其比例有所变化，故暂不列入。

通用硅酸盐水泥的共性与差异　　　　**表2.2-1**

水泥品种	硅酸盐水泥	普通硅酸盐水泥	矿渣硅酸盐水泥	火山灰质硅酸盐水泥	粉煤灰硅酸盐水泥
混合材掺量	0～5%	5%～20%	20%～70%	20%～40%	20%～40%
凝结硬化	快	较快	较慢		
早期强度	高	较高	较低		
后期强度	高	较高	较高		
水化热	大	较大	较小		
抗冻性	好	较好	较差		
耐腐蚀性	差	较差	较好		
耐磨性	好	较好	较差		
温度敏感性	不需要蒸汽养护	不需要蒸汽养护	蒸汽养护效果好		

2. 通用硅酸盐水泥的选用：不同品种的水泥应用于混凝土，呈现出不同的

特性。不同的特性则决定了水泥不同的用途。对于不同混凝土的工程环境，首先需要了解其特定的性能要求，进而找到适宜的水泥品种。参考表2.2-1中的通用硅酸盐水泥的性能特点，将合适的水泥品种填入表2.2-2。

通用硅酸盐水泥的品种选用　　**表2.2-2**

混凝土工程特点或所处环境	特定的性能要求	适宜使用	不宜使用
要求快硬的混凝土	凝结硬化快		
要求早强的混凝土	早期强度高		
大体积混凝土	水化热低		
蒸汽养护的构件	蒸汽养护效果好		
干燥环境下的混凝土	早期强度高		
高强(≥C60级)的混凝土	强度高		
严寒地区混凝土	抗冻性好		
道路工程	耐磨性好		

二、其他品种水泥的特性与应用

（一）除通用硅酸盐水泥，还有其他专用水泥或特性水泥

1. 道路硅酸盐水泥

以适当成分的生料烧至部分熔融，所得以硅酸钙为主要成分和较多量铁铝酸盐的硅酸盐水泥熟料称为道路硅酸盐水泥熟料。道路水泥熟料中减低铝酸三钙含量，以减少水泥的干缩率；提高铁铝酸四钙的含量，使水泥耐磨性、抗折强度提高，其技术要求及强度要求见表2.2-3、表2.2-4。

道路硅酸盐水泥，按照28d抗折强度分为7.5和8.5两个强度等级。

道路硅酸盐水泥的技术要求（GB/T 13693—2017）　　**表2.2-3**

项目	技术要求
氧化镁	水泥中氧化镁的含量(质量分数)不得超过5.0%。如果水泥压蒸试验合格，则水泥中的氧化镁含量(质量分数)允许放宽至6.0%
三氧化硫	道路水泥中三氧化硫含量不得大于3.5%
烧失量	道路水泥中的烧失量不得大于3.0%
氯离子	氯离子的含量(质量分数)不大于0.06%
比表面积	比表面积为300～450m^2/kg
凝结时间	初凝不得早于1.5h，终凝不得迟于12h
安定性	用沸煮法检验必须合格
干缩性	28d干缩率不得大于0.10%
耐磨性	28d磨损量应不大于3.00kg/m^2
碱含量	水泥中碱含量按$w(Na_2O)+0.658w(K_2O)$计算值表示。若使用活性骨料，用户要求提供低碱水泥时，水泥中碱含量应不超过0.60%或由买卖双方协商决定

注：表中的百分数均指占水泥质量的百分数。

水泥的等级与各龄期强度（GB/T 13693—2017）　　表 2.2-4

强度等级	抗折强度(MPa)		抗压强度(MPa)	
	3d	28d	3d	28d
7.5	≥4.0	≥7.5	≥21.0	≥42.5
8.5	≥5.0	≥8.5	≥26.0	≥52.5

道路水泥的特性是干缩率小、抗冻性好、耐磨性好、抗折强度高、抗冲击性好。其适用于道路路面和对耐磨性、抗干缩性要求较高的混凝土工程。

2. 砌筑水泥

以活性混合材料或具有水硬性的工业废料为主，加入适量硅酸盐水泥熟料和石膏经磨细制成的水硬性胶凝材料，称为砌筑水泥（代号 M）。砌筑水泥分为 12.5、22.5 及 32.5 三个强度等级。其技术要求及强度要求见表 2.2-5、表 2.2-6。

砌筑水泥的技术要求（GB/T 3183—2017）　　表 2.2-5

项目	技术要求
三氧化硫	三氧化硫不得大于 3.5%
氯离子	氯离子不大于 0.06%
水泥中水溶性(Ⅵ)	水泥中水溶性(Ⅵ)不大于 10mg/kg
细度	0.080mm 方孔筛筛余不得超过 10%
凝结时间	初凝不小于 60min，终凝不大于 720min
安定性	沸煮法检验合格
保水率	不低于 80%

砌筑水泥的强度要求（GB/T 3183—2017）　　表 2.2-6

强度等级	抗压强度(MPa)			抗折强度(MPa)		
	1d	7d	28d	1d	7d	28d
12.5	—	≥7.0	≥12.5	—	≥1.5	≥3.0
22.5	—	≥10.0	≥22.5	—	≥2.0	≥4.0
32.5	≥10.0	—	≥32.5	≥2.5	—	≥5.5

砌筑水泥强度等级较低，能满足砌筑砂浆强度要求。利用大量的工业废渣作为混合材料，以降低水泥成本。砌筑水泥的生产、应用，一改过去用高强度等级水泥配制低强度等级砌筑砂浆、抹面砂浆的不合理、不经济现象。砌筑水泥适用于砖、石、砌块砌体的砌筑砂浆和内墙抹面砂浆，不得用于钢筋混凝土。

3. 抗硫酸盐水泥

凡以适当成分的生料，烧至部分熔融所得的以硅酸钙为主的特定矿物组成的熟料，加入适量石膏，磨细制成的具有一定抗硫酸盐侵蚀性能的水硬性胶凝材料，称为抗硫酸盐硅酸盐水泥。中抗硫酸盐水泥与高抗硫酸盐水泥分为 32.5、42.5 两个强度等级。其技术要求及强度要求见表 2.2-7、表 2.2-8。

抗硫酸盐硅酸盐水泥的技术要求（GB 748—2005）　　表 2.2-7

<table>
<tr><th>项目</th><th colspan="3">技术要求</th></tr>
<tr><td rowspan="3">水泥中硅酸三钙和铝酸三钙的含量（质量分数）</td><td>分类</td><td>硅酸三钙含量(质量分数)</td><td>铝酸三钙含量(质量分数)</td></tr>
<tr><td>中抗硫酸盐水泥</td><td>≤55.0</td><td>≤5.0</td></tr>
<tr><td>高抗硫酸盐水泥</td><td>≤50.0</td><td>≤3.0</td></tr>
<tr><td>烧失量</td><td colspan="3">熟料的烧失量不得超过 3.0%</td></tr>
<tr><td>不溶物</td><td colspan="3">熟料中不溶物的含量不得超过 1.50%</td></tr>
<tr><td>氧化镁</td><td colspan="3">熟料中氧化镁含量不得超过 5.0%。如果水泥压蒸试验合格，则水泥中的氧化镁含量(质量分数)允许放宽至 6.0%</td></tr>
<tr><td>三氧化硫</td><td colspan="3">水泥中三氧化硫的含量不得超过 2.5%</td></tr>
<tr><td>凝结时间　初凝</td><td colspan="3">不得早于 45min</td></tr>
<tr><td>凝结时间　终凝</td><td colspan="3">不得迟于 10h</td></tr>
<tr><td>安定性</td><td colspan="3">用沸煮法检验，必须合格</td></tr>
<tr><td>碱含量</td><td colspan="3">水泥中的碱含量由供需双方商定。若使用活性骨料，用户要求提供低碱水泥时，水泥中的碱含量按 $w(Na_2O)+0.658w(K_2O)$ 计算应不大于 0.60%</td></tr>
</table>

中抗硫酸盐水泥与高抗硫酸盐水泥的强度要求（GB 748—2005）　表 2.2-8

强度等级	抗折强度(MPa)		抗压强度(MPa)	
	3d	28d	3d	28d
32.5	≥10.0	≥32.5	≥2.5	≥6.0
42.5	≥15.0	≥42.5	≥3.0	≥6.5

抗硫酸盐水泥一般可抵抗硫酸根离子浓度不超过 2500mg/L 的硫酸盐腐蚀。抗硫酸盐水泥适用于一般受硫酸盐侵蚀的海港、水利、地下、隧涵、引水、道路和桥梁基础等工程。

(二) 其他品种硅酸盐水泥的选用

请结合上述专用水泥、特性水泥的性能特点，选择合适的水泥品种填入表 2.2-9。

其他品种硅酸盐水泥的选用　表 2.2-9

混凝土工程特点或所处环境	特定的性能要求	适宜使用的水泥品种
隧涵、桥梁基础	抗腐蚀性强	
道路工程	耐磨性好、抗冲击性强	
砌筑、抹面工程	强度要求不高	
海港、水利工程	抗腐蚀性强	

学习任务3　水泥混凝土的性能检测及其应用

子任务3.1　普通水泥混凝土的性能检测

一、学习准备

水泥混凝土是建设工程中极为重要的工程材料。水泥混凝土是以水泥、粗骨料、细骨料、水、适量外加剂及矿物掺合料，按一定比例混合，经过均匀搅拌，密实成型及养护硬化而成的人工石材。水泥混凝土作为结构材料，被广泛应用于建筑、桥梁、水利等工程。为确保工程质量，应对水泥混凝土的质量进行严格把关，做到“一查、二看、三抽检”。

（一）查阅产品资料

上网查阅混凝土出厂合格证和混凝土抗压强度检测报告（图3.1-1），并截屏上传学习平台。

混凝土是多组分混合体，一般由哪些材料组合而成？预拌混凝土由什么企业生产？混凝土和商品混凝土是同一概念吗？

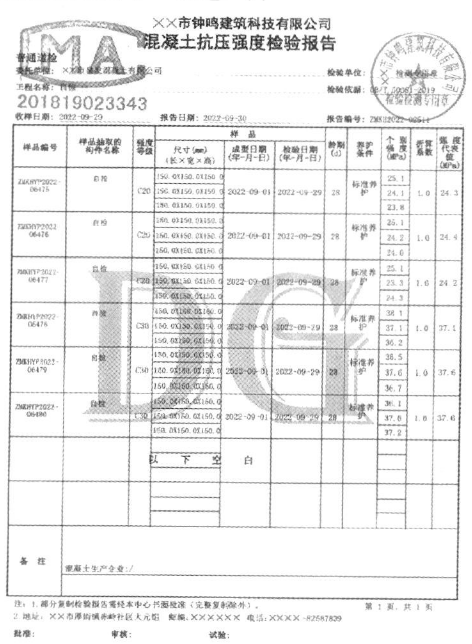

××市钟鸣建筑科技有限公司

混凝土抗压强度检验报告

普通送检

委托单位：××市[illegible]混凝土有限公司　　检验单位：

工程名称：自检　　检验依据：GB/T 50081-2019

201819023343

收样日期：2022-09-29　　报告日期：2022-09-30　　报告编号：[illegible]

样品编号	样品抽取的构件名称	强度等级	样品 尺寸(mm)(长×宽×高)	成型日期(年-月-日)	检验日期(年-月-日)	龄期(d)	养护条件	个别强度(MPa)	折算系数	强度代表值(MPa)
ZMKHYP2022-06475	自检	C20	150.0X150.0X150.0	2022-09-01	2022-09-29	28	标准养护	25.1	1.0	24.3
			150.0X150.0X150.0					24.1		
			150.0X150.0X150.0					23.8		
ZMKHYP2022-06476	自检	C20	150.0X150.0X150.0	2022-09-01	2022-09-29	28	标准养护	25.1	1.0	24.4
			150.0X150.0X150.0					24.2		
			150.0X150.0X150.0					24.0		
ZMKHYP2022-06477	自检	C20	150.0X150.0X150.0	2022-09-01	2022-09-29	28	标准养护	25.1	1.0	24.2
			150.0X150.0X150.0					23.3		
			150.0X150.0X150.0					24.3		
ZMKHYP2022-06478	自检	C30	150.0X150.0X150.0	2022-09-01	2022-09-29	28	标准养护	38.1	1.0	37.1
			150.0X150.0X150.0					37.1		
			150.0X150.0X150.0					36.2		
ZMKHYP2022-06479	自检	C30	150.0X150.0X150.0	2022-09-01	2022-09-29	28	标准养护	38.5	1.0	37.6
			150.0X150.0X150.0					37.6		
			150.0X150.0X150.0					36.7		
ZMKHYP2022-06480	自检	C30	150.0X150.0X150.0	2022-09-01	2022-09-29	28	标准养护	36.1	1.0	37.0
			150.0X150.0X150.0					37.6		
			150.0X150.0X150.0					37.2		
			以下空白							
备注	混凝土生产企业：/									

注：1. 部分复制检验报告需经本中心书面批准（完整复制除外）。　　第1页，共1页

2. 地址：××市厚街镇赤岭社区大元路　邮编：×××××× 电话：××××-82587839

批准：　　审核：　　试验：

图3.1-1　混凝土抗压强度检验报告

知识小链接：

水泥、粗细骨料、水以及根据需要掺入的外加剂、矿物掺合料等组分按一定比

例，在混凝土搅拌站经计量、拌制后，采用运输车在规定的时间内运至使用地点，交付时处于拌合物状态的混凝土称为预拌混凝土（也称商品混凝土）。

（二）查阅现行标准

考虑目前我国预拌混凝土被大范围推广使用，所以，查阅现行《预拌混凝土》GB/T 14902，并录屏上传到学习平台。然后借助标准查找下列问题：

1. 预拌混凝土有哪些品种？分别用什么代号表示？其有哪些强度等级？

摘录：《预拌混凝土》GB/T 14902—2012

3　术语和定义

下列术语和定义适用于本文件。

3.1　预拌混凝土

在搅拌站（楼）生产的、通过运输设备送至使用地点的、交货时为拌合物的混凝土。

3.2　普通混凝土

干表观密度为 2000～2800kg/m^3 的混凝土。

3.3　高强混凝土

强度等级不低于 C60 的混凝土。

3.4　自密实混凝土

无需振捣，能够在自重作用下流动密实的混凝土。

3.5　纤维混凝土

掺加钢纤维或合成纤维作为增强材料的混凝土。

3.6　轻骨料混凝土

用轻粗骨料、轻砂或普通砂等配制的干表观密度不大于 1950kg/m^3 的混凝土。

3.7　重混凝土

用重晶石等重骨料配制的干表观密度大于 28000kg/m^3 的混凝土。

3.8　再生骨料混凝土

全部或部分采用再生骨料作为骨料配制的混凝土。

……

4.1　分类

预拌混凝土分为常规品和特制品。

4.1.1　常规品

常规品应为除表 1 特制品以外的普通混凝土，代号 A，混凝土强度等级代号 C。

4.1.2　特制品

特制品代号 B，包括的混凝土种类及其代号应符合表 1 的规定。

表 1　特制品的混凝土种类及其代号

混凝土种类	高强混凝土	自密实混凝土	纤维混凝土	轻骨料混凝土	重混凝土
混凝土种类代号	H	S	F	L	W
强度等级代号	C	C	C(合成纤维混凝土) CF(钢纤维混凝土)	LC	C

4.2　性能等级

4.2.1　混凝土强度等级应划分为：C10、C15、C20、C25、C30、C35、C40、C45、C50、C55、C60、C65、C70、C75、C80、C85、C90、C95 和 C100。

2. 复验水泥混凝土强度、和易性以及混凝土耐久性能时，分别依据哪些标准进行检测？混凝土强度的检验评定应满足什么国家标准的规定？

摘录：《预拌混凝土》GB/T 14902—2012

6. 质量要求

6.1　强度

混凝土强度应满足设计要求，检验评定应符合 GB/T 50107 规定。

……

8. 试验方法

8.1　强度

混凝土强度试验方法应符合 GB/T 50081 的规定。

8.2　坍落度、扩展度、含气量、表观密度

混凝土拌合物坍落度、扩展度、含气量和表观密度的试验方法应符合 GB/T 50080 的规定。

8.3　坍落度经时损失

混凝土拌合物坍落度经时损失的试验方法应符合 GB 50164—2011 附录 A 的规定。

8.4　水溶性氯离子含量

混凝土拌合物中水溶性氯离子应按 JTJ 270 中混凝土拌合物氯离子含量快速测定方法或其他精确度更高的方法进行测定。

8.5　耐久性

混凝土耐久性能试验方法应符合 GB/T 50082 的规定。

3. 在交货检验时，混凝土的取样频率应依据什么标准确定？如何取样进行混凝土强度的检测评定？

摘录：《预拌混凝土》GB/T 14902—2012

9.3　取样与检验频率

9.3.1　混凝土出厂检验应在搅拌地点取样；混凝土交货检验应在交货地点取样，交货检验试样应随机从同一运输车卸料量的 1/4 至 3/4 之间抽取。

9.3.2　混凝土交货检验取样及坍落度试验应在混凝土运到交货地点时开始算起 20min 内完成，试件制作应在混凝土运到交货地点时开始算起 40min 内完成。

9.3.3　混凝土强度检验的取样频率应符合下列规定：

a）出厂检验时，每 100 盘相同配合比混凝土取样不应少于 1 次，每一个工作班相同配合比混凝土达不到 100 盘时应按 100 盘计，每次取样应至少进行一组试验；

b）交货检验的取样频率应符合 GB/T 50107 的规定。

9.3.4　混凝土坍落度检验的取样频率应与强度检验相同。

9.3.5　同一配合比混凝土拌合物中的水溶性氯离子含量检验应至少取样检验 1 次。海砂混凝土拌合物中的水溶性氯离子含量检验的取样频率应符合 JGJ 206 的规定。

9.3.6　混凝土耐久性能检验的取样频率应符合 JGJ/T 193 的规定。

9.3.7　混凝土的含气量、扩展度及其他项目检验的取样频率应符合国家现行有关标准和合同的规定。

摘录：《混凝土强度检验评定标准》GB/T 50107—2010

4.1　混凝土的取样

4.1.1　混凝土的取样，宜根据本标准规定的检验评定方法要求制定检验批的划分方案和相应的取样计划。

4.1.2　混凝土强度试样应在混凝土的浇筑地点随机抽取。

4.1.3　试件的取样频率和数量应符合下列规定：

（1）每 100 盘，但不超过 $100m^3$ 的同配合比混凝土，取样次数不应少于一次；

（2）每工作班拌制的同配合比的混凝土不足 100 盘和 $100m^3$ 时其取样次数不应少于一次；

（3）当一次连续浇筑同配合比混凝土超过 $1000m^3$ 时，每 $200m^3$ 取样不应少于一次；

（4）对房屋建筑，每一楼层、同一配合比的混凝土，取样不应少于一次。
4.1.4 每批混凝土试样应制作的试件总组数，除满足本标准第5章规定的混凝土强度评定所必需的组数外，还应留置为检验结构或构件施工阶段混凝土强度所必需的试件。

4. 预拌混凝土运输一般不宜大于多长时间？坍落度经时损失与哪些因素有关？

知识小链接：

混凝土坍落度经时损失是指新拌混凝土的坍落度随着拌合物放置时间的延长而逐渐减小。这种现象是水泥持续水化，浆体逐渐变稠、逐渐凝结的结果；也是拌合物中的游离水分，随着水化反应，吸附于水化产物表面或者是蒸发等原因，逐渐减少造成的结果，是预拌混凝土运输过程的正常现象。

混凝土拌合物坍落度损失的大小与水泥、骨料、外加剂、掺合料等原材料有关，还与环境温度、湿度等因素有关。此外，运送及等待浇筑的时间都是引起坍落度损失的重要因素。因此，混凝土搅拌站的出场坍落度应比施工要求的坍落度高些，并应根据具体条件通过试验确定搅拌站生产混凝土拌合物的坍落度。

摘录：《预拌混凝土》GB/T 14902—2012

7.5 运输

7.5.1 混凝土搅拌运输车应符合JG/T 5094的规定；翻斗车应仅限用于运送坍落度小于80mm的混凝土拌合物。运输车在运输时应能保证混凝土拌合物均匀并不产生分层、离析。对于寒冷、严寒或炎热的天气情况，搅拌运输车的搅拌罐应有保温或隔热措施。

7.5.2 搅拌运输车在装料前应将搅拌罐内积水排尽，装料后严禁向搅拌罐内的混凝土拌合物中加水。

7.5.3 当卸料前需要在混凝土拌合物中掺入外加剂时，应在外加剂掺入后采用快档旋转搅拌罐进行搅拌；外加剂掺量和搅拌时间应有经试验确定的预案。

7.5.4 预拌混凝土从搅拌机卸入搅拌运输车至卸料时的运输时间不宜大于90min，如需延长运送时间，则应采取相应的有效技术措施，并应通过试验验证；当采用翻斗车时，运输时间不应大于45min。

5. 在预拌混凝土交货验收时，为防止事故发生需要注意哪些事项？

知识小链接：

验收预拌混凝土时，一定要针对需要浇筑的部位，务必仔细核实混凝土的型号及数量，防止低强度等级的混凝土灌入高强度等级的结构中，导致工程质量事故发生。

对于超时的预拌混凝土，可以视情况适当增加外加剂的用量，做二次流化处理。但是，严重者则必须降级，甚至报废。

二、任务实施

查阅现行《普通混凝土拌合物性能试验方法标准》GB/T 50080、《混凝土物理力学性能试验方法标准》GB/T 50081，依次录屏后，上传到学习平台。依据这些标准分别对混凝土和易性及混凝土强度进行检测。

本次学习任务的试验对象，可以采用下一个任务的混凝土配合比或其他合理的普通混凝土配合比（四组分或六组分均可）（表 3.1-1）；也可并入下一个学习任务，与混凝土性能的比对试验同时进行。

混凝土试验配合比　　表 3.1-1

原材料	水泥(kg)	水(kg)	砂(kg)	石(kg)	外加剂(kg)	掺合料(kg)
$1m^3$						
15L 混凝土试验用量						

（一）混凝土坍落度的检测

1. 前期准备

查阅现行《普通混凝土拌合物性能试验方法标准》GB/T 50080，找到坍落度的试验方法，以小组为单位，搜索并优选相关检测视频，提前做好检测步骤与视频截屏一一对应的“图文作业”，以确保本组自主试验顺利进行。同时将视频链接及“图文作业”上传至学习平台。

摘录：《普通混凝土拌合物性能试验方法标准》GB/T 50080—2016

4.1　坍落度实验

4.1.1　本试验方法宜用于骨料最大公称粒径不大于 40mm、坍落度不小于 10mm 的混凝土拌合物坍落度的测定。

4.1.2　坍落度试验的试验设备应符合下列规定：

1. 坍落度仪应符合现行行业标准《混凝土坍落度仪》JG/T 248 的规定；

2. 应配备 2 把钢尺，钢尺的量程不应小于 300mm，分度值不应大于 1mm；

3. 底板应采用平面尺寸不小于 1500mm×1500mm、厚度不小于 3mm 的钢板，其最大挠度不应大于 3mm。

4.1.3　坍落度试验应按下列步骤进行：

1. 坍落度筒内壁和底板应润湿无明水；底板应放置在坚实水平面上，并把坍落度筒放在底板中心，然后用脚踩住两边的脚踏板，坍落度筒在装料时应保持在固定的位置；

2. 混凝土拌合物试样应分三层均匀地装入坍落度筒内，每装一层混凝土拌合物，应用捣棒由边缘到中心按螺旋形均匀插捣25次，捣实后每层混凝土拌合物试样高度约为筒高的三分之一；

3. 插捣底层时，捣棒应贯穿整个深度，插捣第二层和顶层时，捣棒应插透本层至下一层的表面；

4. 顶层混凝土拌合物装料应高出筒口，插捣过程中，混凝土拌合物低于筒口时，应随时添加；

5. 顶层插捣完后，取下装料漏斗，应将多余混凝土拌合物刮去，并沿筒口抹平；

6. 清除筒边底板上的混凝土后，应垂直平稳地提起坍落度筒，并轻放于试样旁边；当试样不再继续坍落或坍落时间达30s时，用钢尺测量出筒高与坍落后混凝土试体最高点之间的高度差，作为该混凝土拌合物的坍落度值。

4.1.4　坍落度筒的提离过程宜控制在3～7s；从开始装料到提坍落度筒的整个过程应连续进行，并应在150s内完成。

4.1.5　将坍落度筒提起后混凝土发生一边崩坍或剪坏现象时，应重新取样另行测定；第二次试验仍出现一边崩坍或剪坏现象，应予记录说明。

4.1.6　混凝土拌合物坍落度值测量应精确至1mm，结果应修约至5mm。

2. 自主试验

请各小组参考规范的检测视频，在老师的引导、帮助下，自行组织、分工协作完成试验。同时，做好数据记录（表3.1-2），拍摄本组试验视频，以备老师复查。

（1）数据记录及处理

数据记录及处理　　　表3.1-2

序号	坍落度(mm)	保水性描述	黏聚性描述	备注
1				
2				

注意事项：

坍落度筒内壁和底板应润湿；用脚将坍落度筒踩平踩稳；分三层装入混凝土，每层均用捣棒由边缘到中心按螺旋形均匀插捣25次；清除筒边混凝土，垂直平稳提筒；用钢尺量出筒高与混凝土试体最高点之间的高度差，即坍落度值。

（2）质量评定

坍落度要求：____________________ mm

单项评定：

该批混凝土和易性是否合格？　合格______　不合格______

提醒：① 搅拌站出场混凝土坍落度必须高于施工现场坍落度要求。

② 试验结束后，必须及时清理，确保仪器及工作面洁净、整齐。

3. 反思探讨

检测结束后，教师进行点评、归纳、分析，同时引入相关理论知识。对于测定值偏离较大的小组，则引导学生深入探讨，反思误差来源与结果偏差之间的关联，明确标准制定的意义以及规范操作的重要性。

（1）回顾检测各环节，试验室条件是否满足检测要求？本组试验是否存在不规范操作？会带来什么误差？请相关小组提交整改意见或建议。

（2）和易性对工程施工有何影响？如果预拌混凝土的流动性达不到泵送要求，能否擅自加水提高混凝土的流动性？若出现离析、泌水等质量问题，能否强行使用？

知识小链接：

和易性又称工作性，是指混凝土拌合物易于施工操作（搅拌、运输、浇筑、捣实），并能获得质量均匀、成型密实的混凝土的性能。和易性包括流动性、黏聚性、保水性三个方面的含义，是一项综合的技术性质。

流动性是指拌合物在自重或施工机械振动作用下，能产生流动并均匀密实地填满模具的性质。流动性的大小反映了拌合物的稀稠，故又称为稠度。稠度大小直接影响施工时浇筑捣实的难易以及混凝土的质量。若混凝土拌合物太干稠，则流动性差，难以振捣密实；若拌合物过稀，则流动性好，但容易出现分层、离析现象。混凝土的流动性一般以混凝土的坍落度来衡量。但对于超大流动度混凝土，坍落度不能准确反映混凝土的流动性，用混凝土扩展后的平均直径，即扩展度，作为流动性指标。

黏聚性指拌合物的各组成材料间具有一定的黏聚力，在施工过程中不致产生分层、离析现象，仍能保持整体均匀的性质。它反映了拌合物保持均匀的能力。若混凝土拌合物黏聚性不好，则混凝土中集料与水泥浆容易分离，造成混凝土不均匀，振捣后会出现蜂窝和空洞等现象。

保水性是指拌合物保持水分，不致产生泌水的性能。保水性反映混凝土拌合物的稳定性。保水性差的混凝土内部易形成透水通道，不但影响混凝土的密实性，降低强度，而且还会影响混凝土的抗渗、抗冻等耐久性能。

为了适应施工条件的需要，预拌混凝土必须具有与之相适应的和易性，包含较高的流动性以及良好的黏聚性和保水性，以保证混凝土在运输、浇筑、捣固及停放时不发生离析、泌水现象，并且能顺利方便地进行各种操作。

由于预拌混凝土在施工时主要采用混凝土泵输送，因此还要求混凝土具有良好的可泵性。而且，预拌混凝土还应考虑运送、等待浇筑时间的坍落度损失问题，所以，搅拌站出场混凝土坍落度高于施工现场坍落度要求。对于超时混凝土，若流动性达不到泵送要求，可适当添加外加剂进行二次流化。千万不可擅自加水提高其流动性，以免造成混凝土强度下降，发生工程事故。若混凝土出现离析、泌水等质量问题，切不可强行泵送，防止发生堵管现象；另外，混凝土拌合物的离析、泌水，会造成混凝土不均匀，影响混凝土的密实性，大大降低混凝土的强度及耐久性，所以在工程中严禁使用。

（二）混凝土强度的检测

1. 前期准备

查阅现行《混凝土物理力学性能试验方法标准》GB/T 50081，查找混凝土的制备、养护及破型方法，以小组为单位，搜索并优选相关检测视频，提前做好检测步骤与视频截屏一一对应的“图文作业”，以确保本组自主试验顺利进行。同时将视频链接及“图文作业”上传至学习平台。

（1）混凝土的制备、养护

（2）混凝土抗压强度的测定

摘录：《混凝土物理力学性能试验方法标准》GB/T 50081—2019

5.0.1　本方法适用于测定混凝土立方体试件的抗压强度。圆柱体试件的抗压强度试验应按本标准附录C执行。

5.0.2　测定混凝土立方体抗压强度试验的试件尺寸和数量应符合下列规定：

1. 标准试件是边长为150mm的立方体试件；

2. 边长为100mm和200mm的立方体试件是非标准试件；

3. 每组试件应为3块。

5.0.3　试验仪器设备应符合下列规定。

1. 压力试验机应符合下列规定：

1）试件破坏荷载宜大于压力机全量程的20%且宜小于压力机全量程的80%；

2）示值相对误差应为±1%；

3）应具有加荷速度指示装置或加荷速度控制装置，并应能均匀、连续地加荷；

4）试验机上、下承压板的平面度公差不应大于0.04mm；平行度公差不应大于0.05mm；表面硬度不应小于55HRC；板面应光滑、平整，表面粗糙度R_a不应大于0.80μm；

5）球座应转动灵活；球座宜置于试件顶面，并凸面朝上；

6）其他要求应符合现行国家标准《液压式万能试验机》GB/T 3159和《试验机通用技术要求》GB/T 2611的有关规定。

2. 当压力试验机的上、下承压板的平面度、表面硬度和粗糙度不符合本条第1款中第4）项要求时，上、下承压板与试件之间应各垫以钢垫板。钢垫板应符合下列规定：

1）钢垫板的平面尺寸不应小于试件的承压面积，厚度不应小于25mm；

2）钢垫板应机械加工，承压面的平面度、平行度、表面硬度和粗糙度应符合本条第1款要求。

3）混凝土强度不小于60MPa时，试件周围应设防护网罩。

4）游标卡尺的量程不应小于200mm，分度值宜为0.02mm。

5）塞尺最小叶片厚度不应大于0.02mm，同时应配置直板尺。

6）游标量角器的分度值应为0.1°。

5.0.4　立方体抗压强度试验应按下列步骤进行：

1. 试件到达试验龄期时，从养护地点取出后，应检查其尺寸及形状，尺寸公差应满足本标准第3.3节的规定，试件取出后应尽快进行试验。

2. 试件放置试验机前，应将试件表面与上、下承压板面擦拭干净。

3. 以试件成型时的侧面为承压面，应将试件安放在试验机的下压板或垫板上，试件的中心应与试验机下压板中心对准。

4. 启动试验机，试件表面与上、下承压板或钢垫板应均匀接触。

5. 试验过程中应连续均匀加荷，加荷速度应取0.3～1.0MPa/s。当立方体抗压强度小于30MPa时，加荷速度宜取0.3～0.5MPa/s；立方体抗压强度为30～60MPa时，加荷速度宜取0.5～0.8MPa/s；立方体抗压强度不小于60MPa时，加荷速度宜取0.8～1.0MPa/s。

6. 手动控制压力机加荷速度时，当试件接近破坏开始急剧变形时，应停止调整试验机油门，直至破坏，并记录破坏荷载。

5.0.5　立方体试件抗压强度试验结果计算及确定应按下列方法进行。

1. 混凝土立方体试件抗压强度应按下式计算：

$$f_{cc}=\frac{F}{A} \tag{5.0.5}$$

式中　f_{cc}——混凝土立方体试件抗压强度（MPa），计算结果应精确到0.1MPa；

F——试件破坏荷载（N）；

A——试件承压面积（mm^2）。

2. 立方体试件抗压强度值的确定应符合下列规定：

1）取3个试件测值的算术平均值作为该组试件的强度值，应精确至0.1MPa；

2）当3个测值中的最大值或最小值中有一个与中间值的差值超过中间值的15%时，则应把最大及最小值剔除，取中间值作为该组试件的抗压强度值；

3）当最大值和最小值与中间值的差值均超过中间值的15%时，该组试件的试验结果无效。

3. 混凝土强度等级小于 C60 时，用非标准试件测得的强度值均应乘以尺寸换算系数，对 200mm×200mm×200mm 试件可取为 1.05；对 100mm×100mm×100mm 试件可取为 0.95。

4. 当混凝土强度等级不小于 C60 时，宜采用标准试件；当使用非标准试件时，混凝土强度等级不大于 C100 时，尺寸换算系数宜由试验确定，在未进行试验确定的情况下，对 100mm×100mm×100mm 试件可取为 0.95；混凝土强度等级大于 C100 时，尺寸换算系数应经试验确定。

2. 自主试验

请各小组参考规范的检测视频，在老师的引导、帮助下，自行组织、分工协作完成试验。同时，做好数据记录（表 3.1-3），拍摄本组试验视频，以备老师复查。

（1）数据记录及处理

数据记录及处理 **表 3.1-3**

序号	28d 抗压强度(MPa)	平均值(MPa)
1		
2		
3		

（2）误差判断

误差判断标准见《混凝土物理力学性能试验方法标准》GB/T 50081—2019 第 5.0.5 条。

注意事项：

试件取出后，检查其尺寸及形状；将试件表面擦拭干净；以试件成型时的侧面为承压面，切忌刮平面朝上或朝下放置试件。连续均匀加荷，且加荷速度应与强度相匹配。

（3）质量评定

设计要求：____________________（MPa）

单项评定：该混凝土强度是否达到设计要求？ 是______ 否______

提醒：试验结束后，必须及时清理，确保仪器及工作面洁净、整齐。

在实际生产过程中，为了使混凝土强度达到规定要求的保证率，必须要求配制的混凝土强度高于混凝土设计强度值，以确保工程质量。混凝土强度检验评定必须符合现行《混凝土强度检验评定标准》GB/T 50107 的规定。

3. 反思探讨

检测结束后，教师进行点评、归纳、分析，同时引入相关理论知识。对于测定值偏离较大的小组，则引导学生深入探讨，反思误差来源与结果偏差之间的关联，明确标准制定的意义及规范操作的重要性。

（1）回顾检测各环节，试验室条件是否满足检测要求？本组试验是否存在不规范操作？其会带来什么误差？请相关小组提交整改意见或建议。

（2）为什么在实际生产过程中，混凝土强度检验评定必须符合现行《混凝土强度检验评定标准》GB/T 50107的规定？

知识小链接：

（1）混凝土强度

混凝土强度包括抗压、抗拉、抗弯、抗剪以及握裹强度等，其中，抗压强度最大。混凝土的抗压强度与其他强度间有一定的相关性，可以根据抗压强度的大小来估计其他强度值。工程上混凝土主要承受压力，抗压强度是混凝土最重要的一项性能指标。

（2）混凝土强度检验评定

在混凝土实际生产过程中，由于原材料质量的波动、生产操作的误差，导致按同一配合比生产的混凝土质量也会产生波动；在混凝土施工过程中，浇筑、振捣、养护条件等发生变化，同样会造成混凝土质量的不稳定。

现行《混凝土强度检验评定标准》GB/T 50107规定：混凝土强度的评定可采用统计法和非统计法两种方法。统计方法适用于混凝土的生产条件能在较长时间内保持一致且同一品种混凝土的强度变异性保持稳定的情况，如混凝土搅拌站、预制混凝土构件厂和采用集中搅拌混凝土的施工单位所拌制的混凝土；非统计法适用于零星生产预制构件用的混凝土或现场搅拌批量不大的混凝土。

摘录：《混凝土强度检验评定标准》GB/T 50107—2010

5.1　统计方法评定

5.1.1　采用统计方法评定时，应按下列规定进行：

1. 当连续生产的混凝土，生产条件在较长时间内保持一致，且同一品种、同一强度等级混凝土的强度变异性保持稳定时，应按本标准第5.1.2条的规定进行评定。

2. 其他情况应按本标准第5.1.3条的规定进行评定。

5.1.2　一个检验批的样本容量应为连续的3组试件，其强度应同时符合下列规定：

$$m_{f_{cu}} \geqslant f_{cu,k} + 0.7\sigma_0 \tag{5.1.2-1}$$

$$f_{cu,min} \geqslant f_{cu,k} - 0.7\sigma_0 \tag{5.1.2-2}$$

检验批混凝土立方体抗压强度的标准差应按下式计算：

$$\sigma_0 = \sqrt{\frac{\sum_{i=1}^{n} f_{cu,i}^2 - n m_{f_{cu}}^2}{n-1}} \tag{5.1.2-3}$$

当混凝土强度等级不高于C20时，其强度的最小值尚应满足下式要求：

$$f_{cu,min} \geqslant 0.85 f_{cu,k} \tag{5.1.2-4}$$

当混凝土强度等级高于C20时，其强度的最小值尚应满足下列要求：

$$f_{cu,min} \geqslant 0.90 f_{cu,k} \tag{5.1.2-5}$$

式中　$m_{f_{cu}}$——同一检验批混凝土立方体抗压强度的平均值（N/mm^2），精确到$0.1N/mm^2$；

$f_{cu,k}$——混凝土立方体抗压强度标准值（N/mm^2），精确到$0.1N/mm^2$；

σ_0——检验批混凝土立方体抗压强度的标准差（N/mm^2），精确到$0.01N/mm^2$；当检验批混凝土强度标准差σ_0的计算值小于$2.5N/mm^2$时，应取$2.5N/mm^2$；

$f_{cu,i}$——前一个检验期内同一品种、同一强度等级的第i组混凝土试件的立方体抗压强度代表值（N/mm^2），精确到$0.1N/mm^2$；该检验期不应少于60d，也不得大于90d；

n——前一检验期内的样本容量，在该期间内样本容量不应少于45；

$f_{cu,min}$——同一检验批混凝土立方体抗压强度的最小值（N/mm^2），精确到$0.1N/mm^2$。

5.1.3　当样本容量不少于10组时，其强度应同时满足下列要求：

$$m_{f_{cu}} \geqslant f_{cu,k} + \lambda_1 \cdot S_{f_{cu}} \tag{5.1.3-1}$$

$$f_{cu,min} \geqslant \lambda_2 \cdot f_{cu,k} \tag{5.1.3-2}$$

同一检验批混凝土立方体抗压强度的标准差应按下式计算：

$$S_{f_{cu}} = \sqrt{\frac{\sum_{i=1}^{n} f_{cu,i}^2 - n m_{f_{cu}}^2}{n-1}} \tag{5.1.3-3}$$

式中　$S_{f_{cu}}$——同一检验批混凝土立方体抗压强度的标准差（N/mm^2），精确到$0.01N/mm^2$；当检验批混凝土强度标准差$S_{f_{cu}}$计算值小于$2.5N/mm^2$时，应取$2.5N/mm^2$；

λ_1，λ_2——合格评定系数，按表5.1.3取用；

n——本检验期内的样本容量。

表5.1.3　混凝土强度的合格评定系数

试件组数	10～14	15～19	20
λ_1	1.15	1.05	0.95
λ_2	0.90	0.85	

5.2　非统计方法评定

5.2.1　当用于评定的样本容量小于10组时，应采用非统计方法评定混凝土强度。

5.2.2　按非统计方法评定混凝土强度时，其强度应同时符合下列规定：

$$m_{f_{cu}} \geqslant \lambda_3 \cdot f_{cu,k} \tag{5.2.2-1}$$

$$f_{cu,min} \geqslant \lambda_4 \cdot f_{cu,k} \tag{5.2.2-2}$$

式中　λ_3，λ_4——合格评定系数，应按表 5.2.2 取用。

表 5.2.2　混凝土强度的非统计法合格评定系数

混凝土强度等级	<C60	≥C60
λ_3	1.15	1.10
λ_4	0.95	

5.3　混凝土强度的合格性评定

5.3.1　当检验结果满足第 5.1.2 条或第 5.1.3 条或第 5.2.2 条的规定时，则该批混凝土强度应评定为合格；当不能满足上述规定时，该批混凝土强度应评定为不合格。

5.3.2　对评定为不合格批的混凝土，可按国家现行的有关标准进行处理。

三、报告填写

将“任务实施”中水泥混凝土试验结果填入表 3.1-4，未检测项目标示横线。

水泥混凝土质量检测报告　　　　**表 3.1-4**

委托单位				报告编号	
工程名称				检测编号	
工程部位				抗渗等级	
强度等级		混凝土种类		坍落度	
检测依据				送样日期	
环境条件				检测日期	
试验室地址				邮政编码	

检测内容

材料情况	材料名称	水泥	砂	石子 1	石子 2	水
	生产单位，产地					
	品种等级规格					
	材料名称	掺合料		外加剂 1		外加剂 2
	生产单位，产地					
	品种规格型号					

混凝土配合比

质量配合比							
每立方米材料用量（kg/m^3）	水泥	砂	石子	水	掺合料	外加剂 1	外加剂 2
水胶比	养护方法	坍落度（mm）	砂率（%）	7d 强度（MPa）	28d 强度（MPa）	抗渗等级	抗冻等级
检测说明							

摘录：《混凝土结构设计规范》GB 50010—2010

3.5.3　设计使用年限为50年的混凝土结构，其混凝土材料宜符合表3.5.3的规定。

表3.5.3　结构混凝土材料的耐久性基本要求

环境等级	最大水胶比	最低强度等级	最大氯离子含量(%)	最大碱含量(kg/m^3)
一	0.60	C20	0.30	不限制
二a	0.55	C25	0.20	3.0
二b	0.50(0.55)	C30(C25)	0.15	
三a	0.45(0.50)	C35(C30)	0.15	
三b	0.40	C40	0.10	

注：1. 氯离子含量系指其占胶凝材料总量的百分比；

2. 预应力构件混凝土中的最大氯离子含量为0.06%；其最低混凝土强度等级宜按表中的规定提高两个等级；

3. 素混凝土构件的水胶比及最低强度等级的要求可适当放松；

4. 有可靠工程经验时，二类环境中的最低混凝土强度等级可降低一个等级；

5. 处于严寒和寒冷地区二b、三a类环境中的混凝土应使用引气剂，并可采用括号中的有关参数；

6. 当使用非碱活性骨料时，对混凝土中的碱含量可不限制。

……

3.5.5　一类环境中，设计使用年限为100年的混凝土结构应符合下列规定：

1. 钢筋混凝土结构的最低强度等级为C30；预应力混凝土结构的最低强度等级为C40；

2. 混凝土中的最大氯离子含量为0.06%；

3. 宜使用非碱活性骨料，当使用碱活性骨料时，混凝土中的最大碱含量为3.0kg/m^3；

4. 混凝土保护层厚度应符合本规范第8.2.1条的规定；当采取有效的表面防护措施时，混凝土保护层厚度可适当减小。

3.5.6　二、三类环境中，设计使用年限100年的混凝土结构应采取专门的有效措施。

3.5.7　耐久性环境类别为四类和五类的混凝土结构，其耐久性要求应符合有关标准的规定。

知识小链接：

混凝土耐久性包括：抗渗性、抗冻性、耐腐蚀性、抗碳化能力、碱集料反应等。

抗渗性：指材料在水油等压力作用下抵抗渗透的性质。我国采用抗渗等级来表示混凝土的抗渗性。现行《混凝土质量控制标准》GB 50164根据混凝土试件在抗渗试验时所能承受的最大水压力，将混凝土抗渗等级划分为P4、P6、P8、

P10、P12 及大于 P12 六级。混凝土的抗渗性是混凝土的基本性能，也是混凝土耐久性的重要特性。混凝土的抗渗性不仅表征混凝土耐水流穿过的能力，也影响混凝土抗碳化、抗氯离子渗透等性能。

抗冻性：混凝土的抗冻性是指混凝土在使用环境中，能经受多次冻融循环作用而不破坏，同时也不严重降低强度的性能。混凝土抗冻性以抗冻等级表示，它是以 28d 龄期的混凝土标准试件，在饱水后承受反复冻融循环，以抗压强度损失不超过 25%，且质量损失不超过 5%时的最大循环次数来确定。在建筑工程中把结构混凝土抗冻等级等于或大于 F50 的混凝土称为抗冻混凝土。混凝土的抗冻等级有 F50、F100、F150、F200、F250、F300、F350、F400 和大于 F400 九个等级（快冻法），例如 F100 表示该混凝土能承受冻融循环的最大次数不小于 100 次。选用适当的水泥品种（硅酸盐水泥、普通水泥）、采用高强度等级的水泥以及掺入外加剂（引气剂）等措施，可提高混凝土的抗冻性能。在寒冷地区，特别是潮湿环境下受冻的混凝土工程，其抗冻性是评定该混凝土耐久性的重要指标。

耐腐蚀性：环境介质对混凝土的侵蚀主要是对水泥石的侵蚀，常包括混凝土的抗硫酸盐侵蚀性能和抗氯离子渗透性能两方面的内容。《混凝土质量控制标准》GB 50164 规定，在混凝土处于硫酸盐侵蚀环境时，会对混凝土的抗硫酸盐侵蚀性能提出要求，混凝土的抗硫酸盐侵蚀性能划分为 KS30、KS60、KS90、KS120、KS150 及大于 KS150 六个级别；一般来说，抗硫酸盐等级达到 KS120 的混凝土具有较好的抗硫酸盐侵蚀性能。

对海洋工程等氯离子侵蚀环境，混凝土应具有抗氯离子渗透性能。国家标准规定，混凝土抗氯离子渗透性能的等级划分为 RCM-Ⅰ、RCM-Ⅱ、RCM-Ⅲ、RCM-Ⅳ及 RCM-Ⅴ五级。

抗碳化能力：混凝土的碳化是指空气中的 CO_2 在潮湿（有水存在）的条件下与水泥石中的 $Ca(OH)_2$ 发生的碳化作用，生成 $CaCO_3$ 和 H_2O 的过程。这个过程是由表及里向混凝土内部缓慢扩散的。碳化后可使水泥石的组成及结构发生变化，引起混凝土的收缩，对混凝土的强度有一定的影响；混凝土是一种碱性体系，但碳化使其碱度降低，导致混凝土对钢筋的保护力下降，钢筋脱钝生锈，极大影响了钢筋混凝土结构的耐久性。因此，应设法提高混凝土的抗碳化能力。混凝土抗碳化性能划分为 T-Ⅰ、T-Ⅱ、T-Ⅲ、T-Ⅳ及 T-Ⅴ五级。

碱集料反应：水泥中的碱与骨料中的活性二氧化硅发生化学反应，在骨料表面生成碱-硅酸凝胶，吸水产生膨胀，进而导致混凝土开裂。如果工程中使用碱活性骨料时，则必须选用碱含量低的水泥，严格控制混凝土中总碱含量。当用于重要工程或对骨料有怀疑时，需按标准规定方法对骨料进行碱活性检验。重要工程务必选用非碱活性骨料，以确保工程质量。

子任务 3.2 混凝土配合比设计及性能调整

一、普通混凝土四组分配合比设计

混凝土配合比设计就是依据设计规程和经验数据，确定单位体积的混凝土所用的材料量。查阅现行《普通混凝土配合比设计规程》JGJ 55，录屏上传到学习平台。

任务要求：考虑后续外加剂对比试验，本次四组分配合比设计采用混凝土低流动性指标。同时，依据试验室原材料情况，并考虑原材料实际密度数据不全，选用质量法进行混凝土配合比设计：

某工程混凝土设计强度等级为C35，坍落度为80±20mm，和易性良好。混凝土原材料采用普通硅酸盐水泥P·O42.5；砂的细度模数为2.7，为Ⅱ区河砂；石子采用碎石，连续级配，最大粒径为25.0mm；使用自来水。

1. 确定混凝土配制强度

$$f_{cu,0} \geqslant f_{cu,k} + 1.645\sigma$$

$f_{cu,k}$ 为混凝土设计强度等级值，即35MPa；σ 为混凝土强度标准差。当没有近期的同一品种、同一强度等级混凝土强度资料时，其强度标准差 σ 可按《普通混凝土配合比设计规程》JGJ 55—2011 的表4.0.2取值。混凝土强度在C25～C45范围时，σ 取5.0MPa，代入上式，可计算得到混凝土配制强度 $f_{cu,0}$。

$f_{cu,0} \geqslant$____。

摘录：《普通混凝土配合比设计规程》JGJ 55—2011

4. 混凝土配制强度的确定

4.0.1 混凝土配制强度应按下列规定确定：

1. 当混凝土的设计强度等级小于C60时，配制强度应按下式确定：

$$f_{cu,0} \geqslant f_{cu,k} + 1.645\sigma \qquad (4.0.1\text{-}1)$$

式中 $f_{cu,0}$——混凝土配制强度（MPa）；

$f_{cu,k}$——混凝土立方体抗压强度标准值，这里取混凝土的设计强度等级值（MPa）；

σ——混凝土强度标准差（MPa）。

2. 当设计强度等级不小于C60时，配制强度应按下式确定：

$$f_{cu,0} \geqslant 1.15 f_{cu,k} \qquad (4.0.1\text{-}2)$$

4.0.2 混凝土强度标准差应按照下列规定确定：

1. 当具有近1～3个月的同一品种、同一强度等级混凝土的强度资料时，且试件组数不小于30时，其混凝土强度标准差 σ 应按下式计算：

$$\sigma = \sqrt{\frac{\sum_{i=1}^{n} f_{cu,i}^{2} - n m_{f_{cu}}^{2}}{n-1}} \qquad (4.0.2)$$

式中 σ——混凝土强度标准差；

$f_{cu,i}$——第 i 组的试件强度（MPa）；

$m_{f_{cu}}$——n 组试件的强度平均值（MPa）；

n——试件组数。

对于强度等级不大于C30的混凝土：当混凝土强度标准差计算值不小于

3.0MPa 时，应按式（4.0.2）计算结果取值；当混凝土强度标准差计算值小于 3.0MPa 时，混凝土强度标准差应取 3.0MPa。

对于强度等级大于 C30 且不大于 C60 的混凝土：当混凝土强度标准差计算值不小于 4.0MPa 时，应按式（4.0.2）计算结果取值；当混凝土强度标准差计算值小于 4.0MPa 时，混凝土强度标准差应取 4.0MPa。

2. 当没有近期的同一品种、同一强度等级混凝土强度资料时，其强度标准差 σ 按表 4.0.2 取值。

表 4.0.2　标准差 σ 值（MPa）

混凝土强度标准值	≤C20	C25～C45	C50～C55
σ	4.0	5.0	6.0

2. 确定水胶比

混凝土强度等级不大于 C60 等级时，混凝土水胶比按下式计算：

$$W/B=\frac{\alpha_a f_b}{f_{cu,0}+\alpha_a\alpha_b f_b}$$

查《普通混凝土配合比设计规程》JGJ 55—2011 的表 5.1.2，使用碎石时：$\alpha_a=0.53$，$\alpha_b=0.20$；f_b 为胶凝材料的 28d 抗压强度，由于未掺矿物掺合料，此时的 f_b 就是水泥的 28d 实测强度。当水泥 28d 胶砂抗压强度无实测值时，可按下式计算：

$$f_{ce}=\gamma_c f_{ce,g}$$

γ_c 为水泥强度等级值的富余系数，可按《普通混凝土配合比设计规程》JGJ 55—2011 的表 5.1.4 选用：当水泥强度等级为 42.5 时，取富余系数 1.16，代入上式，可计算得到水泥的 28d 实际强度：

$$f_b=42.5\times1.16=49.3\text{MPa}$$

将第一步计算得到的混凝土配制强度的 $f_{cu,0}$，查表得到的回归系数 α_a 和 α_b，水泥 28d 实际强度：$f_b=49.3$MPa

代入公式得：

$$W/B=\frac{\alpha_a f_b}{f_{cu,0}+\alpha_a\alpha_b f_b}$$

$$=\underline{\qquad\qquad\qquad\qquad}。$$

注：由于未掺矿物掺合料，此时的 f_b 就是水泥的 28d 实测强度。

摘录：《普通混凝土配合比设计规程》JGJ 55—2011

5.1　水胶比

5.1.1　当混凝土强度等级小于 C60 时，混凝土水胶比宜按下式计算：

$$W/B=\frac{\alpha_a f_b}{f_{cu,0}+\alpha_a\alpha_b f_b} \tag{5.1.1}$$

式中　W/B——混凝土水胶比；

α_a、α_b——回归系数，取值应符合本规程 5.1.2 条的规定取值；

f_b——胶凝材料28d胶砂抗压强度（MPa），可实测，且试验方法应按现行国家标准《水泥胶砂强度检验方法（ISO法）》GB/T 17671执行；可按本规程第5.1.3条确定。

5.1.2　回归系数（α_a、α_b）宜按下列规定确定：

1. 根据工程所使用的原材料，通过试验建立的水胶比与混凝土强度关系式来确定；

2. 当不具备上述试验统计资料时，可按表5.1.2采用。

表5.1.2　回归系数（α_a、α_b）取值表

系数 \ 粗骨料品种	碎石	卵石
α_a	0.53	0.49
α_b	0.20	0.13

……

5.1.4　当水泥28d胶砂抗压强度（f_b）无实测值时，可按下式计算：

$$f_{ce}=\gamma_c f_{ce,g} \tag{5.1.4}$$

式中　γ_c——水泥强度等级值的富余系数，可按实际统计资料确定；当缺乏实际统计资料时，也可按表5.1.4选用；

$f_{ce,g}$——水泥强度等级值（MPa）。

表5.1.4　水泥强度等级值的富余系数（γ_c）

水泥强度等级值	32.5	42.5	52.5
富余系数	1.12	1.16	1.10

3. 确定用水量

本次配合比设计暂不考虑外加剂。当混凝土拌合物坍落度为80±20mm，碎石最大粒径为25.0mm时，查《普通混凝土配合比设计规程》JGJ 55—2011的表5.2.1-2，得出每立方米混凝土的用水量为：

W=____________ kg/m^3

摘录：《普通混凝土配合比设计规程》JGJ 55—2011

5.2.1　每立方米干硬性或塑性混凝土的用水量（m_{w0}）应符合下列规定：

1. 混凝土水胶比在0.40～0.80范围时，可按表5.2.1-1和表5.2.1-2选取；

2. 混凝土水胶比小于0.40时，可通过试验确定。

表 5.2.1-1 干硬性混凝土的用水量（kg/m^3）

拌合物稠度		卵石最大公称粒径(mm)			碎石最大粒径(mm)		
项目	指标	10.0	20.0	40.0	16.0	20.0	40.0
维勃稠度（s）	16～20	175	160	145	180	170	155
	11～15	180	165	150	185	175	160
	5～10	185	170	155	190	180	165

表 5.2.1-2 塑性混凝土的用水量（kg/m^3）

拌合物稠度		卵石最大粒径(mm)				碎石最大粒径(mm)			
项目	指标	10.0	20.0	31.5	40.0	16.0	20.0	31.5	40.0
坍落度（mm）	10～30	190	170	160	150	200	185	175	165
	35～50	200	180	170	160	210	195	185	175
	55～70	210	190	180	170	220	105	195	185
	75～90	215	195	185	175	230	215	205	195

注：1. 本表用水量系采用中砂时的取值。采用细砂时，每立方米混凝土用水量可增加 5～10kg；采用粗砂时，可减少 5～10g；

2. 掺用矿物掺合料和外加剂时，用水量应相应调整。

4. 确定胶凝材料用量

通过第 2 步和第 3 步，已经确定水胶比和用水量如下：

水胶比：$W/B=\dfrac{\alpha_a f_b}{f_{cu,0}+\alpha_a\alpha_b f_b}=$__________

用水量：$W=$__________ kg/m^3

代入公式，得到每立方米混凝土的胶凝材料用量：

$B=$

$=$__________ kg/m^3

注：本配合比的胶凝材料用量仅为水泥用量。

摘录：《普通混凝土配合比设计规程》JGJ 55—2011

5.3.1 每立方米混凝土的胶凝材料用量（m_{b0}）应按式（5.3.1）计算，并应进行试拌调整，在拌合物性满足的情况下，取经济合理的胶凝材料用量。

$$m_{b0}=\frac{m_{w0}}{W/B} \tag{5.3.1}$$

式中 m_{b0}——计算配合比每立方米混凝土中胶凝材料用量（kg/m^3）；

m_{w0}——计算配合比每立方米混凝土的用水量（kg/m^3）；

W/B——混凝土水胶比。

5. 确定砂率 β_s

坍落度大于 60mm 的混凝土砂率，可经试验确定，也可在《普通混凝土配合比设计规程》JGJ 55—2011 的表 5.4.2 的基础上，按坍落度每增大 20mm、砂率增大 1%的幅度予以调整。查表得：砂率 β_s 为__________%。

摘录：《普通混凝土配合比设计规程》JGJ 55—2011

5.4　砂率

5.4.1　砂率（β_s）应根据骨料的技术指指标、混凝土拌合物性能和施工要求，参考既有历史资料确定。

5.4.2　当缺乏砂率的历史资料时，混凝土砂率的确定应符合下列规定：

1. 坍落度小于 10mm 的混凝土，其砂率应经试验确定。

2. 坍落度为 10～60mm 的混凝土，其砂率可根据粗骨料品种、最大公称粒径及水胶比按表 5.4.2 选取。

3. 坍落度大于 60mm 的混凝土，其砂率可经试验确定，也可在表 5.4.2 的基础上，按坍落度每增大 20mm、砂率增大 1%的幅度予以调整。

表 5.4.2　混凝土的砂率（%）

水胶比（W/B）	卵石最大公称粒径(mm)			碎石最大粒径(mm)		
	10.0	20.0	40.0	16.0	20.0	40.0
0.40	26～32	25～31	24～30	30～35	29～34	27～32
0.50	30～35	29～34	28～33	33～38	32～37	30～35
0.60	33～38	32～37	31～36	36～41	35～40	33～38
0.70	36～41	35～40	34～39	39～44	38～43	36～41

注：1. 本表数值系中砂的选用砂率，对细砂或粗砂，可相应地减少或增大砂率；
2. 采用人工砂配制混凝土时，砂率可适当增大；
3. 只用一个单粒级骨料配制混凝土时，砂率应适当增大。

6. 确定粗、细骨料用量

本案例采用质量法计算粗、细骨料用量。由于是四组分配合比，暂未掺入矿物掺合料和外加剂，故水泥、粗、细骨料及水的总质量公式如下：

$$m_{c0}+m_{g0}+m_{s0}+m_{w0}=m_{cp}$$

前面的第 3～5 步分别确定了用水量、水泥用量和砂率：

用水量：$m_{w0}=$__________ kg/m^3

水泥用量：$m_{c0}=$__________ kg/m^3

砂率（β_s）为__________%

m_{cp} 为每立方米混凝土拌合物的假定质量（kg/m^3），取中间值 2400kg/m^3，代入公式，得到粗、细骨料总量：

$m_{g0}+m_{s0}=$__________ kg/m^3

其中，砂的用量：$m_{s0}=(m_{g0}+m_{s0})\times\beta_s=$__________ kg/m^3

石子用量：$m_{g0}=(m_{g0}+m_{s0})-m_{s0}=$__________ kg/m^3

配合比计算结果见表 3.2-1。

配合比计算 表 3.2-1

原材料种类	水泥	水	砂	石
1m³ 混凝土各原材料的质量(kg)				
换算成以水泥为基数 1 的配合比	1			

提醒：由于每立方米混凝土拌合物总量 2400 kg/m³ 为假定值，若与实测值不符，务必调整。

摘录：《普通混凝土配合比设计规程》JGJ 55—2011

5.5 粗、细骨料用量

5.5.1 当采用质量法计算混凝土配合比时，粗、细骨料用量应按式（5.5.1-1）计算；砂率应按式（5.5.1-2）计算。

$$m_{f0}+m_{c0}+m_{g0}+m_{s0}+m_{w0}=m_{cp} \qquad (5.5.1\text{-}1)$$

$$\beta_s=\frac{m_{s0}}{m_{g0}+m_{s0}}\times 100\% \qquad (5.5.1\text{-}2)$$

式中 m_{g0}——计算配合比每立方米混凝土的粗骨料用量（kg/m³）；

m_{s0}——计算配合比每立方米混凝土的细骨料用量（kg/m³）；

β_s——砂率（%）；

m_{cp}——每立方米混凝土拌合物的假定质量（kg），可取 2350～2450kg/m³。

5.5.2 当采用体积法计算混凝土配合比时，砂率应按式（5.5.1-2）计算，粗、细骨料用量应按式（5.5.2）计算。

$$\frac{m_{c0}}{\rho_c}+\frac{m_{f0}}{\rho_f}+\frac{m_{g0}}{\rho_g}+\frac{m_{s0}}{\rho_s}+\frac{m_{w0}}{\rho_w}+0.01\alpha=1 \qquad (5.5.2)$$

式中 ρ_c——水泥密度（kg/m³），应按现行国家标准《水泥密度测定方法》GB/T 208 测定，也可取 2900～3100kg/m³；

ρ_f——矿物掺合料密度（kg/m³），可按现行国家标准《水泥密度测定方法》GB/T 208 测定；

ρ_g——粗骨料的表观密度（kg/m³），应按现行行业标准《普通混凝土用砂、石质量及检验方法标准》JGJ 52 测定；

ρ_s——细骨料的表观密度（kg/m³），应按现行行业标准《普通混凝土用砂、石质量及检验方法标准》JGJ 52 测定；

ρ_w——水的密度（kg/m³），可取 1000kg/m³；

α——混凝土的含气量百分数，在不使用引气型外加剂时，α 可取为 1。

二、混凝土性能的对比试验

以上述例题的四组分混凝土配合比作为1号基准配合比，进行混凝土性能的对比试验（表3.2-2）。

混凝土性能的对比试验　　**表3.2-2**

原材料	水(kg)	水泥(kg)	砂(kg)	石(kg)
$1m^3$ 混凝土				
1号试验用量:15L				

（一）增减用水量（*W*），改变水胶比（*W/C*），影响混凝土性能的对比试验

1. 试验配合比（表3.2-3）

试验配合比　　**表3.2-3**

对比试验	水(kg)	水泥(kg)	*W/C*	砂(kg)	石(kg)
1号					
2号(增加 W_1)		同上		同上	同上
3号(增加 W_2)		同上		同上	同上

2. 试验结果（表3.2-4）

试验结果　　**表3.2-4**

对比试验	水(kg)	坍落度(mm)	黏聚性	保水性	*W/C*	抗压强度(MPa)
1号						
2号(增加 W_1)						
3号(增加 W_2)						

3. 结论

（1）用水量越多，混凝土流动性越大；

（2）水胶比增大，混凝土的强度下降。

思考：如果水泥混凝土流动性达不到泵送要求，能否擅自加水提高混凝土的流动性？为什么？

知识小链接：

用水量是影响混凝土流动性的主要因素，但水胶比更是影响混凝土强度的关键因素。为确保混凝土强度不变，可以加入相同水胶比的水泥浆。当然，这种提高混凝土流动性的方法，也会使得混凝土生产成本增加。

施工单位千万不可擅自加水提高混凝土的流动性，避免由于混凝土强度下降

造成工程质量事故。

（二）增加减水剂掺量，调整混凝土性能的对比试验

1. 试验配合比（表3.2-5）

试验配合比 **表3.2-5**

对比试验	减水剂用量(kg)	水泥(kg)	砂(kg)	石(kg)	水(kg)
1号	无				
2号	减水剂适量	同上	同上	同上	同上
3号	减水剂过量	同上	同上	同上	同上

2. 试验结果（表3.2-6）

试验结果 **表3.2-6**

对比试验	减水剂用量(kg)	坍落度(mm)	黏聚性	保水性	抗压强度(MPa)
1号	无				
2号	减水剂适量				
3号	减水剂过量	直到出现泌水、板结现象			不可装模检测强度

3. 结论

（1）对于同一品种、相同固含量的减水剂，掺量越多，混凝土流动性越大；

（2）在不改变水胶比的前提下，适量掺入减水剂，不影响混凝土的强度；

（3）减水剂掺量过大，会导致泌水、板结现象发生。

思考：如果水泥混凝土流动性达不到泵送要求，能否通过添加减水剂进行二次流化？需要注意哪些事项？

提醒：减水剂必须适量，若过量，会导致混凝土泌水、板结等现象发生。

知识小链接：

如果预拌混凝土由于运送、等待浇筑时间过长，使得混凝土坍落度损失较大，导致混凝土拌合物到达施工现场后，流动性达不到泵送要求。此时，可适当添加随车运来的高效减水剂进行二次流化（切忌过量），并且快速转动搅拌，使混凝土拌合物均匀，达到坍落度要求后再行泵送。严重超时的混凝土则须降级，甚至作报废处理。

思考：如果水泥混凝土中加入减水剂组分，原四组分配合比中的用水量是维持不变还是可以适当减少？为什么？

知识小链接：

减水剂是一种在维持混凝土坍落度基本不变的条件下，能减少拌合用水量的混凝土外加剂。减水剂分为普通减水剂（如木质素磺酸盐类）、高效减水剂（如萘系、氨基磺酸盐系等）和高性能减水剂（如聚羧酸系）。

根据使用减水剂的目的不同，在混凝土中掺入减水剂后，可得到如下效果：

在不改变原配合比的情况下，加入减水剂后可以明显地提高拌合物的流动性，而且不影响混凝土的强度；在保持流动性不变的情况下，掺入减水剂可以减少拌合用水量，若不改变水泥用量，可以降低水胶比，使混凝土的强度提高；在保持混凝土的流动性和强度都不变的情况下，可以减少拌合水量，同时减少水泥用量。

摘录：《普通混凝土配合比设计规程》JGJ 55—2011

5.2.2　掺外加剂时，每立方米流动性或大流动性混凝土的用水量（m_{w0}）可按下式计算：

$$m_{w0}=m'_{w0}(1-\beta) \quad (5.2.2)$$

式中　m_{w0}——计算配合比每立方米混凝土的用水量（kg/m^3）；

m'_{w0}——未掺外加剂时推定的满足实际坍落度要求的每立方米混凝土用水量（kg/m^3），以本规程表5.2.1-2中90mm坍落度的用水量为基础，按每增大20mm坍落度相应增加5kg/m^3用水量来计算，当坍落度增大到180mm以上时，随坍落度相应增加的用水量可减少；

β——外加剂的减水率（%），应经混凝土试验确定。

知识小链接：

根据《混凝土外加剂术语》GB/T 8075—2017的规定，混凝土外加剂按其主要功能分为四类。

（1）改善混凝土拌合物流变性能的外加剂，如各种减水剂和泵送剂等。

（2）调节混凝土凝结时间、硬化过程的外加剂，如缓凝剂、早强剂和速凝剂等。

（3）改善混凝土耐久性的外加剂，如引气剂、防水剂和阻锈剂等。

（4）改善混凝土其他性能的外加剂，如膨胀剂、防冻剂和着色剂等。

目前在工程中常用的外加剂主要有减水剂、引气剂、早强剂、缓凝剂、防冻剂、膨胀剂、泵送剂等。混凝土泵送剂由减水剂组分和其他功能外加剂复合而成。

高强混凝土宜采用高性能减水剂；有抗冻要求的混凝土宜采用引气剂或引气减水剂；大体积混凝土宜采用缓凝剂或缓凝减水剂；混凝土冬期施工可采用防冻剂。

在混凝土中掺用外加剂时，外加剂应与水泥具有良好的适应性，其种类和掺量应经试验确定。外加剂品种确定后，要认真确定外加剂的掺量。掺量过小，往往达不到预期效果。掺量过大，可能会影响混凝土的质量，甚至造成严重事故。因此使用时应严格控制外加剂掺量。

当出现外加剂与水泥等原材料不相容时，考虑预拌混凝土生产企业一次性购入的水泥量大，且已入仓贮存。因此大部分时间均是让外加剂来适应水泥：

（1）适当增减外加剂的掺量；

（2）更换外加剂品种；

（3）现场二次流化：许多预拌混凝土生产企业都在混凝土运输车上备有高效减水剂以备二次流化使用，这种方法简单、方便，流化效果好；

（4）在保持水胶比不变的前提下，适当增加混凝土中的水泥浆量，相应增大出厂混凝土的流动性。但是这种方法会造成混凝土生产成本的增加。

（三）改变掺合料掺量，调整混凝土性能的对比试验

1. 试验配合比（表3.2-7）

试验配方　　　表3.2-7

比对试验	掺合料种类及用量(kg)	水泥(kg)	砂(kg)	石(kg)	水(kg)
1号					
2号			同上	同上	同上

注：掺合料与水泥两者相加的总量不变。

2. 试验结果（表3.2-8）

试验结果　　　表3.2-8

比对试验	掺合料种类及用量(kg)	坍落度(mm)	黏聚性	保水性	抗压强度(MPa)
1号					
2号					

3. 结论

（1）掺入优质掺合料，比如优质粉煤灰、硅灰等，能够明显改善了混凝土拌合物的和易性；

（2）掺入矿物掺合料，混凝土早期强度会有所下降，掺量越多下降幅度越大。

摘录：《普通混凝土配合比设计规程》JGJ 55—2011

5.1.3　当胶凝材料28d胶砂抗压强度值 f_b 无实测值时，可按下式计算：

$$f_b=\gamma_f\gamma_s f_{ce} \tag{5.1.3}$$

式中　γ_f、γ_s——粉煤灰影响系数和粒化高炉矿渣粉影响系数，可按表5.1.3使用；

f_{ce}——水泥28d胶砂抗压强度（MPa），可实测，也可按本规程第5.1.4条确定。

表 5.1.3　粉煤灰影响系数（γ_f）和粒化高炉矿渣粉影响系数（γ_s）

种类 掺量(%)	粉煤灰影响系数 γ_f	粒化高炉矿渣粉影响系数 γ_s
0	1.00	1.00
10	0.85～0.95	1.00
20	0.75～0.85	0.95～1.00
30	0.65～0.75	0.90～1.00
40	0.55～0.65	0.80～0.90
50	—	0.70～0.85

注：1. 采用Ⅰ级、Ⅱ级粉煤灰宜取上限值；
2. 采用S75级粒化高炉矿渣粉宜取下限值，采用S95级粒化高炉矿渣粉宜取上限值，采用S105级粒化高炉矿渣粉可取上限值加0.05；
3. 当超出表中的掺量时，粉煤灰和粒化高炉矿渣粉影响系数应经试验确定。

知识小链接：

配制混凝土时，为了节约水泥，改善混凝土性能，调节混凝土强度等级，而加入的天然或人造矿物材料统称为混凝土掺合料。掺合料多为活性矿物，其本身不硬化或硬化速度很慢，但能与水泥水化生成的氢氧化钙发生二次水化反应，生成具有水硬性的胶凝材料，如粉煤灰、粒化高炉矿渣粉、硅灰等。

粉煤灰按质量等级，分为Ⅰ级、Ⅱ级、Ⅲ级（表3.2-9）。掺入优质粉煤灰比如一级或二级粉煤灰的混凝土，能够明显改善了混凝土拌合物的和易性和可泵性，降低了混凝土水化热。其早期强度虽低于普通混凝土，但后期强度不断提高，甚至超过普通混凝土。由于后期内部孔的细化，其抗渗性及耐腐蚀侵蚀能力均优于普通混凝土，保护钢筋锈蚀性能也优于普通混凝土。

拌制砂浆和混凝土用粉煤灰理化性能要求　　　　**表 3.2-9**

项　目		理化性能要求		
		Ⅰ级	Ⅱ级	Ⅲ级
细度(45μm方孔筛筛余)(%)	F类粉煤灰	≤12.0	≤30.0	≤45.0
	C类粉煤灰			
需水量比(%)	F类粉煤灰	≤95	≤105	≤115
	C类粉煤灰			
烧失量(%)	F类粉煤灰	≤5.0	≤8.0	≤10.0
	C类粉煤灰			
含水量(%)	F类粉煤灰	≤1.0		
	C类粉煤灰			
三氧化硫(SO_3)质量分数(%)	F类粉煤灰	≤3.0		
	C类粉煤灰			
	C类粉煤灰			

掺粒化高炉矿渣粉的混凝土，其早期强度较低，但后期强度有较大增长

（表3.2-10）。抗渗性和抗硫酸盐腐蚀性均有很大改善。

矿渣粉的技术要求　　表3.2-10

项目		级别		
		S105	S95	S75
密度（g/cm^3）		≥2.8		
比表面积（m^2/kg）		≥500	≥400	≥300
活性指数（%）	7d	≥95	≥70	≥55
	28d	≥105	≥95	≥75
流动度比（%）		≥95		
初凝时间比（%）		≤200		
含水量（质量分数）（%）		≤1.0		
三氧化硫（质量分数）（%）		≤4.0		
氯离子（质量分数）（%）		≤0.06		
烧失量（质量分数）（%）		≤1.0		

硅灰，又称为硅粉或硅烟灰，硅灰颗粒是微小的玻璃球体。硅灰在混凝土中不仅发挥了火山灰活性材料的性能，同时起到了填充材料的作用。使用硅灰后，大大降低了水化浆体中的孔隙尺寸，改善了孔隙尺寸分布，渗透性降低，从而提高混凝土强度及耐久性。

掺用矿物掺合料的混凝土，宜采用硅酸盐水泥和普通硅酸盐水泥；在混凝土中掺用矿物掺合料时，矿物掺合料的种类和掺量应经试验确定。矿物掺合料宜与高效减水剂同时使用；对于高强混凝土或有抗渗、抗冻、抗腐蚀、耐磨等其他特殊要求的混凝土，不宜采用低于Ⅱ级的粉煤灰；对于高强混凝土和有耐腐蚀要求的混凝土，当需要采用硅灰时，不宜采用二氧化硅含量小于90%的硅灰。

三、普通混凝土六组分配合比设计

（一）试验室混凝土配合比

目前，混凝土一般采用六组分配合比。依据现行《普通混凝土配合比设计规程》JGJ 55，确定满足下列混凝土性能（强度及流动性）要求的单位体积混凝土所用六组分的材料量。

混凝土强度等级为C50，坍落度为180±30mm，和易性良好，所用的原材料基本性质如下：

水泥：普通硅酸盐水泥P·O42.5，28d的实测强度为49MPa；砂子：采用Ⅱ区河砂，细度模数为2.7；石子采用碎石，连续级配，最大粒径为25.0mm；外加剂：聚羧酸高效减水剂，假设掺量为1.5%时，减水率为25%；掺合料：掺入20%的Ⅱ级粉煤灰；使用自来水。

1. 确定混凝土配制强度

$$f_{cu,0} \geq f_{cu,k} + 1.645\sigma$$

式中，$f_{cu,k}$为混凝土设计强度等级，即C50；σ为混凝土强度标准差，查JGJ 55—2011的表4.0.2得6.0，代入上式得：

$f_{cu,0} \geq$ ________________。

2. 确定水胶比

混凝土强度等级不大于 C60 等级时，混凝土水胶比按下式计算：

$$W/B=\frac{\alpha_a f_b}{f_{cu,0}+\alpha_a\alpha_b f_b}$$

f_b 为胶凝材料 28d 抗压强度。当胶凝材料 28d 胶砂抗压强度值（MPa）无实测值时，可按经验公式 $f_b=\gamma_f\gamma_s f_{ce}$ 进行计算。

代入经验公式得：

$f_b=$________________________________ MPa

前面已经计算得：$f_{cu,0}\geqslant f_{cu,k}+1.645\sigma$

$\geqslant$________________________________ MPa

查 JGJ 55—2011 的表 5.1.2 得回归系数：$\alpha_a=0.53$　$\alpha_b=0.20$

代入公式得：

$W/B=$________________________________

3. 确定用水量

根据拌合物稠度要求：坍落度为 180±30mm，碎石的最大粒径为 25.0mm，确定每立方米混凝土的用水量（m'_{w0}）：以 JGJ 55—2011 的表 5.2.1-2 中 90mm 坍落度的用水量为基础，按每增大 20mm 坍落度相应增加 5kg/m³ 用水量计算如下：

$m'_{w0}=$________________________________ kg/m³

由于本次配合比掺入了聚羧酸高效减水剂，减水率为 25%，故每立方米混凝土实际用水量（m_{w0}）可依据 JGJ 55—2011 中式（5.2.2）计算如下：

$m_{w0}=m'_{w0}(1-\beta)$

$=$________________________________ kg/m³

4. 确定胶凝材料用量

第 2 和第 3 步已经确定了水胶比和实际用水量如下：

水胶比：$W/B=$__________

用水量：$m_{w0}=$__________ kg/m³

代入下式，得到每立方米混凝土的胶凝材料用量（本包括水泥及粉煤灰用量）：

$$m_{b0}=\frac{m_{w0}}{W/B}$$

$=$__________ kg/m³

其中，粉煤灰掺量为 20%，代入下式：

$m_{f0}=m_{b0}\beta_f$

$=$__________ kg/m³

每立方米混凝土的水泥用量 m_{c0}，按下式计算：

$m_{c0}=m_{b0}-m_{f0}$

$=$__________ kg/m³

摘录：《普通混凝土配合比设计规程》JGJ 55—2011

5.3.1　每立方米混凝土的胶凝材料用量（m_{b0}）应按式（5.3.1）计算，并应进行试拌调整，在拌合物性能满足的情况下，取经济合理的胶凝材料用量。

$$m_{b0}=\frac{m_{w0}}{W/B} \tag{5.3.1}$$

式中　m_{b0}——计算配合比每立方米混凝土中胶凝材料用量（kg/m^3）；

m_{w0}——计算配合比每立方米混凝土的用水量（kg/m^3）；

W/B——混凝土水胶比。

5.3.2　每立方米混凝土的矿物掺合料用量（m_{f0}）应按下式计算：

$$m_{f0}=m_{b0}\beta_f \tag{5.3.2}$$

式中　m_{f0}——计算配合比每立方米混凝土中矿物掺合料用量（kg/m^3）；

β_f——矿物掺合料掺量（%），可结合本规程第 3.0.5 条和第 5.1.1 条的规定确定。

5.3.3　每立方米混凝土的水泥用量（m_{c0}）应按下式计算：

$$m_{c0}=m_{b0}-m_{f0} \tag{5.3.3}$$

式中　m_{c0}——计算配合比每立方米混凝土中水泥用量（kg/m^3）。

5. 确定砂率 β_s

坍落度大于 60mm 的混凝土砂率，可经试验确定，也可在《普通混凝土配合比设计规程》JGJ 55—2011 的表 5.4.2 的基础上，按坍落度每增大 20mm、砂率增大 1%的幅度予以调整：

确定砂率（β_s）=____________________%

6. 确定粗、细骨料用量

采用质量法，按下式计算粗、细骨料用量：

$$m_{f0}+m_{c0}+m_{g0}+m_{s0}+m_{w0}=m_{cp}$$

第 3、4 步分别确定了用水量、水泥用量和粉煤灰用量：

用水量：m_{w0}=__________ kg/m^3

水泥用量：m_{c0}=__________ kg/m^3

粉煤灰用量：m_{f0}=__________ kg/m^3

外加剂掺量：$m_{b0}\times 1.5\%$=__________ kg/m^3

第 5 步确定砂率为：β_s=__________%

m_{cp} 为每立方米混凝土拌合物的假定质量（kg/m^3），取 2400kg/m^3，代入公式，得到：

$m_{g0}+m_{s0}$=____ kg/m^3

其中，砂用量：$m_{s0}=(m_{g0}+m_{s0})\times\beta_s$=__________ kg/m^3

石子用量：$m_{g0}=(m_{g0}+m_{s0})-m_{s0}$=__________ kg/m^3

7. 计算得到每立方米混凝土六组分配合比（干料）（表3.2-11）

混凝土配合比　　　**表3.2-11**

原材料	水泥(kg)	水(kg)	砂(kg)	石(kg)	掺合料(kg)	外加剂(kg)
$1m^3$ 混凝土						

（二）施工混凝土配合比换算

以六组分混凝土配合比设计为例，在确认混凝土性能达到要求后，则可利用下列算式，将试验室混凝土配合比换算成施工混凝土配合比。

若配方不能满足设计、施工要求，请参考“混凝土性能对比试验”规律或“混凝土性能调整”方法，试配成功后，再进行施工配合比的换算。

假设上述六组分混凝土配合比经试配试验，满足强度及和易性要求。若目前混凝土原材料组分中，砂的含水率为4%，石子的含水率为1%，请调整施工配合比：

水泥用量不变：$m_{c0}=$__________ kg/m^3

粉煤灰不变：$m_{f0}=$__________ kg/m^3

外加剂不变：$m_{b0}\times 1.5\%=$__________ kg/m^3

砂、石依据各自的含水率，调整掺量如下：

砂：$m_s=m_{s0}(1+a\%)=$__________ kg/m^3

石：$m_g=m_{g0}(1+b\%)=$__________ kg/m^3

由于砂、石中含水分，混凝土用水量相应减少：

用水量：$m_{w0}=m_{w0}-m_{s0}\times a\%-m_{g0}\times b\%=$__________ kg/m^3

将换算后的每立方米混凝土施工配合比填入表3.2-12。

表3.2-12

原材料	水泥(kg)	水(kg)	砂(kg)	石(kg)	掺合料(kg)	外加剂(kg)
$1m^3$ 混凝土						

提醒：由于每立方米混凝土拌合物总量 $2400kg/m^3$ 为假定值，若与实测值不符，务必调整。

知识小链接：

混凝土施工配合比换算：假定施工用砂的含水率为$a\%$，石子含水率为$b\%$，则可利用下列算式将试验室配合比换算成施工配合比。

水泥、掺合料、外加剂：用量不变；

砂：$m_s=(1+a\%)$　(kg/m^3)

石：$m_g=(1+b\%)$　(kg/m^3)

用水量：$m_{w0}=m_{w0}-m_{s0}\times a\%-m_{g0}\times b\%$　(kg/m^3)

四、混凝土性能（强度、和易性和耐久性）的措施

1. 通过前面的对比试验，了解了混凝土流动性的调整方法。此外，还有哪些可以改善混凝土和易性的措施呢？

2. 通过前面的对比试验，了解了影响混凝土强度的因素。此外，还有哪些提高混凝土强度的措施？

3. 混凝土性能除强度及和易性，还包括混凝土的耐久性。影响水泥混凝土的耐久性的因素有哪些？

知识小链接：

(1) 改善混凝土和易性的方法

1) 用水量是影响混凝土流动性的主要因素。为确保混凝土强度不变，可加入相同水胶比的水泥浆提高混凝土流动性。但不可擅自加水提高混凝土的流动性，避免由于混凝土强度下降造成工程质量事故。

2) 适当增加外加剂掺量或更换外加剂品种、组成，改善混凝土的和易性。许多预拌混凝土生产企业都在混凝土运输车上备有高效减水剂以备二次流化使用。

3) 采用质量合格、级配良好的骨料，选取合理的砂率，使混凝土在用水量及水泥用量一定的情况下，获得更好的和易性。含泥量较多的骨料会导致坍落度经时损失变大。

4) 掺入优质掺合料，比如优质粉煤灰、硅灰等，可以改善混凝土拌合物的和易性和可泵性。

5) 拌合物存放时间及环境温度的影响：环境温度越高、时间越长，坍落度经时损失越大。

(2) 提高混凝土强度的措施

1) 选取较小的水胶比，提高混凝土强度。通过调整外加剂的品种、组成、掺量，在保证混凝土拌合物流动性的同时，减少用水量，降低水胶比；也可通过增加胶凝材料的用量，降低水胶比。

2) 配制高强度等级混凝土，必须选用高强度等级的水泥。

3) 采用质量及级配良好的骨料，选用合理的砂率，提升坚固性及骨料间的牢固力，减少孔隙率，提高混凝土强度。

4) 在混凝土中掺入高效减水剂或早强剂，提高混凝土的强度或早期强度。

5) 选用优质矿物掺合料提高混凝土的强度；超高强混凝土需要掺入适量硅灰，通过降低孔隙尺寸，改善孔隙分布，进一步提高混凝土强度及耐久性。

6) 采用机械搅拌、机械振捣，改进施工工艺，提高混凝土的密实度，进而提高混凝土强度。

7) 采用湿热养护处理可提高混凝土的早期强度。这种措施对采用掺较多混合材的水泥拌制的混凝土更为有利。

（3）提高混凝土耐久性的措施

1）选择适当的原材料

① 合理选择水泥品种，使其适应混凝土的使用环境。

② 选用质量良好的、技术条件合格的砂石骨料也是保证混凝土耐久性的重要条件。

2）提高混凝土的密实度是提高混凝土耐久性的关键

① 控制水胶比、保证足够的胶凝材料用量是改善混凝土密实度的重要措施。《普通混凝土配合比设计规程》JGJ 55—2011 规定了混凝土的最大水胶比和混凝土的最小胶凝材料用量。

② 选取较好级配的骨料及合理砂率，使骨料有最密集的堆积，以保证混凝土的密实性。

③ 掺入减水剂，可明显地减少拌合水量，从而提高混凝土的密实性。

④ 在混凝土施工中，均匀搅拌、合理浇筑、振捣密实、加强养护，保证混凝土的施工质量，增强其耐久性。

3）改善混凝土内部的孔隙结构

在混凝土中掺入引气剂可改善混凝土内部的孔结构，使内部形成闭口孔，可显著地提高混凝土的抗冻性、抗渗性及抗侵蚀性等耐久性能。高性能混凝土还需适量掺入硅灰，通过降低孔隙尺寸，改善孔隙分布，进一步提高混凝土强度及耐久性。

子任务3.3　其他混凝土品种、特性与应用

在土木工程中，应用最广泛的是普通水泥混凝土，以钢筋混凝土作为结构形式，被广泛应用于建筑、桥梁、水利等工程。随着我国经济的发展，高层建筑及大跨度桥梁不断升级，普通混凝土远不能达到其强度等性能要求。其他重点工程如隧道、地铁、机场以及防爆防震工程，普通混凝土同样无法满足其建设要求。重点工程需采用高性能混凝土，其他特殊工程同样需要不同特性的混凝土来满足其建设要求。下面我们就土木工程中其他混凝土的品种、特性及应用作简单介绍。

一、高强混凝土

高强混凝土是指强度等级不低于 C60 的混凝土，其强度等级按立方体抗压强度标准值划分为 C60、C65、C70、C75、C80、C85、C90、C95 和 C100。C100 强度等级以上的混凝土则称为超高强混凝土。高强混凝土以其抗压强度高、抗变形能力强、密度大、孔隙率低的优越性，在高层建筑结构、大跨度桥梁结构以及某些特种结构中得到广泛的应用。

高强混凝土相较普通混凝土，具有很高的抗压强度，故而适用于高层建筑。而且，在一定的轴压比和合适的配箍率情况下，高强混凝土框架柱还具有较好的抗震性能。采用施加预应力的高强混凝土结构，即高强混凝土配以高强度预应力钢材，可大大地提高受弯构件的抗弯刚度和抗裂度，其被越来越多地运用于大跨度房屋和桥梁。此外，利用高强混凝土抗渗性、抗腐蚀性强的特点，可建造具有

高抗渗和高抗腐要求的工业用水池、海洋和港口工程等。

超高性能混凝土（UHPC）堪称耐久性最好的工程材料，适当配筋的UHPC力学性能接近钢结构，同时UHPC具有优良的耐磨、抗爆性能。因此，UHPC特别适合用于大跨径桥梁、抗爆结构（军事工程、银行金库等）和薄壁结构，以及用在高磨蚀、高腐蚀环境及海洋环境等。目前，UHPC已经在一些实际工程中应用，如港珠澳大桥、大跨径人行天桥、公路铁路桥梁、钢索锚固加强板等。

查阅现行《高强混凝土应用技术规程》JGJ/T 281，录屏上传到学习平台。然后，借助标准查找下列问题：

1. 相较普通混凝土，高强混凝土的原材料有哪些特殊要求？

摘录：《高强混凝土应用技术规程》JGJ/T 281—2012

4.1　水泥

4.1.1　配制高强混凝土宜选用硅酸盐水泥或普通硅酸盐水泥。水泥应符合现行国家标准《通用硅酸盐水泥》GB175的规定。

4.1.2　配制C80及以上强度等级的混凝土时，水泥28d胶砂强度不宜低于50MPa。

4.1.3　对于有预防混凝土碱骨料反应设计要求的高强混凝土工程，宜采用碱含量低于0.6%的水泥。

4.1.4　水泥中氯离子含量不应大于0.03%。

4.1.5　配制高强混凝土不得采用结块的水泥，也不宜采用出厂超过3个月的水泥。

4.1.6　生产高强混凝土时，水泥温度不宜高于60℃。

4.2　矿物掺合料

4.2.1　用于高强混凝土的矿物掺合料可包括粉煤灰、粒化高炉矿渣粉、硅灰、钢渣粉和磷渣粉。粉煤灰应符合现行国家标准《用于水泥和混凝土中的粉煤灰》GB/T 1596的规定，粒化高炉矿渣粉应符合现行国家标准《用于水泥和混凝土中的粒化高炉矿渣粉》GB/T 18046的规定，钢渣粉应符合现行国家标准《用于水泥和混凝土中的钢渣粉》GB/T 20491的规定，磷渣粉应符合现行行业标准《混凝土用粒化电炉磷渣粉》JG/T 317的规定，硅灰应符合现行国家标准《高强高性能混凝土用矿物外加剂》GB/T 18736的规定。

4.2.2　配制高强混凝土宜采用Ⅰ级或Ⅱ级的F类粉煤灰。

4.2.3　配制C80及以上强度等级的高强混凝土掺用粒化高炉矿渣粉时，粒化高炉矿渣粉不宜低于S95级。

4.2.4　当配制C80及以上强度等级的高强混凝土掺用硅灰时，硅灰的SiO_2含量宜大于90%，比表面积不宜小于$15\times10^3 m^2/kg$。

4.2.5　钢渣粉和粒化电炉磷渣粉宜用于强度等级不大于C80的高强混凝土，并应经过试验验证。

4.2.6　矿物掺合料的放射性应符合现行国家标准《建筑材料放射性核素限量》GB 6566的有关规定。

4.3　细骨料

4.3.1　细骨料应符合现行行业标准《普通混凝土用砂、石质量及检验方法标准》JGJ 52和《人工砂混凝土应用技术规程》JGJ/T 241的规定；混凝土用海砂应符合现行行业标准《海砂混凝土应用技术规范》JGJ 206的规定。

4.3.2　配制高强混凝土宜采用细度模数为2.6～3.0的Ⅱ区中砂。

4.3.3　砂的含泥量和泥块含量应分别不大于2.0%和0.5%。

4.3.4　当采用人工砂时，石粉亚甲蓝（MB）值应小于1.4，石粉含量不应大于5%，压碎指标值应小于25%。

4.3.5　当采用海砂时，氯离子含量不应大于0.03%，贝壳最大尺寸不应大于4.75mm，贝壳含量不应大于3%。

4.3.6　高强混凝土用砂宜为非碱活性。

4.3.7　高强混凝土不宜采用再生细骨料。

4.4　粗骨料

4.4.1　粗骨料应符合现行行业标准《普通混凝土用砂、石质量及检验方法标准》JGJ 52的规定。

4.4.2　岩石抗压强度应比混凝土强度等级标准值高30%。

4.4.3　粗骨料应采用连续级配，最大公称粒径不宜大于25mm。

4.4.4　粗骨料的含泥量不应大于0.5%，泥块含量不应大于0.2%。

4.4.5　粗骨料的针片状颗粒含量不宜大于5%，且不应大于8%。

4.4.6　高强混凝土用粗骨料宜为非碱活性。

4.4.7　高强混凝土不宜采用再生粗骨料。

4.5　外加剂

4.5.1　外加剂应符合现行国家标准《混凝土外加剂》GB 8076和《混凝土外加剂应用技术规范》GB 50119的规定。

4.5.2　配制高强混凝土宜采用高性能减水剂；配制C80及以上等级混凝土时，高性能减水剂的减水率不宜小于28%。

4.5.3　外加剂应与水泥和矿物掺合料有良好的适应性，并应经试验验证。

4.5.4　补偿收缩高强混凝土宜采用膨胀剂，膨胀剂及其应用应符合国家现行标准《混凝土膨胀剂》GB 23439和《补偿收缩混凝土应用技术规程》JGJ/T 178的规定。

4.5.5　高强混凝土冬期施工可采用防冻剂，防冻剂应符合现行行业标准《混凝土防冻剂》JC 475的规定。

4.5.6　高强混凝土不应采用受潮结块的粉状外加剂，液态外加剂应储存在密闭容器内，并应防晒和防冻，当有沉淀等异常现象时，应经检验合格后再使用。

4.6　水

4.6.1　高强混凝土拌合用水和养护用水应符合现行行业标准《混凝土用水标准》JGJ 63的规定。

4.6.2　混凝土搅拌与运输设备洗刷水不宜用于高强混凝土。

4.6.3　未经淡化处理的海水不得用于高强混凝土。

2. 相较普通混凝土配合比，高强混凝土配合比设计有何要求？结合前文“提高混凝土强度的措施”进行简要分析。

摘录：《高强混凝土应用技术规程》JGJ/T 281—2012

6.0.1　高强混凝土配合比设计应符合现行行业标准《普通混凝土配合比设计规程》JGJ 55的规定，并应满足设计和施工要求。

6.0.2　高强混凝土配制强度应按下式确定：

$$f_{cu,0} \geqslant 1.15 f_{cu,k} \tag{6.0.2}$$

式中　$f_{cu,0}$——混凝土配制强度（MPa）；

$f_{cu,k}$——混凝土立方体抗压强度标准值（MPa）。

6.0.3　高强混凝土配合比应经试验确定，在缺乏试验依据的情况下宜符合下列规定：

1. 水胶比、胶凝材料用量和砂率可按表6.0.3选取，并应经试配确定；

表6.0.3　水胶比、胶凝材料用量和砂率

强度等级	水胶比	胶凝材料用量（kg/m³）	砂率（%）
≥C60，<C80	0.28～0.34	480～560	35～42
≥C80，<C100	0.26～0.28	520～580	
C100	0.24～0.26	550～600	

2. 外加剂和矿物掺合料的品种、掺量，应通过试配确定；矿物掺合料掺量宜为25%～40%；硅灰掺量不宜大于10%。

6.0.4　对于有预防混凝土碱骨料反应设计要求的工程，高强混凝土中最大碱含量不应大于3.0kg/m³；粉煤灰的碱含量可取实测值的1/6，粒化高炉矿渣粉和硅灰的碱含量可分别取实测值的1/2。

……

6.0.6　大体积高强混凝土配合比试配和调整时，宜控制混凝土绝热温升不大于50℃。

6.0.7　高强混凝土设计配合比应在生产和施工前进行适应性调整，应以调整后的配合比作为施工配合比。

6.0.8 高强混凝土生产过程中，应及时测定粗、细骨料的含水率，并应根据其变化情况及时调整称量。

3. 高强混凝土拌合物的坍落度、扩展度、倒置坍落度筒排空时间和坍落度经时损失值应满足什么要求?

摘录:《高强混凝土应用技术规程》JGJ/T 281—2012

5.1.1 泵送高强混凝土拌合物的坍落度、扩展度、倒置坍落度筒排空时间和坍落度经时损失宜符合表5.1.1的规定。

表5.1.1 泵送高强混凝土拌合物的坍落度、扩展度、倒置坍落度筒排空时间和坍落度经时损失

项目	技术要求
坍落度(mm)	≥220
扩展度(mm)	≥500
倒置坍落度筒排空时间(s)	>5且<20
坍落度经时损失(mm/h)	≤10

5.1.2 非泵送高强混凝土拌合物的坍落度宜符合表5.1.2的规定。

表5.1.2 非泵送高强混凝土拌合物的坍落度

项目	技术要求	
	搅拌罐车运送	翻斗车运送
坍落度(mm)	100～160	50～90

二、自密实混凝土

自密实混凝土是指完全不需要或极少需要人工或机械振捣，能够在自重作用下流动密实的混凝土。自密实混凝土拌合物必须具备极好的流动性以及良好的黏聚性和保水性，以确保混凝土在自行密实的同时不会发生分层、离析或泌水等不良现象。

随着建筑物层高及桥梁跨度的不断增加，混凝土结构和构件内部所配置的钢筋不断加密，采用自密实混凝土可避免浇筑振捣困难，提高混凝土的密实度。此外，自密实混凝土还可用于地下暗挖、密筋、形状复杂等无法浇筑或浇筑困难的部位，同时也解决了施工扰民等问题，缩短了建设工期，延长了构筑物的使用寿命。

查阅现行《自密实混凝土应用技术规程》JGJ/T 283，录屏上传到学习平台。借助标准查找下列问题:

1. 相较普通混凝土，为大幅度提高混凝土的流动性，对自密实混凝土原材料有哪些特殊要求?

摘录：《自密实混凝土应用技术规程》JGJ/T 283—2012

3.1　胶凝材料

3.1.1　配制自密实混凝土宜采用硅酸盐水泥或普通硅酸盐水泥，并应符合现行国家标准《通用硅酸盐水泥》GB 175 的规定。当采用其他品种水泥时，其性能指标应符合国家现行相应标准的规定。

3.1.2　配制自密实混凝土可采用粉煤灰、粒化高炉矿渣粉、硅灰等矿物掺合料，且粉煤灰应符合国家现行标准《用于水泥和混凝土中的粉煤灰》GB/T 1596 的规定，粒化高炉矿渣粉应符合现行国家标准《用于水泥和混凝土中的粒化高炉矿渣粉》GB/T 18046 的规定，硅灰应符合现行国家标准《高强高性能混凝土用矿物外加剂》GB/T 18736 的规定。当采用其他矿物掺合料时，应通过充分试验进行验证，确定混凝土性能满足工程应用要求后再使用。

3.2　骨料

3.2.1　粗骨料宜采用连续级配或 2 个及以上单粒径级配搭配使用，最大公称粒径不宜大于 20mm；对于结构紧密的竖向构件、复杂形状的结构以及有特殊要求的工程，粗骨料的最大公称粒径不宜大于 16mm。粗骨料的针片状颗粒含量、含泥量及泥块含量，应符合表 3.2.1 的要求，其他性能及试验方法应符合现行行业标准《普通混凝土用砂、石质量及检验方法标准》JGJ 52 中的相关规定。

表 3.2.1　粗骨料的针片状颗粒含量、含泥量及泥块含量

项目	针片状颗粒含量	含泥量	泥块含量
指标(%)	≤8	≤1.0	≤0.5

3.2.2　轻粗骨料宜采用连续级配，性能指标应符合表 3.2.2 的要求，其他性能及试验方法应符合国家现行标准《轻集料及其试验方法　第 1 部分：轻集料》GB/T 17431.1 和《轻骨料混凝土技术规程》JGJ 51 中的相关规定。

表 3.2.2　轻粗骨料的性能指标

项目	密度等级	最大粒径	粒型系数	24h 吸水率
指标	≥700	≤16mm	≤2.0	≤10%

3.2.3　细骨料宜选用级配Ⅱ区的中砂，天然砂的含泥量、泥块含量应符合表 3.2.3-1 的规定；人工砂的石粉含量应符合表 3.2.3-2 的规定，细骨料的其他性能及试验方法应符合现行行业标准《普通混凝土用砂、石质量及检验方法标准》JGJ 52 的规定。

表 3.2.3-1　天然砂的含泥量和泥块含量

项目	含泥量	泥块含量
指标(%)	≤3.0	≤1.0

表 3.2.3-2　人工砂的石粉含量

项目		指标		
		≥C60	C55～C30	≤C25
石粉含量（%）	MB<1.4(合格)	≤5.0	≤7.0	≤10.0
	MB≥1.4(不合格)	≤2.0	≤3.0	≤5.0

3.3　外加剂

3.3.1　外加剂应符合现行国家标准《混凝土外加剂》GB 8076 和《混凝土外加剂应用技术规范》GB 50119 中的相关规定。

2. 结合自密实混凝土自身特点，其配合比设计有哪些特殊要求？

摘录：《自密实混凝土应用技术规程》JGJ/T 283—2012

5.1.2　自密实混凝土配合比设计宜采用绝对体积法。自密实混凝土水胶比宜小于 0.45，胶凝材料用量宜控制在 400～550kg/m^3。

5.1.3　自密实混凝土宜采用通过增加粉体材料的方法适当增加浆体体积或通过添加外加剂的方法来改善浆体的黏聚性和流动性。

5.1.4　钢管自密实混凝土配合比设计时，应采取减少收缩的措施。

3. 相较于普通混凝土，自密实混凝土还应检验哪些自密实性能？性能指标是什么？检验频率为多少？

摘录：《自密实混凝土应用技术规程》JGJ/T 283—2012

8.1　质量检验

8.1.1　自密实混凝土拌合物检验项目除应符合现行国家标准《混凝土结构施工质量验收规范》GB 50204 的规定外，还应检验自密实性能，并符合下列规定：

1. 混凝土自密实性能指标检验应包括坍落扩展度和扩展时间；

2. 出厂检验时，坍落扩展度和扩展时间每 100m^3 相同配合比的混凝土至少检验 1 次；当一个台班相同配合比的混凝土不足 100m^3 时，检验不得少于 1 次。

3. 交货时坍落扩展度和扩展时间检验批次应与强度检验批次一致。

4. 实测坍落扩展度应符合设计要求，混凝土拌合物不得出现外沿泌浆和中心骨料堆积现象。

三、纤维混凝土

纤维混凝土是指掺加钢纤维或合成纤维作为增强材料的混凝土。纤维可控制基体混凝土裂纹的进一步发展，从而提高抗裂性。由于纤维的抗拉强度大、延伸率大，使混凝土的抗拉、抗弯、抗冲击强度及延伸率和韧性得以提高。纤维混凝土的主要品种有钢纤维混凝土、玻璃纤维混凝土、聚丙烯纤维混凝土等。

钢纤维混凝土成本高，施工难度比较大，必须用在最应该用的工程上。如重要的隧道、地铁、机场、高架路床、溢洪道以及防爆防震工程等。

查阅现行《纤维混凝土应用技术规程》JGJ/T 221，录屏上传到学习平台。借助标准查找下列问题：

1. 对于钢纤维混凝土的钢纤维、合成纤维混凝土的合成纤维，其几何参数的要求分别是什么？

摘录：《纤维混凝土应用技术规程》JGJ/T 221—2010

3.1　钢纤维

3.1.1　钢纤维混凝土可采用碳钢纤维、低合金钢纤维或不锈钢纤维。钢纤维的形状可为平直形或异形，异形钢纤维又可为压痕形、波形、端钩形、大头形和不规则麻面形等。

3.1.2　钢纤维的几何参数宜符合表 3.1.2 的规定。

表 3.1.2　钢纤维的几何参数

用途	长度(mm)	直径(当量直径)(mm)	长径比
一般浇筑钢纤维混凝土	20～60	0.3～0.9	30～80
钢纤维喷射混凝土	20～35	0.3～0.8	30～80
钢纤维混凝土抗震框架节点	35～60	0.3～0.9	50～80
钢纤维混凝土铁路轨枕	30～35	0.3～0.6	50～70
层布式钢纤维混凝土复合路面	30～120	0.3～1.2	60～100

……

3.1.4　钢纤维弯折性能的合格率不应低于 90%。

3.1.5　钢纤维尺寸偏差的合格率不应低于 90%。

3.1.6　异形钢纤维形状合格率不应低于 85%。

3.1.7　样本平均根数与标称根数的允许误差应为±10%。

3.1.8　钢纤维杂质含量不应超过钢纤维质量的 1.0%。

……

3.2　合成纤维

3.2.1 合成纤维混凝土可采用聚丙烯腈纤维、聚丙烯纤维、聚酰胺纤维或聚乙烯醇纤维等。合成纤维可为单丝纤维、束状纤维、膜裂纤维和粗纤维等。合成纤维应为无毒材料。

3.2.2 合成纤维的规格宜符合表3.2.2的规定。

表3.2.2 合成纤维的规格

外形	公称长度(mm)		当量直径(μm)
	用于水泥砂浆	用于水泥混凝土	
单丝纤维	3～20	6～40	5～100
膜裂纤维	5～20	15～40	—
粗纤维	—	15～60	>100

2. 纤维混凝土对原材料及配合比分别有哪些特殊要求?

摘录:《纤维混凝土应用技术规程》JGJ/T 221—2010

3.3 其他原材料

3.3.1 水泥应符合现行国家标准《通用硅酸盐水泥》GB175和《道路硅酸盐水泥》GB13693的规定。钢纤维混凝土宜采用普通硅酸盐水泥和硅酸盐水泥。

3.3.2 粗、细骨料应符合现行行业标准《普通混凝土用砂、石质量及检验方法标准》JGJ 52的规定,并宜采用5～25mm连续级配的粗骨料以及级配Ⅱ区中砂。钢纤维混凝土不得使用海砂,粗骨料最大粒径不宜大于钢纤维长度的2/3;喷射钢纤维混凝土的骨料最大粒径不宜大于10mm。

……

5.3.3 普通钢纤维混凝土中的纤维体积率不宜小于0.35%,当采用抗拉强度不低于1000MPa的高强异形钢纤维时,钢纤维体积率不宜小于0.25%;钢纤维混凝土的纤维体积率范围宜符合表5.3.3的规定。

表5.3.3 钢纤维混凝土的纤维体积率范围

工程类型	使用目的	体积率(%)
工业建筑地面	防裂、耐磨、防重载	0.35～1.00
薄型屋面板	防裂、提高整体性	0.75～1.50
局部增强预制桩	增强、抗冲击	>0.50
桩基承台	增强、抗冲击	0.50～2.00
桥梁结构构件	增强	≥1.00
公路路面	防裂、耐磨、防重载	0.35～1.00
机场道面	防裂、耐磨、抗冲击	1.00～1.50

续表

工程类型	使用目的	体积率(%)
港区道路和堆场铺面	防裂、耐磨、防重载	0.50～1.20
水工混凝土结构	高应力区局部增强	≥1.00
	抗冲磨、防空蚀区增强	≥0.50
喷射混凝土	支护、衬砌、修复和补强	0.35～1.00

5.3.4　合成纤维混凝土的纤维体积率范围宜符合表5.3.4的规定。

表5.3.4　合成纤维混凝土的纤维体积率范围

使用部位	使用目的	体积率(%)
楼面板、剪力墙、楼地面、建筑结构中的板壳结构、体育场看台	控制混凝土早期收缩裂缝	0.06～0.20
刚性防水屋面	控制混凝土早期收缩裂缝	0.10～0.30
机场跑道、公路路面、桥面板、工业地面	控制混凝土早期收缩裂缝	0.06～0.20
	改善混凝土抗冲击、抗疲劳性能	0.10～0.30
水坝面板、储水池、水渠	控制混凝土早期收缩裂缝	0.06～0.20
	改善抗冲磨和抗冲蚀等性能	0.10～0.30
喷射混凝土	控制混凝土早期收缩裂缝、改善混凝土整体性	0.06～0.25

……

5.4.2　纤维混凝土配合比应根据纤维掺量按下列规定进行试配：

1. 对于钢纤维混凝土，应保持水胶比不降低，可适当提高砂率、用水量和外加剂用量；对于钢纤维长径比为35～55的钢纤维混凝土，钢纤维体积率增加0.5%时，砂率可增加3%～5%，用水量可增加4～7kg，胶凝材料用量应随用水量相应增加，外加剂用量应随胶凝材料用量相应增加，外加剂掺量也可适当提高；当钢纤维体积率较高或强度等级不低于C50时，其砂率和用水量等宜取给出范围的上限值。喷射钢纤维混凝土的砂率宜大于50%。

2. 对于纤维体积率为0.04%～0.10%的合成纤维混凝土，可按计算配合比进行试配和调整；当纤维体积率大于0.10%时，可适当提高外加剂用量或(和)胶凝材料用量，但水胶比不得降低。

知识小链接：

钢纤维混凝土生产中的关键问题是要保证纤维在混凝土中的均匀分散，防止形成纤维结团。纤维越细、越长、掺量越高，分散性越差。建议采用先干后湿的搅拌工艺。即先将钢纤维、水泥、粗细集料干拌均匀，再加水湿拌。且每次搅拌量不大于搅拌机公称容量的1/3。

3. 纤维混凝土对原材料抽检的项目有哪些规定？对纤维混凝土拌合物性能检验有哪些不同的要求？

摘录：《纤维混凝土应用技术规程》JGJ/T 221—2010

7.1.3　纤维混凝土原材料进场检验和工程中抽检的项目应符合下列规定：

1. 钢纤维抽检项目应包括抗拉强度、弯折性能、尺寸偏差和杂质含量。

2. 合成纤维抽检项目应包括纤维抗拉强度、初始模量、断裂伸长率、耐碱性能、分散性相对误差、混凝土抗压强度比，增韧纤维还应抽检韧性指数和抗冲击次数比。

3. 其他原材料应按相关标准执行。

……

7.2.2　纤维混凝土拌合物抽样检验项目应包括坍落度、坍落度经时损失、凝结时间、离析、泌水、黏稠性、保水性；对于钢纤维混凝土拌合物，还应按本规程附录F的规定测试钢纤维体积率。坍落度、离析、泌水、黏稠性和保水性应在搅拌地点和浇筑地点分别取样检验；钢纤维体积率应在浇筑地点取样检验。

四、大体积混凝土

大体积混凝土是指混凝土结构物实体最小尺寸不小于1m的大体量混凝土，或预计会因混凝土中胶凝材料水化引起的温度变化和收缩而导致有害裂缝产生的混凝土。大体积混凝土的设计强度等级宜为C25～C50，并可采用混凝土60d或90d强度作为混凝土配合比设计、混凝土强度评定及工程验收的依据。

大体积混凝土与普通混凝土的区别表面上看是厚度不同，但其实质的区别是由于混凝土中水泥水化要产生热量，大体积混凝土内部的热量不如表面的热量散失得快，造成内外温差过大，其所产生的温度应力可能会使混凝土开裂。一般来说，当其内外温差值小于25℃时，其所产生的温度应力将会小于混凝土本身的抗拉强度，不会造成混凝土的开裂，当差值大于25℃时，其所产生的温度应力有可能大于混凝土本身的抗拉强度，造成混凝土的开裂。

高层建筑的箱形基础或筏形基础都有厚度较大的钢筋混凝土底板，高层建筑的桩基础常有厚大的承台，大跨度桥梁的桩基承台、桥墩等，这些基础底板、桩基承台、桥墩均属大体积钢筋混凝土结构，还有较常见的一些厚大结构转换层楼板和大梁也属大体积钢筋混凝土结构。

查阅现行《大体积混凝土施工标准》GB 50496，录屏上传到学习平台。借助标准查找下列问题：

1. 相较普通混凝土，为降低水化热，规范对大体积混凝土原材料有哪些特殊要求？

摘录：《大体积混凝土施工标准》GB 50496—2018

4.2.1 水泥选择及其质量，应符合下列规定：

1. 水泥应符合现行国家标准《通用硅酸盐水泥》GB 175 的有关规定，当采用其他品种时，其性能指标应符合国家现行有关标准的规定；

2. 应选用水化热低的通用硅酸盐水泥，3d 水化热不宜大于 250kJ/kg，7d 水化热不宜大于 280kJ/kg；当选用 52.5 强度等级水泥时，7d 水化热宜小于 300kJ/kg；

3. 水泥在搅拌站的入机温度不宜高于 60℃。

4.2.2 用于大体积混凝土的水泥进场时应检查水泥品种、代号、强度等级、包装或散装编号、出厂日期等，并应对水泥的强度、安定性、凝结时间、水化热进行检验，检验结果应符合现行国家标准《通用硅酸盐水泥》GB 175 的相关规定。

4.2.3 骨料选择，除应符合现行行业标准《普通混凝土用砂、石质量及检验方法标准》JGJ 52 的有关规定外，尚应符合下列规定：

1. 细骨料宜采用中砂，细度模数宜大于 2.3，含泥量不应大于 3%；

2. 粗骨料粒径宜为 5.0～31.5mm，并应连续级配，含泥量不应大于 1%；

3. 应选用非碱活性的粗骨料；

4. 当采用非泵送施工时，粗骨料的粒径可适当增大。

……

4.2.5 外加剂质量及应用技术，应符合现行国家标准《混凝土外加剂》GB 8076 和《混凝土外加剂应用技术规范》GB 50119 的有关规定。

4.2.6 外加剂的选择除应满足本标准第 4.2.5 条的规定外，尚应符合下列规定：

1. 外加剂的品种、掺量应根据材料试验确定；

2. 宜提供外加剂对硬化混凝土收缩等性能的影响系数；

3. 耐久性要求较高或寒冷地区的大体积混凝土，宜采用引气剂或引气减水剂。

2. 大体积混凝土配合比设计有哪些规定？

摘录：《大体积混凝土施工标准》GB 50496—2018

4.3.1 大体积混凝土配合比设计，除应符合现行行业标准《普通混凝土配合比设计规程》JGJ 55 的有关规定外，尚应符合下列规定：

1. 当采用混凝土 60d 或 90d 强度验收指标时，应将其作为混凝土配合比的设计依据；

2. 混凝土拌合物的坍落度不宜大于180mm；

3. 拌合水用量不宜大于170kg/m^3；

4. 粉煤灰掺量不宜大于胶凝材料用量的50%，矿渣粉掺量不宜大于胶凝材料用量的40%；粉煤灰和矿渣粉掺量总和不宜大于胶凝材料用量的50%；

5. 水胶比不宜大于0.45；

6. 砂率宜为38%～45%。

4.3.2 混凝土制备前，宜进行绝热温升、泌水率、可泵性等对大体积混凝土裂缝控制有影响的技术参数的试验，必要时配合比设计应通过试泵送验证。

4.3.3 在确定混凝土配合比时，应根据混凝土绝热温升、温控施工方案的要求，提出混凝土制备时的粗、细骨料和拌合用水及入模温度控制的技术措施。

五、清水混凝土

所谓清水混凝土，是指采用现浇工艺一次成形，且在拆除模板后不再作任何外部抹灰等工序，并以混凝土自然色作为饰面的混凝土。

清水混凝土是绿色、环保建材，无需涂饰，不用剔凿修补、不抹灰，一次成形，减少了建筑垃圾，避免了二次污染。清水混凝土技术避免了抹灰开裂、空鼓，甚至脱落的质量隐患，减轻结构施工的漏浆等质量通病。我国早期的清水混凝土主要应用于桥梁、水利工程以及工业构筑物等，其观感质量标准要求较低，主要要求无蜂窝、麻面和漏筋等质量缺陷。随着绿色建筑的客观需求，人们环保意识的不断提高，清水混凝土工程已在工业与民用建筑中也得到了一定的应用。

查阅现行标准《清水混凝土应用技术规程》JGJ 169，录屏上传到学习平台。然后，借助标准查找下列问题：

清水混凝土对原材料及配合比分别有哪些特殊要求?

摘录：《清水混凝土应用技术规程》JGJ 169—2009

5.2.3 饰面清水混凝土原材料除应符合现行国家标准《混凝土结构工程施工质量验收规范》GB 50204等的规定外，尚应符合下列规定：

1. 应有足够的存储量，原材料的颜色和技术参数宜一致。

2. 宜选用强度等级不低于42.5级的硅酸盐水泥、普通硅酸盐水泥。同一工程的水泥宜为同一厂家、同一品种、同一强度等级。

3. 粗骨料应采用连续粒级，颜色应均匀，表面应洁净，并应符合表5.2.3-1的规定。

表 5.2.3-1　粗骨料质量要求

混凝土强度等级	≥C50	<C50
含泥量(按质量计,%)	≤0.5	≤1.0
泥块含量(按质量计,%)	≤0.2	≤0.5
针、片状颗粒含量(按质量计,%)	≤8	≤15

4. 细骨料宜采用中砂，并应符合表5.2.3-2的规定。

表 5.2.3-2　细骨料质量要求

混凝土强度等级	≥C50	<C50
含泥量(按质量计,%)	≤2.0	≤3.0
泥块含量(按质量计,%)	≤0.5	≤1.0

5. 同一工程所用的掺合料应来自同一厂家、同一规格型号。宜选用Ⅰ级粉煤灰。

5.2.4　涂料应选用对混凝土表面具有保护作用的透明涂料，且应有防污染性、憎水性、防水性。

……

8.1　配合比设计

8.1.1　清水混凝土配合比设计除应符合国家现行标准《混凝土结构土工程施工质量验收规范》GB 50204、《普通混凝土配合比设计规程》JGJ 55的规定外，尚应符合下列规定：

1. 应按照设计要求进行试配，确定混凝土表面颜色；
2. 应按照混凝土原材料试验结果确定外加剂型号和用量；
3. 应考虑工程所处环境，根据抗碳化、抗冻害、抗硫酸盐、抗盐害和抑制碱-骨料反应等对混凝土耐久性产生影响的因素进行配合比设计。

8.1.2　配制清水混凝土时，应采用矿物掺合料。

六、路面用水泥混凝土

水泥混凝土路面的抗弯拉强度直接关系到路面的使用寿命和使用功能，是混凝土路面施工的关键，为使路面能够经受车轮荷载的多次重复作用、抵抗温度翘曲应力，并对路基变形有较强的适应能力，水泥混凝土路面必须具有足够的抗弯拉强度。

水泥混凝土路面具有强度高、稳定性好、耐久性好、使用寿命长、日常养护费用少，且有利于夜间行车等优点，是常用的路面形式之一。

查阅现行《公路水泥混凝土路面施工技术细则》JTG/T F30，录屏上传到学习平台。然后，借助标准查找下列问题：

1. 路面用水泥混凝土配合比设计常采用什么方法？

摘录：《公路水泥混凝土路面施工技术细则》JTG/T F30—2014

4.1.3　各级公路面层水泥混凝土配合比设计宜采用正交试验法；二级及二级以下公路可采用经验公式法。

2. 在进行路面用水泥混凝土配合比设计时，更侧重哪个性能指标？且配合比设计时要注意哪些特殊要求？

摘录：《公路水泥混凝土路面施工技术细则》JTG/T F30—2014

4.1.1　公路面层水泥混凝土的配合比设计应满足其弯拉强度、工作性、耐久性要求，兼顾经济性。

……

4.2　水泥混凝土配合比设计

4.2.1　本节适用于滑模摊铺机、三辊轴机组及小型机具施工的水泥混凝土、钢筋混凝土、连续配筋混凝土面层水泥混凝土目标配合比设计。

4.2.2　面层水泥混凝土配制28d弯拉强度均值宜按式（4.2.2）计算确定：

$$f_c=\frac{f_r}{1-1.04C_v}+ts \tag{4.2.2}$$

式中　f_c——面层水泥混凝土配制28d弯拉强度均值（MPa）；

f_r——设计弯拉强度标准值（MPa），按设计确定，且不应低于《公路水泥混凝土路面设计规范》JTG D40—2011表3.0.8的规定；

t——保证率系数，按表4.2.2-1取值；

s——弯拉强度试验样本的标准差（MPa），有试验数据时应使用试验样本的标准差；无试验数据时可按公路等级及设计弯拉强度，参考表4.2.2-2规定范围确定；

C_v——弯拉强度变异系数，应按统计数据取值，小于0.05时取0.05；无统计数据时，可在表4.2.2-3的规定范围内取值，其中高速公路、一级公路变异水平应为低，二级公路变异水平应不低于中。

表4.2.2-1　保证率系数 t

公路等级	判别概率 p	样本数 n（组）			
		6～8	9～14	15～19	≥20
高速	0.05	0.79	0.61	0.45	0.39
一级	0.10	0.59	0.46	0.35	0.30
二级	0.15	0.46	0.37	0.28	0.24
三、四级	0.20	0.37	0.29	0.22	0.19

表 4.2.2-2 各级公路水泥混凝土面层弯拉强度试验样本的标准差 s

公路等级	高速	一级	二级	三级	四级
目标可靠度(%)	95	90	85	80	70
目标可靠指标	1.64	1.28	1.04	0.84	0.52
样本的标准差 s(MPa)	$0.25 \leqslant s \leqslant 0.50$		$0.45 \leqslant s \leqslant 0.67$	$0.40 \leqslant s \leqslant 0.80$	

表 4.2.2-3 变异系数 C_v 的范围

弯拉强度变异水平等级	低	中	高
弯拉强度变异系数 C_v 的范围	$0.05 \leqslant C_v \leqslant 0.1$	$0.10 \leqslant C_v \leqslant 0.15$	$0.15 \leqslant C_v \leqslant 0.20$

4.2.3 不同施工混凝土拌合物的工作性应符合下列规定：

1 碎石混凝土滑模摊铺时的坍落度宜为10～30mm，卵石混凝土滑模摊铺时的坍落度试验方法见附录，坍落度宜为5～20mm，振动黏度系数宜为200～500N·s/m^2。混凝土拌合物振动黏度系数试验方法见附录A。

2 三辊轴机组摊铺时，拌合物的现场坍落度宜为20～40mm。

3 小型机具摊铺时，拌合物的现场坍落度宜为5～20mm。

4 拌合楼（机）出口拌合物坍落度值，应根据不同工艺摊铺时的坍落度值加上运输过程中坍落度损失值确定。

七、其他混凝土的特点及应用

综上所述，合适的选材、合理的配合比可制备出不同特性的混凝土品种。归纳不同品种的混凝土性能特点及适用范围，并列于表3.3-1。

不同品种混凝土性能特点及适用范围　　表3.3-1

混凝土名称	性能特点	适用范围
高强混凝土		
自密实混凝土		
纤维混凝土		
大体积混凝土		
清水混凝土		
路面用水泥混凝土		

学习任务4　建筑砂浆的性能检测及其应用

子任务4.1　建筑砂浆的性能检验

一、学习准备

砂浆是由胶凝材料、细集料和水（也可根据需要掺入外加剂或掺合料）按适当比例拌合成拌合物，经一定时间硬化而成的建筑材料。

建筑砂浆种类较多，按功能和用途不同，分为砌筑砂浆、抹面砂浆和特种砂浆；按砂浆中所用胶凝材料不同分为水泥砂浆、石灰砂浆、混合砂浆（如水泥石灰砂浆、石灰黏土砂浆、水泥黏土砂浆等）。

知识小链接：

砂浆在建筑工程中的用途广泛，主要用途有：(1) 将砖、石材、砌块等块状材料胶结成砌体；(2) 用于建筑物室内外的墙面、地面、梁、柱、顶棚等构件的表面抹灰；(3) 镶贴大理石、陶瓷墙砖、地砖等各类装饰板材；(4) 用于装配式结构中墙板、混凝土楼板等各种构件的接缝；(5) 制成各类特殊功能的砂浆，如装饰砂浆、保温砂浆、防水砂浆等。

砂浆与混凝土的基本组成相近，只是缺少了粗骨料，因此砂浆又称为细骨料混凝土。有关混凝土的一些基本理论，如凝结硬化机理、强度发展规律、耐久性影响因素等，原则上也适用于砂浆。但由于砂浆在工程中的使用要求、使用环境和状态都与混凝土有很大差别。因此，学习砂浆的有关知识，应在掌握混凝土有关理论的基础上，进一步掌握砂浆的性能特点和应用特点。

（一）查阅产品资料

上网查阅砂浆抗压强度检验报告（图4.1-1），并截屏上传学习平台。查看砂浆质量检验报告，找一找砂浆性能试验报告和质量评定分别依据什么标准？

（二）查阅现行标准

查阅现行《建筑砂浆基本性能试验方法标准》JGJ/T 70，录屏查阅过程，上传至学习平台。然后，借助标准查找下列问题：

1. 建筑砂浆的取样有什么要求？

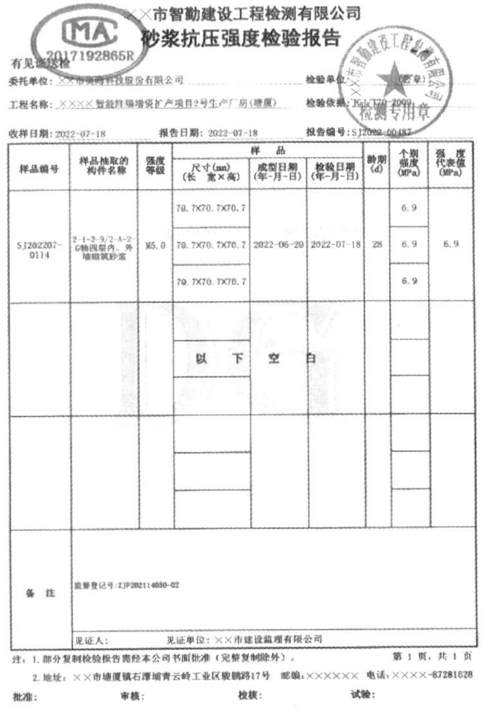

××市智勤建设工程检测有限公司

砂浆抗压强度检验报告

有见证送检

委托单位：××市[illegible]科技股份有限公司　　检验单位：(盖章)

工程名称：××××智能纹锦增资扩产项目2号生产厂房(墙厘)　　检验依据：JGJ/T70-2009

收样日期：2022-07-18　　报告日期：2022-07-18　　报告编号：SJ2022-00487

样品编号	样品抽取的构件名称	强度等级	样品			龄期(d)	个别强度(MPa)	强度代表值(MPa)
			尺寸(mm)(长　宽×高)	成型日期(年-月-日)	检验日期(年-月-日)			
SJ202207-0114	2-1~2-9/2-A-2-G轴四层内、外墙砌筑砂浆	M5.0	70.7X70.7X70.7	2022-06-20	2022-07-18	28	6.9	6.9
			70.7X70.7X70.7				6.9	
			70.7X70.7X70.7				6.9	
			以　下　空　白					
备　注	监督登记号:ZJP202114030-02							
	见证人：　　见证单位：××市建设监理有限公司							

注：1. 部分复制检验报告需经本公司书面批准（完整复制除外）。　　第 1 页，共 1 页

2. 地址：××市塘厦镇石潭埔青云岭工业区骏鹏路17号　邮编：××××××　电话：××××-87281628

批准：　　审核：　　校核：　　试验：

图 4.1-1　砂浆抗压强度检验报告

2. 建筑砂浆的试样制备有什么要求？

摘录：《建筑砂浆基本性能试验方法标准》JGJ/T 70—2009

3.1.1　建筑砂浆试验用料应从同一盘砂浆或同一车砂浆中取样。取样量不应少于试验所需量的 4 倍。

3.1.2　施工过程中进行砂浆试验时，砂浆取样方法应按相应的施工验收规范执行，并宜在现场搅拌点或预拌砂浆卸料点的至少 3 个不同部位及时取样。对于现场取得的试样，试验前应人工搅拌均匀。

3.1.3　从取样完毕到开始进行各项性能试验，不宜超过 15min。

3.2.1　在试验室制备砂浆试样时，所用材料应提前 24h 运入室内。拌合时，试验室的温度应保持在 20±5℃。当需要模拟施工条件下所用的砂浆时，所用原材料的温度宜与施工现场保持一致。

3.2.2　试验所用原材料应与现场使用材料一致。砂应通过 4.75mm 筛。

3.2.3　试验室拌制砂浆时，材料用量应以质量计。水泥、外加剂、掺合料等的称量精度应为±0.5%，细骨料的称量精度应为±1%。

3.2.4　在试验室搅拌砂浆时应采用机械搅拌，搅拌机应符合现行行业标准

《试验用砂浆搅拌机》JG/T 3033 的规定，搅拌的用量宜为搅拌机容量的30%～70%，搅拌时间不应少于120s。掺有掺合料和外加剂的砂浆，其搅拌时间不应少于180s。

（三）深入学习标准

查阅现行《建筑砂浆基本性能试验方法标准》JGJ/T 70，确定建筑砂浆的检验项目有哪些？

知识小链接：

建筑砂浆的检验项目主要有：稠度试验、表观密度试验、分层度试验、保水性试验、凝结时间试验、立方体抗压强度试验、拉伸黏结强度试验、抗冻性能试验、收缩试验、含气量试验、吸水率试验、抗渗性能试验、静力受压弹性模量试验。

砌筑砂浆立方体抗压强度、拉伸黏结强度等性能应符合《砌筑砂浆配合比设计规程》JGJ/T 98—2010 的要求。稠度、表观密度、分层度、保水性、凝结时间、抗冻性能、收缩、含气量、吸水率、抗渗性能、静力受压弹性模量等性能指标应符合建设工程施工方案的相关要求。

二、任务实施

依据现行《建筑砂浆基本性能试验方法标准》JGJ/T 70，对砂浆的稠度、分层度、保水性以及立方体抗压强度等复验项目进行检测，并对其质量进行评定。

（一）砂浆的稠度

砂浆的稠度用来表征砂浆的流动性，是在自重或外力作用下砂浆流动的性质。砂浆的稠度的大小用沉入度（单位为“mm”）表示，用砂浆稠度仪测定。沉入度越大，砂浆流动性越好。

知识小链接：

砂浆的稠度对砂浆的性能有什么影响吗？

砂浆的稠度主要影响砂浆的施工性能。稠度越大，砂浆的流动性越好。砂浆稠度的选择要考虑砌体材料的种类、气候条件等因素。一般基底为多孔吸水材料或在干热条件下施工时，砂浆的流动性应大一些；而对于密实的、吸水较少的基底材料，或在湿冷条件下施工时，砂浆的流动性应小一些。

1. 前期准备

上网查阅现行《建筑砂浆基本性能试验方法标准》JGJ/T 70，找到砂浆稠度检测方法。以小组为单位，搜索并优选相关检测视频，提前做好检测步骤与视频截屏一一对应的“图文作业”，并上传学习平台，以确保本组自主试验顺利进行。

摘录：《建筑砂浆基本性能试验方法标准》JGJ/T 70—2009

4.0.1　本方法适用于确定砂浆的配合比或施工过程中控制砂浆的稠度。

4.0.2　稠度试验应使用下列仪器：

1. 砂浆稠度仪：应由试锥、容器和支座三部分组成。试锥应由钢材或铜材制成，试锥高度应为145mm，锥底直径应为75mm，试锥连同滑杆的质量应为300±2g；盛浆容器应由钢板制成，筒高应为180mm，锥底内径应为150mm；支座应包括底座、支架及刻度显示三个部分，应由铸铁、钢或其他金属制成（图4.0.2）；

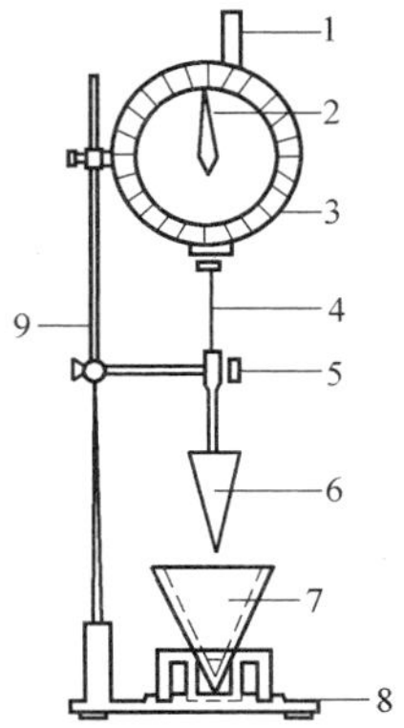

图4.0.2　砂浆稠度测定仪

1—齿条测杆；2—指针；3—刻度盘；4—滑杆；5—制动螺栓；6—试锥；7—盛浆容器；8—底座；9—支架

2. 钢制捣棒：直径为10mm，长度为350mm，端部磨圆；

3. 秒表。

4.0.3　稠度试验应按下列步骤进行：

1. 应先采用少量润滑油轻擦滑杆，再将滑杆上多余的油用吸油纸擦净，使滑杆能自由滑动；

2. 应先采用湿布擦净盛浆容器和试锥表面，再将砂浆拌合物一次装入容器；砂浆表面宜低于容器口10mm，用捣棒自容器中心向边缘均匀地插捣25次，然后轻轻地将容器摇动或敲击5～6下，使砂浆表面平整，随后将容器置于稠度测定仪的底座上；

3. 拧开制动螺栓，向下移动滑杆，当试锥尖端与砂浆表面刚接触时，应拧紧制动螺栓，使齿条测杆下端刚接触滑杆上端，并将指针对准零点上；

4. 拧开制动螺栓，同时计时间，10s时立即拧紧螺栓，将齿条测杆下端接触滑杆上端，从刻度盘上读出下沉深度（精确至1mm），即为砂浆的稠度值；

5. 盛浆容器内的砂浆，只允许测定一次稠度，重复测定时，应重新取样测定。

4.0.4　稠度试验结果应按下列要求确定：

1. 同盘砂浆应取两次试验结果的算术平均值作为测定值，并应精确至1mm。

2. 当两次试验值之差大于10mm时，应重新取样测定。

2. 自主试验

请各小组参考规范的检测视频，在老师的引导、帮助下，自行组织、分工协作完成试验。同时，做好数据记录（表4.1-1），拍摄本组试验视频，以备老师复查。

数据记录及处理　　**表4.1-1**

稠度			
试验次数	设计值(mm)	稠度测值(mm)	稠度测定值(mm)

3. 反思探讨

检测结束后，教师进行点评、归纳、分析，同时引入相关理论知识。对于测定值偏离较大的小组，引导学生深入探讨，反思误差来源与结果偏差之间的关系，明确标准制定的意义，以及规范操作的重要性。

回顾检测各环节，试验室条件是否满足检测要求？本组试验是否存在不规范操作？不规则操作会带来什么误差？请相关小组提交整改意见或建议。

知识小链接：

影响砂浆流动性的因素有：

（1）所用胶结材料种类及数量；

（2）掺合料的种类与数量；

（3）用水量；

（4）砂的粗细与级配；

（5）保水增稠材料的种类与掺量；

（6）搅拌时间等。

可见，当原材料确定后，流动性的大小主要取决于用水量。因此，施工中常以调整用水量的方法来改变砂浆的稠度。砂浆稠度的选择与砂浆的用途、所接触的底面材料种类、施工条件及气候条件等有，宜参考表4.1-2选取。

砂浆的稠度选用（mm）　　**表4.1-2**

砂浆的稠度选用(mm)		抹面砂浆		
砌体种类	施工稠度	抹灰工程	机械施工	手工操作
烧结普通砖砌体、粉煤灰砖砌体	70～90	准备层	80～90	110～120
混凝土砖砌体、普通混凝土小型空心砌块砌体、灰砂砖砌体	50～70	底层	70～80	70～80
烧结多孔砖砌体、烧结空心砖砌体、轻集料混凝土小型空心砌块砌体、蒸压加气混凝土砌块物体	60～80	面层	70～80	90～100
石砌体	30～50	石膏浆面层	—	90～120

（二）砂浆的分层度

砂浆的稳定性是指砂浆拌合物保持各组分均匀稳定的能力。稳定性好的砂浆在存放、运输和使用过程中，能很好地保持水分不致很快流失，各组分不易分离，在砌筑过程中容易铺成均匀密实的砂浆层，能使胶结材料正常水化，最终保证工程质量。砂浆的稳定性一般用砂浆的分层度来表征。

1. 前期准备

上网查阅现行《建筑砂浆基本性能试验方法标准》JGJ/T 70，并借助标准找到砂浆分层度检测方法。然后，以小组为单位，搜索并优选相关检测视频，提前做好检测步骤与视频截屏一一对应的“图文作业”，并上传学习平台，以确保本组自主试验顺利进行。

摘录：《建筑砂浆基本性能试验方法标准》JGJ/T 70—2009

6. 分层度试验

6.0.1　本方法适用于测定砂浆拌合物的分层度，以确定在运输及停放时砂浆拌合物的稳定性。

6.0.2　分层度试验应使用下列仪器：

1. 砂浆分层度筒（图 6.0.2）：应由钢板制成，内径应为 150mm，上节高度应为 200mm，下节带底净高应为 100mm，两节的连接处应加宽 3～5mm，并应设有橡胶垫圈；

2. 振动台：振幅应为 0.5±0.05mm，频率应为 50±3Hz；

3. 砂浆稠度仪、木锤等。

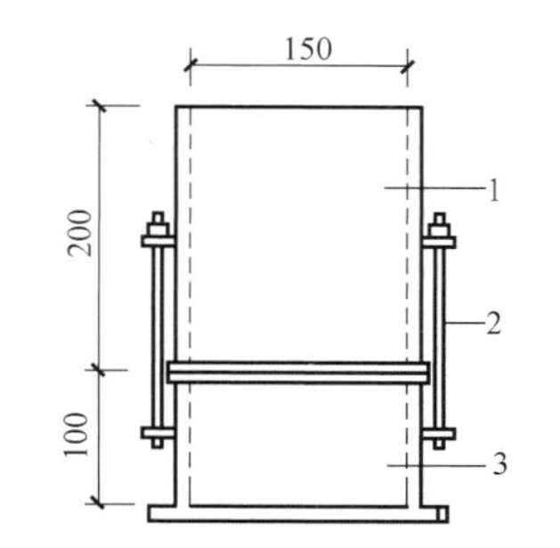

图 6.0.2　砂浆分层度测定仪
1—无底圆筒；2—连接螺栓；3—有底圆筒

6.0.3　分层度的测定可采用标准法和快速法。当发生争议时，应以标准法的测定结果为准。

6.0.4　标准法测定分层度应按下列步骤进行：

1. 应按照本标准第 4 章的规定测定砂浆拌合物的稠度；

2. 应将砂浆拌合物一次装入分层度筒内，待装满后，用木锤在分层度筒周围距离大致相等的四个不同部位轻轻敲击 1～2 下；当砂浆沉落到低于筒口时，应随时添加，然后刮去多余的砂浆并用抹刀抹平；

3. 静置 30min 后，去掉上节 200mm 砂浆，然后将剩余的 100mm 砂浆倒在拌合锅内拌 2min，再按照本标准第 4 章的规定测其稠度。前后测得的稠度之差即为该砂浆的分层度值。

6.0.5　快速法测定分层度应按下列步骤进行：

1. 应按照本标准第 4 章的规定测定砂浆拌合物的稠度；

2. 应将分层度筒预先固定在振动台上，砂浆一次装入分层度筒内，振动 20s；

3. 去掉上节 200mm 砂浆，剩余 100mm 砂浆倒出放在拌合锅内拌 2min，再按本标准第 4 章稠度试验方法测其稠度，前后测得的稠度之差即为该砂浆的分层度值。

6.0.6　分层度试验结果应按下列要求确定：

1. 应取两次试验结果的算术平均值作为该砂浆的分层度值，精确至 1mm；

2. 当两次分层度试验值之差大于 10mm 时，应重新取样测定。

2. 自主试验

请各小组参考规范的检测视频，在老师的引导、帮助下，自行组织、分工协作完成试验。同时，做好数据记录（表 4.1-3），拍摄本组试验视频，以备老师复查。

数据记录及处理　　表 4.1-3

分层度				
试验次数	未装入分层度仪前稠度(mm)	装入分层度仪后稠度(mm)	分层度测值(mm)	分层度平均值(mm)

3. 反思探讨

检测结束后，教师进行点评、归纳、分析，同时引入相关理论知识。对于测定值偏离较大的小组，则引导学生深入探讨，反思误差来源与结果偏差之间的关系，明确标准制定的意义以及规范操作的重要性。

回顾检测各环节，试验室条件是否满足检测要求？本组试验是否存在不规范操作？会带来什么误差？请相关小组提交整改意见或建议。

（三）砂浆的保水性

保水性是指砂浆拌合物保持水分的能力。只有很好保持水分，砂浆才能具有一定的稠度，才能有良好的稳定性能，才能使胶凝材料很好的水化，进而保证砂浆的强度以及砌体的质量。

1. 前期准备

上网查阅现行《建筑砂浆基本性能试验方法标准》JGJ/T 70，并借助标准找到砂浆保水性检测方法。以小组为单位，搜索并优选相关检测视频，提前做好检测步骤与视频截屏一一对应的“图文作业”，并上传学习平台，以确保本组自主试验顺利进行。

摘录：《建筑砂浆基本性能试验方法标准》JGJ/T 70—2009

7.0.1　保水性试验应使用下列仪器和材料：

1. 金属或硬塑料圆环试模：内径应为 100mm，内部高度应为 25mm；
2. 可密封的取样容器：应清洁、干燥；
3. 2kg 的重物；
4. 金属滤网：网格尺寸 45μm，圆形，直径为 110±1mm；
5. 超白滤纸：应采用现行国家标准《化学分析滤纸》GB/T 1914 规定的中速定性滤纸，直径应为 110mm，单位面积质量应为 200g/m^2；
6. 2 片金属或玻璃的方形或圆形不透水片，边长或直径应大于 110mm；
7. 天平：量程为 200g，感量应为 0.1g；量程为 2000g，感量应为 1g；
8. 烘箱。

7.0.2　保水性试验应按下列步骤进行：

1. 称量底部不透水片与干燥试模质量 m_1 和 15 片中速定性滤纸质量 m_2；

2. 将砂浆拌合物一次性装入试模，并用抹刀插捣数次，当装入的砂浆略高于试模边缘时，用抹刀以 45°角一次性将试模表面多余的砂浆刮去，然后再用抹刀以较平的角度在试模表面反方向将砂浆刮平；

3. 抹掉试模边的砂浆，称量试模、底部不透水片与砂浆总质量 m_3；

4. 用金属滤网覆盖在砂浆表面，再在滤网表面放上 15 片滤纸，用上部不透水片盖在滤纸表面，以 2kg 的重物把上部不透水片压住；

5. 静置 2min 后移走重物及上部不透水片，取出滤纸（不包括滤网），迅速称量滤纸质量 m_4；

6. 按照砂浆的配比及加水量计算砂浆的含水率。当无法计算时，可按照本标准第 7.0.4 条的规定测定砂浆含水率。

7.0.3 砂浆保水率应按下式计算：

$$W=\left[1-\frac{m_4-m_2}{\alpha\times(m_3-m_1)}\right]\times100\% \tag{7.0.3}$$

式中 W——砂浆保水率（%）；

m_1——底部不透水片与干燥试模质量（g），精确至 1g；

m_2——15 片滤纸吸水前的质量（g），精确至 0.1g；

m_3——试模、底部不透水片与砂浆总质量（g），精确至 1g；

m_4——15 片滤纸吸水后的质量（g），精确至 0.1g；

α——砂浆含水率（%）。

取两次试验结果的算术平均值作为砂浆的保水率，精确至 0.1%，且第二次试验应重新取样测定。当两个测定值之差超过 2%时，此组试验结果应为无效。

7.0.4 测定砂浆含水率时，应称取 100±10g 砂浆拌合物试样，置于一干燥并已称重的盘中，在 105±5℃的烘箱中烘干至恒重。砂浆含水率应按下式计算：

$$\alpha=\frac{m_6-m_5}{m_6}\times100\% \tag{7.0.4}$$

式中 α——砂浆含水率（%）；

m_5——烘干后砂浆样本的质量（g），精确至 1g；

m_6——砂浆样本的总质量（g），精确至 1g。

取两次试验结果的算术平均值作为砂浆的含水率，精确至 0.1%。当两个测定值之差超过 2%时，此组试验结果应为无效。

2. 自主试验

请各小组参考规范的检测视频，在老师的引导、帮助下，自行组织、分工协作完成试验。同时，做好数据记录（表 4.1-4），拍摄本组试验视频，以备老师复查。

数据记录及处理 表 4.1-4

序号	检测项目	砂浆样本质量(g)	烘干后砂浆样本的质量(g)		砂浆含水率(%) $\alpha=\frac{m_6-m_5}{m_6}\times100\%$		砂浆含水率平均值(%)	
1	砂浆含水率							
2	砂浆保水性	底部不透水与干燥试模质量 m_1(g)	15片滤纸吸水前质量 m_2(g)	试模、底部不透水片与砂浆总质量 m_3(g)	15片滤纸吸水后质量 m_4(g)	砂浆含水率 α(%)	砂浆保水率(%) $W=\left[1-\frac{m_4-m_2}{\alpha(m_3-m_1)}\right]\times100\%$	

3. 反思探讨

检测结束后，教师进行点评、归纳、分析，同时引入相关理论知识。对于测定值偏离较大的小组，则引导学生深入探讨，反思误差来源与结果偏差之间的关系，明确标准制定的意义以及规范操作的重要性。

回顾检测各环节，试验室条件是否满足检测要求？本组试验是否存在不规范操作？不规范操作会带来什么误差？请相关小组提交整改意见或建议。

知识小链接：

由于保持水分是固体颗粒表面吸附的结果，因此加大胶凝材料的数量，掺入适量的掺合料（石灰膏、黏土膏、电石膏及磨细粉煤灰等），采用较细砂并加大掺量等办法都可以有效地改善砂浆的保水性。为此《砌筑砂浆配合比设计规程》JGJ/T 98—2010 中规定水泥砂浆中水泥用量不宜小于 200kg/m^3，水泥混合砂浆中水泥和掺合料总量不宜小于 350kg/m^3，预拌砂浆中水泥和替代水泥的粉煤灰等的总量不宜小于 200kg/m^3。砂浆的保水性用“保水率”表示，用保水性试验测定。砌筑砂浆的保水率应符合表 4.1-5 规定。

砌筑砂浆的保水率（JGJ/T 98—2010） 表 4.1-5

砂浆种类	保水率(%)
水泥砂浆	≥80
水泥混合砂浆	≥84
预拌砂浆	≥88

（四）砂浆的立方体抗压强度

砂浆的强度等级采用砂浆立方体抗压强度试验确定。《砌筑砂浆配合比设计过程》JGJ/T 98—2010 规定：水泥砂浆及预拌砌筑砂浆的强度等级可分为 M5、

M7.5、M10、M15、M20、M25、M30；水泥混合砂浆的强度等级可分为M5、M7.5、M10、M15。《预拌砂浆》GB/T 25181—2019规定湿拌砂浆抗压强度应符合表4.1-6的规定。

预拌砂浆抗压强度（单位：MPa）　　　　**表4.1-6**

强度等级	M5	M7.5	M10	M15	M20	M25	M30
28d抗压强度	≥5.0	≥7.5	≥10.0	≥15.0	≥20.0	≥25.0	≥30.0

1. 前期准备

上网查阅现行《建筑砂浆基本性能试验方法标准》JGJ/T 70，并借助标准找到砂浆稠度检测方法。以小组为单位，搜索并优选相关检测视频，提前做好检测步骤与视频截屏一一对应的"图文作业"，并上传学习平台，以确保本组自主试验顺利进行。

摘录：《建筑砂浆基本性能试验方法标准》JGJ/T 70—2009

9.0.1　立方体抗压强度试验应使用下列仪器设备：

1. 试模：应为70.7mm×70.7mm×70.7mm的带底试模，应符合现行行业标准《混凝土试模》JG 237的规定选择，应具有足够的刚度并拆装方便。试模的内表面应机械加工，其不平度应为每100mm不超过0.05mm，组装后各相邻面的不垂直度不应超过±0.5°；

2. 钢制捣棒：直径为10mm，长度为350mm，端部磨圆；

3. 压力试验机：精度应为1%，试件破坏荷载应不小于压力机量程的20%，且不应大于全量程的80%；

4. 垫板：试验机上、下压板及试件之间可垫以钢垫板，垫板的尺寸应大于试件的承压面，其不平度应为每100mm不超过0.02mm；

5. 振动台：空载中台面的垂直振幅应为0.5±0.05mm，空载频率应为50±3Hz，空载台面振幅均匀度不应大于10%，一次试验应至少能固定3个试模。

9.0.2　立方体抗压强度试件的制作及养护应按下列步骤进行：

1. 应采用立方体试件，每组试件应为3个；

2. 应采用黄油等密封材料涂抹试模的外接缝，试模内应涂刷薄层机油或附离剂。将拌制好的砂浆一次性装满砂浆试模，成型方法应根据稠度而确定。当稠度大于50mm时，宜采用人工插捣成型，当稠度不大于50mm时，宜采用振动台振实成型；

1）人工插捣：应采用捣棒均匀地由边缘向中心按螺旋方式插捣25次，插捣过程中当砂浆沉落低于试模口时，应随时添加砂浆，可用油灰刀插捣数次，并用手将试模一边抬高5～10mm各振动5次，砂浆应高出试模顶面6～8mm；

2）机械振动：将砂浆一次装满试模，放置到振动台上，振动时试模不得跳动，振动5～10s或持续到表面泛浆为止，不得过振；

3. 应待表面水分稍干后，再将高出试模部分的砂浆沿试模顶面刮去并抹平；

4. 试件制作后应在温度为20±5℃的环境下静置24±2h，对试件进行编号、拆模。当气温较低时，或者凝结时间大于24h的砂浆，可适当延长时间，但不应超过2d。试件拆模后应立即放入温度为20±2℃，相对湿度为90%以上的标准养护室中养护。养护期间，试件彼此间隔不得小于10mm，混合砂浆、湿拌砂浆试件上面应覆盖，防止有水滴在试件上；

5. 从搅拌加水开始计时，标准养护龄期应为28d，也可根据相关标准要求增加7d或14d。

9.0.3　立方体试件抗压强度试验应按下列步骤进行：

1. 试件从养护地点取出后应及时进行试验。试验前应将试件表面擦拭干净，测量尺寸，并检查其外观，并应计算试件的承压面积。当实测尺寸与公称尺寸之差不超过1mm时，可按照公称尺寸进行计算；

2. 将试件安放在试验机的下压板或下垫板上，试件的承压面应与成型时的顶面垂直，试件中心应与试验机下压板或下垫板中心对准。开动试验机，当上压板与试件或上垫板接近时，调整球座，使接触面均衡受压。承压试验应连续而均匀地加荷，加荷速度应为0.25～1.5kN/s；砂浆强度不大于2.5MPa时，宜取下限。当试件接近破坏而开始迅速变形时，停止调整试验机油门，直至试件破坏，然后记录破坏荷载。

9.0.4　砂浆立方体抗压强度应按下式计算：

$$f_{m,cu}=K\frac{N_u}{A} \tag{9.0.4}$$

式中　$f_{m,cu}$——砂浆立方体试件抗压强度（MPa），应精确至0.1MPa；

N_u——试件破坏荷载（N）；

A——试件承压面积（mm^2）；

K——换算系数，取1.35。

9.0.5　立方体抗压强度试验的试验结果应按下列要求确定：

1. 应以三个试件测值的算术平均值作为该组试件的砂浆立方体抗压强度平均值（f_2），精确至0.1MPa；

2. 当三个测值的最大值或最小值中有一个与中间值的差值超过中间值的15%时，应把最大值及最小值一并舍去，取中间值作为该组试件的抗压强度值；

3. 当两个测值与中间值的差值均超过中间值的15%时，该组试验结果应为无效。

2. 自主试验

请各小组参考规范的检测视频，在老师的引导、帮助下，自行组织、分工协作完成试验。同时，做好数据记录（表4.1-7），拍摄本组试验视频，以备老师复查。

数据记录及处理 表4.1-7

<table>
<tr><td rowspan="3">抗压强度</td><td rowspan="3">7d</td><td>单位</td><td>1号</td><td>2号</td><td>3号</td><td>抗压强度(MPa)</td><td rowspan="3">28d</td><td>单位</td><td>1号</td><td>2号</td><td>3号</td><td>抗压强度(MPa)</td></tr>
<tr><td>kN</td><td></td><td></td><td></td><td rowspan="2"></td><td>kN</td><td></td><td></td><td></td><td rowspan="2"></td></tr>
<tr><td>MPa</td><td></td><td></td><td></td><td>MPa</td><td></td><td></td><td></td></tr>
</table>

质量评定

设计强度要求：________________ MPa

单项评定：该砂浆强度是否达到设计要求？ 是________ 否________

3. 反思探讨

检测结束后，教师进行点评、归纳、分析，同时引入相关理论知识。对于测定值偏离较大的小组，则引导学生深入探讨，反思误差来源与结果偏差之间的关系，明确标准制定的意义以及规范操作的重要性。

回顾检测各环节，试验室条件是否满足检测要求？本组试验是否存在不规范操作？不规范操作会带来什么误差？请相关小组提交整改意见或建议。

三、报告填写

1. 查阅现行《砌筑砂浆配合比设计规程》JGJ/T 98，填写该砂浆的技术要求。

2. 把任务实施的检验结果填入表4.1-8，未检测项目标示横线。

3. 对比检验结果和技术要求，评定该批砂浆的质量。

砂浆检测报告 表4.1-8

<table>
<tr><td colspan="3">委托单位</td><td></td><td>委托编号</td><td colspan="2"></td></tr>
<tr><td colspan="3">工程名称</td><td></td><td>样品编号</td><td colspan="2"></td></tr>
<tr><td colspan="3">工程部位/用途</td><td></td><td>样品名称</td><td colspan="2"></td></tr>
<tr><td colspan="3">样品型号规格</td><td></td><td>样品描述</td><td colspan="2"></td></tr>
<tr><td colspan="3">试验依据</td><td>JGJ/T 70—2009</td><td>判断依据</td><td colspan="2">设计强度等级</td></tr>
<tr><td colspan="3">施工单位</td><td></td><td>建设单位</td><td colspan="2"></td></tr>
<tr><td colspan="3">监理单位</td><td></td><td>委托日期</td><td colspan="2"></td></tr>
<tr><td colspan="3">见证人/见证号</td><td></td><td>试验日期</td><td colspan="2"></td></tr>
<tr><td colspan="3">拌合方式</td><td></td><td>代表数量</td><td colspan="2"></td></tr>
<tr><td colspan="7">检测结果</td></tr>
<tr><td>序号</td><td colspan="2">检测项目</td><td>技术指标</td><td>检测结果</td><td>结果判定</td><td>备注</td></tr>
<tr><td>1</td><td colspan="2">稠度(mm)</td><td></td><td></td><td></td><td></td></tr>
<tr><td>2</td><td colspan="2">表观密度(kg/m³)</td><td></td><td></td><td></td><td></td></tr>
<tr><td>3</td><td colspan="2">保水性(%)</td><td></td><td></td><td></td><td></td></tr>
<tr><td>4</td><td colspan="2">凝结时间(min)</td><td></td><td></td><td></td><td></td></tr>
<tr><td rowspan="2">5</td><td rowspan="2">抗压强度(MPa)</td><td>7d</td><td></td><td></td><td></td><td></td></tr>
<tr><td>28d</td><td></td><td></td><td></td><td></td></tr>
<tr><td>结论</td><td colspan="6"></td></tr>
<tr><td>备注</td><td colspan="6"></td></tr>
</table>

子任务4.2　砂浆的品种、特性与应用

一、预拌砂浆的品种

为贯彻落实新发展理念，促进文明施工，保护和改善环境，提高工程质量，《中华人民共和国循环经济促进法》《中华人民共和国大气污染防治法》《关于进一步做好城市禁止现场搅拌砂浆工作的通知》等法律法规都明确禁止现场搅拌砂浆，推广使用预拌砂浆。

上网查阅现行《预拌砂浆》GB/T 25181，录屏上传到学习平台。然后，借助标准查找下列问题：

1. 预拌砂浆有哪些种类？

2. 湿拌砂浆有哪些种类？

3. 干混砂浆有哪些种类？

摘录：《预拌砂浆》GB/T 25181—2019

3.1　预拌砂浆

专业生产厂生产的湿拌砂浆或干混砂浆。

3.2　湿拌砂浆

水泥、细骨料、矿物掺合料、外加剂、添加剂和水，按一定比例，在专业生产厂经计量、搅拌后，运至使用地点，并在规定时间内使用的拌合物。

3.3　干混砂浆

胶凝材料、干燥细骨料、添加剂以及根据性能确定的其他组分，按一定比例，在专业生产厂经计量、混合而成的干态混合物；在使用地点按规定比例加水或配套组分拌合使用。

……

4.1　分类和代号

4.1.1　湿拌砂浆分类和代号

4.1.1.1　按用途分为湿拌砌筑砂浆、湿拌抹灰砂浆、湿拌地面砂浆和湿拌防水砂浆，其代号见表1。湿拌抹灰砂浆按施工方法分为普通抹灰砂浆和机喷抹灰砂浆，其型号见表2。

表1 湿拌砂浆的品种和代号

品种	湿拌砌筑砂浆	湿拌抹灰砂浆	湿拌地面砂浆	湿拌防水砂浆
代号	WM	WP	WS	WW

4.1.1.2 按强度等级、抗渗等级、稠度和保塑时间的分类应符合表2的规定。

表2 湿拌砂浆分类

项目	湿拌砌筑砂浆	湿拌抹灰砂浆		湿拌地面砂浆	湿拌防水砂浆
		普通抹灰砂浆(G)	机喷抹灰砂浆(S)		
强度等级	M5、M7.5、M10、M15、M20、M25、M30	M5、M7.5、M10、M15、M20		M15、M20、M25	M15、M20
抗渗等级	—	—		—	P6、P8、P10
稠度[a]/mm	50、70、90	70、90、100	90、100	50	50、70、90
保塑时间/h	6、8、12、24	6、8、12、24		4、6、8	6、8、12、24

[a] 可根据现场气候条件或施工要求确定。

4.1.2 干混砂浆分类和代号

4.1.2.1 按用途主要分为干混砌筑砂浆、干混抹灰砂浆、干混地面砂浆、干混普通防水砂浆、干混陶瓷砖粘结砂浆、干混界面砂浆、干混聚合物水泥防水砂浆、干混自流平砂浆、干混耐磨地坪砂浆、干混填缝砂浆、干混饰面砂浆和干混修补砂浆，其代号见表3。干混砌筑砂浆按施工厚度分为普通砌筑砂浆和薄层砌筑砂浆，干混抹灰砂浆按施工厚度或施工方法分为普通抹灰砂浆、薄层抹灰砂浆和机喷抹灰砂浆，其型号见表4。

表3 干混砂浆的品种和代号

品种	干混砌筑砂浆	干混抹灰砂浆	干混地面砂浆	干混普通防水砂浆	干混陶瓷砖粘结砂浆	干混界面砂浆
代号	DM	DP	DS	DW	DTA	DIT
品种	干混聚合物水泥防水砂浆	干混自流平砂浆	干混耐磨地坪砂浆	干混填缝砂浆	干混饰面砂浆	干混修补砂浆
代号	DWS	DSL	DFH	DTG	DDR	DRM

4.1.2.2 干混砌筑砂浆、干混抹灰砂浆、干混地面砂浆和干混普通防水砂浆按强度等级、抗渗等级的分类应符合表4的规定。

表4 部分干混砂浆分类

项目	干混砌筑砂浆		干混抹灰砂浆			干混地面砂浆	干混普通防水砂浆
	普通砌筑砂浆(G)	薄层砌筑砂浆(T)	普通抹灰砂浆(G)	薄层抹灰砂浆(T)	机喷抹灰砂浆(S)		
强度等级	M5、M7.5、M10、M15、M20、M25、M30	M5、M10	M5、M7.5、M10、M15、M20	M5、M7.5、M10	M5、M7.5、M10、M15、M20	M15、M20、M25	M15、M20
抗渗等级	—	—	—	—	—	—	P6、P8、P10

二、预拌砂浆的性能

上网查阅现行《预拌砂浆》GB/T 25181，录屏上传到学习平台。借助标准查找下列问题：

1. 湿拌砂浆有哪些具体的性能要求？

2. 干混砂浆有哪些具体的性能要求？

摘录：《预拌砂浆》GB/T 25181—2019

6.1　湿拌砂浆

6.1.1　湿拌砌筑砂浆用于承重墙时，砌体抗剪强度应符合 GB 50003 的规定。

6.1.2　湿拌砂浆性能应符合表5的规定。

表5　湿拌砂浆性能指标

项目		湿拌砌筑砂浆	湿拌抹灰砂浆		湿拌地面砂浆	湿拌防水砂浆
			普通抹灰砂浆	机喷抹灰砂浆		
保水率/%		≥88.0	≥88.0	≥92.0	≥88.0	≥88.0
压力泌水率/%		—	—	<40	—	—
14d拉伸粘结强度/MPa		—	M5：≥0.15 >M5：≥0.20	≥0.20	—	≥0.20
28d收缩率/%		—	≤0.20		—	≤0.15
抗冻性[a]	强度损失率/%	≤25				
	质量损失率/%	≤5				

[a] 有抗冻性要求时，应进行抗冻性试验。

6.1.3　湿拌砂浆抗压强度应符合表6的规定。

表6　湿拌砂浆抗压强度　　单位：MPa

强度等级	M5	M7.5	M10	M15	M20	M25	M30
28d抗压强度	≥5.0	≥7.5	≥10.0	≥15.0	≥20.0	≥25.0	≥30.0

6.1.4　湿拌防水砂浆抗渗压力应符合表7的规定。

表7　湿拌防水砂浆抗渗压力　　单位：MPa

抗渗等级	P6	P8	P10
28d抗渗压力	≥0.6	≥0.8	≥1.0

6.1.5　湿拌砂浆稠度实测值与合同规定的稠度值之差应符合表8的规定。

表 8 湿拌砂浆稠度允许偏差 单位：mm

规定稠度	允许偏差
<100	±10
≥100	−10～+15

6.1.6 湿拌砂浆保塑时间应符合表 9 的规定。

表 9 湿拌砂浆保塑时间 单位：h

保塑时间	4	6	8	12	24
实测值	≥4	≥6	≥8	≥12	≥24

6.2 干混砂浆

6.2.1 粉状产品的外观应均匀、无结块。双组分产品的液料组分经搅拌后应呈均匀状态、无沉淀，粉料组分应均匀、无结块。

6.2.2 干混砌筑砂浆用于承重墙时，砌体抗剪强度应符合 GB 50003 的规定。

6.2.3 干混砌筑砂浆、干混抹灰砂浆、干混地面砂浆和干混普通防水砂浆的性能应符合表 10 的规定。

表 10 部分干混砂浆性能指标

项目	干混砌筑砂浆		干混抹灰砂浆			干混地面砂浆	干混普通防水砂浆
	普通砌筑砂浆	薄层砌筑砂浆	普通抹灰砂浆	薄层抹灰砂浆	机喷抹灰砂浆		
保水率/%	≥88.0	≥99.0	≥88.0	≥99.0	≥92.0	≥88.0	≥88.0
凝结时间/h	3～12	—	3～12	—	—	3～9	3～12
2h 稠度损失率/%	≤30	—	≤30	—	≤30	≤30	≤30
压力泌水率/%	—	—	—	—	<40	—	—
14d 拉伸粘结强度/MPa	—	—	M5:≥0.15 >M5:≥0.20	≥0.30	≥0.20	—	≥0.20
28d 收缩率/%	—	—	≤0.20			—	≤0.15
抗冻性[a] 强度损失率/%	≤25						
抗冻性[a] 质量损失率/%	≤5						

[a] 有抗冻性要求时，应进行抗冻性试验。

6.2.4 干混砌筑砂浆、干混抹灰砂浆、干混地面砂浆和干混普通防水砂浆的抗压强度应符合表 6 的规定；干混普通防水砂浆的抗渗压力应符合表 7 的规定。

6.2.5 干混陶瓷砖粘结砂浆的性能应符合表 11 的规定。

6.2.6 干混界面砂浆的性能应符合表 12 的规定。

表 11　干混陶瓷砖粘结砂浆性能指标

项目		性能指标		
		室内用(I)		室外用(E)
		Ⅰ型	Ⅱ型	
拉伸粘结强度/MPa	原强度	≥0.5	≥0.5	符合 JC/T 547 的要求
	浸水后	≥0.5	≥0.5	
	热老化后	—	≥0.5	
	冻融循环后	—	—	
	晾置时间≥20min	≥0.5	≥0.5	

注 1：按使用部位分为室内用(代号 I)和室外用(代号 E)，室内用又分为Ⅰ型和Ⅱ型。
注 2：Ⅰ型适用于常规尺寸的非瓷质砖粘贴；Ⅱ型适用于低吸水率、大尺寸的瓷砖粘贴。

表 12　干混界面砂浆性能指标

项目		性能指标	
		混凝土界面(C)	加气混凝土界面(AC)
拉伸粘结强度/MPa	未处理，14d	≥0.6	≥0.5
	浸水处理	≥0.5	≥0.4
	热处理		
	冻融循环处理		
	晾置时间，20min	—	≥0.5

注：按基层分为混凝土界面(代号 C)和加气混凝土界面(代号 AC)。

6.2.7　干混聚合物水泥防水砂浆的性能应符合 JC/T 984 的规定。
6.2.8　干混自流平砂浆的性能应符合 JC/T 985 的规定。
6.2.9　干混耐磨地坪砂浆的性能应符合 JC/T 906 的规定。
6.2.10　干混填缝砂浆的性能应符合 JC/T 1004 的规定。
6.2.11　干混饰面砂浆的性能应符合 JC/T 1024 的规定。
6.2.12　干混修补砂浆的性能应符合 JC/T 2381 的规定。

三、预拌砂浆的应用

进入 21 世纪以来，我国对环保要求的不断提高，并从国家层面上对预拌砂浆进行政策引导，预拌砂浆行业快速发展。目前国内大部分地区已经出台了预拌砂浆的相关政策和标准，生产企业积极学习国内外的先进生产理念和技术，预拌砂浆行业在我国的市场时机日渐成熟，发展稳定。

预拌砂浆的品种繁多，砌筑砂浆主要应用于砌筑工程，抹面砂浆用于抹灰工程，不同类型的特种砂浆有不同的用途。针对建设工程所出现的困难和质量病害，我们在材料技术上不断发展和创新，利用材料的高性能来解决工程实际问题，方便施工，生产出更高质量的建筑产品。

查阅下列特种砂浆的技术标准，并将其工程应用范围列于表 4.2-1 中。

特种砂浆的工程应用范围　　表 4.2-1

砂浆名称	工程应用范围
干混聚合物水泥防水砂浆	
干混自流平砂浆	
干混耐磨地坪砂浆	
干混填缝砂浆	
干混饰面砂浆	
干混修补砂浆	

学习任务5　石灰及稳定土的质量控制

子任务5.1　石灰的质量控制

一、学习准备

石灰是一种气硬性胶凝材料，由于生产石灰的原料广泛、工艺简单，是一种廉价且古老的建筑材料，至今仍被广泛应用于市政工程中。为确保工程质量，应对进场石灰的质量进行严格把关，做到“一查、二看、三抽检”。

（一）查阅产品资料

上网查阅石灰的出厂合格证和检测报告（表5.1-1），并截屏附图。

石灰检测报告　　　　**表5.1-1**

报告编号：BSS0001　　　　**共1页　第1页**

委托单位		委托编号	
工程名称		样品编号	
工程部位		代表数量	
检测类别	委托	样品状态	可检
样品规格		产　　地	
检测依据	JTG E51—2009	判定依据	JTJ 034—2000
送样人		收样日期	
见证单位		见证人	
检测日期		报告日期	
主要仪器设备及编号			

<table>
<tr><td colspan="2" rowspan="4">试验项目</td><td rowspan="4">单位</td><td colspan="12">技术要求</td><td rowspan="4">试验结果</td><td rowspan="4">备注</td></tr>
<tr><td colspan="3">钙质生石灰</td><td colspan="3">镁质生石灰</td><td colspan="3">钙质消石灰</td><td colspan="3">镁质消石灰</td></tr>
<tr><td colspan="12">等级</td></tr>
<tr><td>Ⅰ</td><td>Ⅱ</td><td>Ⅲ</td><td>Ⅰ</td><td>Ⅱ</td><td>Ⅲ</td><td>Ⅰ</td><td>Ⅱ</td><td>Ⅲ</td><td>Ⅰ</td><td>Ⅱ</td><td>Ⅲ</td></tr>
<tr><td rowspan="2">有效氧化钙和氧化镁</td><td>有效氧化钙</td><td>%</td><td rowspan="2">≥85</td><td rowspan="2">≥80</td><td rowspan="2">≥70</td><td rowspan="2">≥85</td><td rowspan="2">≥75</td><td rowspan="2">≥65</td><td rowspan="2">≥65</td><td rowspan="2">≥60</td><td rowspan="2">≥55</td><td rowspan="2">≥60</td><td rowspan="2">≥55</td><td rowspan="2">≥50</td><td></td><td>/</td></tr>
<tr><td>氧化镁</td><td>%</td><td></td><td>/</td></tr>
</table>

续表

试验项目		单位	技术要求												试验结果	备注
			钙质生石灰			镁质生石灰			钙质消石灰			镁质消石灰				
			等级													
			Ⅰ	Ⅱ	Ⅲ	Ⅰ	Ⅱ	Ⅲ	Ⅰ	Ⅱ	Ⅲ	Ⅰ	Ⅱ	Ⅲ		
含水量		%	/	/	/	/	/	/	≤4	≤4	≤4	≤4	≤4	≤4		/
细度	0.6mm方孔筛筛余	%	/	/	/	/	/	/	0	≤1	≤1	0	≤1	≤1		/
	0.6m、0.15m方孔筛总筛余		/	/	/	/	/	/	≤13	≤20	—	≤13	≤20	—		
密度		g/cm^3	/													/
钙镁石灰的分类界限氧化镁含量		%	≤5			>5			≤4			>4				/

检测结论：样品经检验项目，符合《公路路面基层施工技术规范》JTJ 034—2000中石灰稳定土及石灰工业废渣稳定土所用石灰要求，属于钙质镁质石灰。

备注	1. 委托送样检测只对来样负责。 2. 报告或报告复印件未加盖单位检测专用章，均为无效。 3. 如对本报告结果有异议，请于收到报告十五日内向本单位提出，逾期不予受理。

地址：××市××区大房郢水库坝下区　　　　联系电话/传真：

试验：__________　　审核：__________　　批准：__________

知识小链接：

气硬性胶凝材料是指只能在空气中凝结硬化，也只能在空气中保持和发展强度的胶凝材料。相较水泥等水硬性胶凝材料，石灰具有保水性好、凝结硬化慢、强度低、耐水性差等特点。

（二）查阅现行标准

上网查阅现行《建筑生石灰》JC/T 479，录屏上传到学习平台。借助标准查找下列问题：

1. 建筑生石灰按加工情况划分，分为________和________；按化学成分划分，分为________和________两类。

摘录：《建筑生石灰》JC/T 479—2013

4　分类和标记

4.1　分类

4.1.1　按生石灰的加工情况分为建筑生石灰和建筑生石灰粉。

4.1.2　按生石灰的化学成分分为钙质石灰和镁质石灰两类。根据化学成分的含量每类分成各个等级，见表1。

表1　建筑生石灰的分类

类别	名称	代号
钙质石灰	钙质石灰 90	CL90
	钙质石灰 85	CL85
	钙质石灰 75	CL75
镁质石灰	镁质石灰 85	ML85
	镁质石灰 80	ML80

知识小链接：

生石灰的主要成分是氧化钙和氧化镁。按石灰中氧化镁含量的多少，可分为钙质石灰和镁质石灰：

当氧化镁的含量不超过5%时，称为钙质石灰；

当氧化镁的含量超过5%时，则称为镁质石灰。

2. 建筑生石灰是自热材料，不应与____________物品混装。在运输和储存时，不应________和________，不宜________储存。不同类生石灰应分别储存或运输，不得________。

摘录：《建筑生石灰》JC/T 479—2013

8.3　运输和储存

建筑生石灰是自然材料，不应与易燃、易爆和液体物品混装。在运输和储存时不应受潮和混入杂物，不宜长期储存。不同类生石灰应分别储存或运输，不得混杂。

知识小链接：

生石灰的主要成分是氧化钙。氧化钙与水反应生成氢氧化钙，同时放出大量的热量，此过程被称为石灰的熟化。氢氧化钙被称为熟石灰，又称为消石灰。由此可见，建筑生石灰必须干燥存放，切不可与易燃物质混杂。另外，生石灰不宜久存，以免生石灰吸收空气中的水分，熟化成消石灰。若进一步与空气中的二氧化碳反应，则生成碳酸钙，导致石灰胶凝能力降低。

3. 若用户对产品进行复检，可依据什么标准进行取样？依据哪些标准进行试验？

摘录：《建筑生石灰》JC/T 479—2013

6　试验方法

按JC/T 478.1进行物理试验，按JC/T 478.2进行化学分析。

7 检验规则
……
7.3 取样
取样按JC/T 620的规定。

二、任务实施

上网查阅最新相关标准，依据《石灰取样方法》JC/T 620、《建筑生石灰》JC/T 479、《建筑消石灰》JC/T 481回答下列问题。

1. 复检时，如何对建筑生石灰粉或建筑消石灰粉进行取样？

摘录：《石灰取样方法》JC/T 620—2021

5 取样地点和取样部位

5.1 取样地点应有代表性，不应在雨水中或污染严重的环境中进行。

5.2 石灰生产检验取样宜在以下部位：

a）石灰窑出口；

b）石灰输送带；

c）石灰库或堆场；

d）输送管道的出料口；

e）石灰出厂前进入运输设备或袋装、散装车等的进料口。

5.3 石灰使用检验取样宜在以下部位：

a）石灰出厂前进入运输设备或袋装、散装车等的进料口；

b）使用方交接的石灰运输设备上，散装车的进出料口；

c）石灰库或堆场。

6 取样总量

每个受检石灰检验批的生石灰取样总量不少于24kg，生石灰粉、消石灰粉取样总量不少于5kg。

7 取样步骤

7.1 堆场、仓库、车（船）取样

采用普通尖头钢锹或Ⅰ型手工取样铲取样。在每个检验批的不同部位随机选取12个取样点，取样点应均匀或循环分布在堆场、仓库、车（船）的对角线或四分线上，并应在表层100mm下或底层100mm上取样，每个单样不少于2kg。取样点内如有最大尺寸大于10mm的大块，应将其砸碎，取能代表大块质量的部分碎块破碎，通过20mm的试验筛后得到单样。取得的单样应立即装入洁净、干燥、防潮的密闭容器或密封袋中。

7.2 输送带或石灰库、散装车的进出料口取样

对于块状石灰，采用Ⅰ型手工取样铲或普通尖头钢锹取样。从每个检验批流动的生石灰中，有规律地间隔取12个单样，每个单样不少于2kg。取样点内如有最大尺寸大于100m的大块，按7.1处理。

对于粉状石灰、消石灰，采用手工取样管或Ⅱ型手工取样铲取样，也可采用自动取样器取样。从每个检验批流动的生石灰粉或消石灰粉中有规律地间隔抽取10个单样，每个单样不少于0.5kg。

取得的单样立即装入洁净、干燥、防潮的密闭容器或密封袋中。

7.3 石灰窑出料口取样

根据石灰窑出料口的卸料方式、石灰温度选择合适的取样部位，按7.2进行。

7.4 袋装取样

对于不大于100kg的袋装石灰，在每个检验批中随机抽取10袋（包装袋应完好无损），采用手工取样管取样。将取样管从袋口斜插到袋内适当深度，取出一管石灰，每袋石灰的取样量不少于0.5kg。

对于不小于1000kg的袋装石灰，在每个检验批中随机抽取6袋（包装袋应完好无损）。块状石灰采用Ⅱ型手工取样铲取样，在中心线上均匀取二个部位，按7.1取样；粉状石灰采用手工取样管取样，在中心线上均匀取二个部位，将取样管从袋口斜插到袋内适当深度，取出一管芯石灰，每个单样量不少于0.5kg。

取得的单样应立即装入洁净、干燥、防潮的密闭容器或密封袋中。

知识小链接：

生石灰呈白色或灰色块状，为便于使用，块状生石灰常需加工成生石灰粉、消石灰粉或石灰膏。生石灰粉是由块状生石灰磨细而得到的细粉，其主要成分是CaO；消石灰粉是块状生石灰用适量水熟化而得到的粉末，又称熟石灰，其主要成分是$Ca(OH)_2$；石灰膏是块状生石灰用较多的水（约为生石灰体积的3～4倍）熟化而得到的膏状物，也称石灰浆。其主要成分也是$Ca(OH)_2$。

2. 若某企业购入生石灰，检测时应依据什么质量标准判断其是否合格？

摘录：《建筑生石灰》JC/T 479—2013

5 技术要求

5.1 建筑生石灰的化学成分应符合表2要求。

表2　建筑生石灰的化学成分（%）

名称	（氧化钠＋氧化镁）（CaO＋MgO）	氧化镁（MgO）	二氧化碳（CO_2）	三氧化硫（SO_3）
CL90-Q CL90-QP	≥90	≤5	≤4	≤2
CL85-Q CL85QP	≥85	≤5	≤7	≤2
CL75-Q CL75-QP	≥75	≤5	≤12	≤2
ML85-Q ML85-QP	≥85	>5	≤7	≤2
ML80-Q ML80-QP	≥80	>5	≤7	≤2

5.2　建筑生石灰的物理性质应符合表3要求。

表3　建筑生石灰的物理性质

名称	产浆量（dm^3/10kg）	细度	
		0.2mm筛余量（%）	90μm筛余量（%）
CL90-Q CL90-QP	≥26 —	— ≤2	— ≤7
CL85-Q CL85-QP	≥26 —	— ≤2	— ≤7
CL75-Q CL75-QP	≥26 —	— ≤2	— ≤7
ML85-Q ML85-QP	—	— ≤2	— ≤7
ML80-Q ML80-QP	—	— ≤7	— ≤2
注：其他物理特性，根据用户要求，可按照JC/T 478.1进行测试。			

3. 企业在使用消石灰时，其性能指标应该满足什么质量要求？

摘录：《建筑消石灰》JC/T 481—2013

5　技术要求

5.1　建筑消石灰的化学成分应符合表2的要求

表2　建筑消石灰的化学成分（%）

名称	（氧化钙＋氧化镁）(CaO＋MgO)	氧化镁(MgO)	三氧化硫(SO_3)
HCL90 HCL85 HCL75	≥90 ≥85 ≥75	≤5	≤2
HML85 HML80	≥85 ≥80	>5	≤2
注：表中数值以试样扣除游离水和化学结合水后的干基为基准。			

5.2　建筑消石灰的物理性质应符合表3要求。

表3　建筑消石灰的物理性质

名称	游离水(%)	细度		安定性
		0.2mm筛余量(%)	90μm筛余量(%)	
HCL90	≤2	≤2	≤7	合格
HCL85				
HCL75				
HML85				
HML80				

4. 建筑消石灰粉的质量为什么与细度、安定性等性能指标密切相关？引起石灰体积安定性不良的主要原因是什么？

知识小链接：

石灰主要应用于：①石灰乳涂料：石灰加大量的水所得的稀浆，即石灰乳。主要用于要求不高的室内粉刷。②砂浆：利用石灰膏或消石灰粉可配制成石灰砂浆或水泥石灰混合砂浆，用于抹灰和砌筑。③灰土和三合土：消石灰粉与黏土拌合后称为灰土，再加砂或石屑、炉渣等即成三合土。灰土和三合土广泛用于建筑物的基础和道路的垫层。

生石灰是将以含碳酸钙为主的天然岩石，在高温下煅烧而得。在煅烧时由于火候或温度控制不均，常会含有欠火石灰或过火石灰。欠火石灰产浆量小，质量较差，利用率降低，但不会带来危害；但过火石灰则因为水化速度大大减慢，前期处理不当极容易出现问题。在建筑工程中，将生石灰加大量的水（生石灰质量的2～3倍）熟化成石灰乳，然后经筛网流入储灰池并“陈伏”至少两周，以消除过火石灰的危害；道路工程施工，可不经消解直接使用磨细的生石灰粉，块灰应在使用前2～3d完成消解，未能消解的生石灰块应筛除。

所谓的石灰体积安定性不良，就是指在石灰凝结硬化后才与水发生水化反应，产生较大的体积膨胀，致使硬化后的石灰出现鼓包、崩裂等现象，导致结构被破坏。其主要原因就是过火石灰含量较高、熟化不充分等。

建筑消石灰粉的水化、硬化，与消石灰的细度密切相关，细度越小，水化速度越快。

三、报告填写

实际工程中，常将建筑生石灰熟化消解成消石灰再使用。查阅现行《建筑消石灰》JC/T 481，将其质量要求填写在相应空格处，对比检验结果和技术要求，对消石灰粉的质量进行评定（表 5.1-2）。

石灰检验报告 **表 5.1-2**

委托单位：________ 检验单位：________

工程名称：________ 样品产地：________

工程部位：________ 样品编号：________

收样日期：____ 试验日期：____ 报告日期：________

检验依据：________ 报告编号：________

检验项目		检验结果	技术要求	单项评定
氧化钙+氧化镁(CaO+MgO)(%)				
氧化镁(MgO)(%)				
三氧化硫(SO_3)(%)				
含水量(%)				
安定性				
细度	0.2mm 筛余量(%)			
	90μm 筛余量(%)			
结论				
备注				

子任务 5.2 稳定土的质量控制

一、学习准备

稳定土是将水泥、石灰、粉煤灰等胶结材料，按一定比例掺入松散或经粉碎的土中，拌合后压实成型，经水化硬化后获得强度符合要求的混合料。稳定土在道路工程中使用极其广泛，目前道路基层、底基层的填筑材料主要有石灰稳定土、水泥稳定土、石灰工业废渣稳定土等。

上网查阅稳定土检验批质量检验记录（表 5.2-1），并截屏上传学习平台。

查看稳定土质量检验记录，请问：稳定土依据什么规范进行质量验收？稳定土质量验收包括哪些主控项目？

水泥稳定土类基层及底层检验批质量验收记录　　表 5.2-1

<table>
<tr><td colspan="3">单位(子单位)
工程名称</td><td colspan="2"></td><td>分部(子分部)
工程名称</td><td>基层(水泥稳
定土类基层)</td><td>分项工程
名称</td><td>水泥稳定土类
基层及底层</td></tr>
<tr><td colspan="3">施工单位</td><td colspan="2"></td><td>项目负责人</td><td></td><td>检验批容量</td><td></td></tr>
<tr><td colspan="3">分包单位</td><td colspan="2"></td><td>分包单位
项目负责人</td><td></td><td>检验批部位</td><td></td></tr>
<tr><td colspan="3">施工依据</td><td colspan="3">《城镇道路工程施工与质量验收规范》
CJJ 1—2008</td><td>验收依据</td><td colspan="2">《城镇道路工程施工
与质量验收规范》CJJ 1—2008</td></tr>
<tr><td rowspan="10">主控项目</td><td colspan="4">验收项目</td><td>设计要求及
规范规定</td><td>最小/实际
抽样数量</td><td>检查记录</td><td>检查
结果</td></tr>
<tr><td>1</td><td colspan="3">水泥质量要求</td><td>第 7.5.1 条
第 1 款</td><td>/</td><td>试验合格,报告编号</td><td></td></tr>
<tr><td>2</td><td colspan="3">土类材料质量检验</td><td>第 7.5.1 条
第 2 款</td><td>/</td><td>试验合格,报告编号</td><td></td></tr>
<tr><td>3</td><td colspan="3">粒料质量检验</td><td>第 7.5.1 条
第 3 款</td><td>/</td><td>试验合格,报告编号</td><td></td></tr>
<tr><td>4</td><td colspan="3">水质量检验</td><td>第 7.2.1 条
第 3 款</td><td>/</td><td>试验合格,报告编号</td><td></td></tr>
<tr><td rowspan="4">5</td><td rowspan="4">压实度</td><td rowspan="2">城市快速
路、主干路</td><td>基层</td><td>≥97%</td><td>/</td><td>试验合格,报告编号</td><td></td></tr>
<tr><td>底基层</td><td>≥95%</td><td>/</td><td>试验合格,报告编号</td><td></td></tr>
<tr><td rowspan="2">其他
道路</td><td>基层</td><td>≥95%</td><td>/</td><td>试验合格,报告编号</td><td></td></tr>
<tr><td>底基层</td><td>≥93%</td><td>/</td><td>试验合格,报告编号</td><td></td></tr>
<tr><td>6</td><td colspan="3">7d 无侧限抗压强度</td><td>符合设计规定</td><td>/</td><td>试验合格,报告编号</td><td></td></tr>
<tr><td rowspan="9">一般项目</td><td>1</td><td colspan="3">表面质量</td><td>第 7.8.2 条
第 4 款</td><td>/</td><td></td><td></td></tr>
<tr><td rowspan="8">2</td><td rowspan="8">石灰稳
定土类
基层及
底基层
允许
偏差</td><td colspan="2">中线偏位(mm)</td><td>≤20</td><td>/</td><td></td><td></td></tr>
<tr><td rowspan="2">纵断高程
(mm)</td><td>基层</td><td>±15</td><td>/</td><td></td><td></td></tr>
<tr><td>底基层</td><td>±20</td><td>/</td><td></td><td></td></tr>
<tr><td rowspan="2">平整度
(mm)</td><td>基层</td><td>≤10</td><td>/</td><td></td><td></td></tr>
<tr><td>底基层</td><td>≤15</td><td>/</td><td></td><td></td></tr>
<tr><td colspan="2">宽度(mm)</td><td>不小于设计
规定+B</td><td>/</td><td></td><td></td></tr>
<tr><td colspan="2">横坡</td><td>±0.3%且
不反坡</td><td>/</td><td></td><td></td></tr>
<tr><td colspan="2">厚度(mm)</td><td>±10</td><td>/</td><td></td><td></td></tr>
<tr><td colspan="3">施工单位
检查结果</td><td colspan="6">专业工长：
项目专业质量检查员：
年　月　日</td></tr>
<tr><td colspan="3">监理单位
验收结论</td><td colspan="6">专业监理工程师：
年　月　日</td></tr>
</table>

知识小链接：

稳定土质量验收的主控项目包括：①稳定土原材料的质量要求包括石灰、水泥、土类材料、粒料、水等；②稳定土的物理性能要求，包括压实度；③7d的无侧限抗压强度。

二、稳定土质量控制指标及要求

上网查阅最新版《城镇道路工程施工与质量验收规范》CJJ1，并录屏上传到学习平台。然后依据规范完成下列问题：

1. 稳定土对原材料有一定的质量要求，请问：石灰稳定土中的石灰和土分别需要满足哪些要求？

摘录：《城镇道路工程施工与质量验收规范》CJJ1—2008

7.2　石灰稳定土类基层

7.2.1　原材料应符合下列规定：

1　土应符合下列要求：

1）宜采用塑性指数10～15的粉质黏土、黏土。

2）土中的有机物含量宜小于10%。

3）使用旧路的级配砾石、砂石或杂填土等应先进行试验。级配砾石、砂石等材料的最大粒径不宜超过分层厚度的60%，且不应大于10cm。土中欲掺入碎砖等粒料时，粒料掺入含量应经试验确定。

2　石灰应符合下列要求：

1）宜用1～3级的新灰，石灰的技术指标应符合表7.2.1的规定。

表7.2.1　石灰技术指标

项目＼类别		钙质生石灰			镁质生石灰			钙质消石灰			镁质消石灰		
		等级											
		Ⅰ	Ⅱ	Ⅲ	Ⅰ	Ⅱ	Ⅲ	Ⅰ	Ⅱ	Ⅲ	Ⅰ	Ⅱ	Ⅲ
有效钙加氧化镁含量（%）		≥85	≥80	≥70	≥80	≥75	≥65	≥65	≥60	≥55	≥60	≥55	≥50
未消化残渣含量5mm圆孔筛的筛余（%）		≤7	≤11	≤17	≤10	≤14	≤20	—	—	—	—	—	—
含水量（%）		—	—	—	—	—	—	≤4	≤4	≤4	≤4	≤4	≤4
细度	0.71mm方孔筛的筛余（%）	—	—	—	—	—	—	0	≤1	≤1	0	≤1	≤1
	0.125mm方孔筛的筛余（%）	—	—	—	—	—	—	≤13	≤20	—	≤13	≤20	—
钙镁石灰的分类界限，氧化镁含量（%）		≤5			>5			≤4			>4		

注：硅、铝、镁氧化物含量之和大于5%的生石灰，有效钙加氧化镁含量指标，Ⅰ等≥75%，Ⅱ等≥70%，Ⅲ等≥60%；未消化残渣含量指标均与镁质生石灰指标相同。

2）磨细生石灰，可不经消解直接使用；块灰应在使用前2～3d完成消解，未能消解的生石灰块应筛除，消解石灰的粒径不得大于10mm。

3）对储存较久或经过雨期的消解石灰应先经过试验，根据活性氧化物的含量决定能否使用和使用办法。

知识小链接：

(1) 消石灰粉与黏土拌合后称为石灰土或灰土，再加砂或石屑、炉渣等即成三合土。由于黏土中含有少量的活性氧化硅和活性氧化铝，能与氢氧化钙进行反应生成少量水硬性水化产物，使得其密实程度、强度及耐水性得到改善。

值得注意的是，使用前，建筑石灰必须充分熟化，但又不能消解过早，否则熟石灰的碱性下降，减缓与黏土的反应，进而降低石灰土的强度。

(2) 塑性指数：土的液限与塑限的差值称为塑性指数。土由半固态转到可塑状态的界限含水量称为塑限W_p，土由可塑状态到流动状态的界限含水量称为液限W_L。

2. 若某路基工程使用水泥稳定土，请问：水泥稳定土中的水泥和土需要满足哪些要求？

摘录：《城镇道路工程施工与质量验收规范》CJJ 1—2008

7.5　水泥稳定土类基层

7.5.1　原材料应符合下列规定：

1. 水泥应符合下列要求：

1）应选用初凝时间大于3h、终凝时间不小于6h的32.5级、42.5级普通硅酸盐水泥、矿渣硅酸盐、火山灰硅酸盐水泥。水泥应有出厂合格证与生产日期，复验合格方可使用；

2）水泥贮存期超过3个月或受潮，应进行性能试验，合格后方可使用。

2. 土应符合下列要求：

1）土的均匀系数不应小于5，宜大于10，塑性指数宜为10～17；

2）土中小于0.6mm颗粒的含量应小于30%；

3）宜选用粗粒土、中粒土。

3. 粒料应符合下列要求：

1）级配碎石、砂砾、未筛分碎石、碎石土、砾石和煤矸石、粒状矿渣等材料均可做粒料原材；

2）当作基层时，粒料最大粒径不宜超过37.5mm；

3）当作底基层时，粒料最大粒径：对城市快速路、主干路不应超过37.5mm；对次干路及以下道路不应超过53mm；

4）各种粒料，应按其自然级配状况，经人工调整使其符合表7.5.2的规定；

表 7.5.2 水泥稳定土类的颗粒范围及技术指标

项目		通过质量百分率(%)				
		底基层		基层		
		次干路	城市快速路、主干路	次干路		城市快速路、主干路
筛孔尺寸(mm)	53	100	—	—		—
	37.5	—	100	100	90～100	—
	31.5	—	—	90～100	—	100
	26.5	—	—	—	66～100	90～100
	19	—	—	67～90	54～100	72～89
	9.5	—	—	45～68	39～100	47～67
	4.75	50～100	50～100	29～50	28～84	29～49
	2.36	—	—	18～38	20～70	17～35
	1.18	—	—	—	14～57	—
	0.60	17～100	17～100	8～22	8～47	8～22
	0.075	0～50	0～30②	0～7	0～30	0～7①
	0.002	0～30	—	—		—
液限(%)		—	—	—		<28
塑性指数		—	—	—		<9

注：① 集料中 0.5mm 以下细粒土有塑性指数时，小于 0.075mm 的颗粒含量不得超过 5%；细粒土无塑性指数时，小于 0.075mm 的颗粒含量不得超过 7%；

② 当用中粒土、粗粒土作城市快速路、主干路底基层时，颗粒组成范围宜采用作次干路基层的组成。

5）碎石、砾石、煤矸石等的压碎值：对城市快速路、主干路基层与底基层不应大于 30%；对其他道路基层不应大于 30%，对底基层不应大于 35%；

6）集料中有机质含量不应超过 2%；

7）集料中硫酸盐含量不应超过 0.25%；

8）钢渣尚应符合本规范第 7.4.1 条的有关规定。

摘录：《城镇道路工程施工与质量验收规范》CJJ 1—2008

7.4.1 原材料应符合下列规定

……

3 钢渣破碎后堆存时间不应少于半年，且达到稳定状态，游离氧化钙(f-CaO)含量应小于 3%；粉化率不得超过 5%。钢渣最大粒径不应大于 37.5mm，压碎值不应大于 30%，且应清洁，不含废镁砖及其他有害物质；钢渣质量密度应以实际测试值为准。钢渣颗粒组成应符合表 7.4.1 的规定。

表 7.4.1 钢渣混合料中钢渣颗粒组成

通过下列筛孔(mm，方孔)的质量(%)								
37.5	26.5	16	9.5	4.75	2.36	1.18	0.60	0.075
100	95～100	60～85	50～70	40～60	27～47	20～40	10～30	0～15

3. 稳定土的物理性能必须满足施工要求。请问：石灰稳定土和水泥稳定土的压实度分别有何要求？其7d的无侧限抗压强度又有何要求？

摘录：《城镇道路工程施工与质量验收规范》CJJ1—2008

7.8.1　石灰稳定土，石灰、粉煤灰稳定砂砾（碎石），石灰、粉煤灰稳定钢渣基层及底基层质量检验应符合下列规定：

……

2　基层、底基层的压实度应符合下列要求：

1）城市快速路、主干路基层大于或等于97%，底基层大于或等于95%。

2）其他等级道路基层大于或等于95%，底基层大于或等于93%。

检查数量：每$1000m^2$，每压实层抽检1点。

检验方法：环刀法、灌砂法或灌水法。

3　基层、底基层7d的无侧限抗压强度应符合设计要求。

检查数量：每$2000m^2$抽检1组（6块）。

检查方法：现场取样试验。

……

7.8.2　水泥稳定土类基层及底基层质量检验应符合下列规定：

……

2　基层、底基层的压实度应符合下列要求：

1）城市快速路、主干路基层大于等于97%；底基层大于等于95%。

2）其他等级道路基层大于等于95%；底基层大于等于93%。

检查数量：每$1000m^2$，每压实层抽查1点。

检查方法：灌砂法或灌水法。

3　基层、底基层7d的无侧限抗压强度应符合设计要求。

检查数量：每$2000m^2$抽检1组（6块）。

检查方法：现场取样试验。

知识小链接：

（1）压实度：又称夯实度，指的是土或其他筑路材料压实后的干密度与标准最大干密度之比，对于路基土及路面基层，压实度即指工地实际达到的干密度与室内标准击实试验所得的最大干密度的比值，以百分率表示。

单位体积土中固体颗粒的质量称为土的干密度，可用来评价土的密实程度，工程上常用它作为人工填土压实质量的控制指标。标准最大干密度则是按照标准击实试验方法，土或其他筑路材料在最佳含水量时得到的干密度。

(2) 无侧限抗压强度：指的是土体在无侧限条件件下受压时，抵抗轴向压力的极限强度。

无侧限抗压强度试验具体操作流程可参考《公路土工试验规程》JTG 3430—2020。

三、稳定土配合比设计及优化

稳定土的配合比是影响稳定土强度的关键因素。下面以石灰稳定土为例，对稳定土配合比进行设计、试配，优选合适的稳定土配合比。

摘录：《城镇道路工程施工与质量验收规范》CJJ 1—2008

7.2.2　石灰土配合比设计应符合下列规定：

1　每种土应按5种石灰掺量进行试配，试配石灰用量宜按表7.2.2-1选取。

表7.2.2-1　石灰土试配石灰用量

土壤类别	结构部位	石灰掺量(%)				
		1	2	3	4	5
塑性指数≤12的黏性土	基层	10	12	13	14	16
	底基层	8	10	11	12	14
塑性指数>12的黏性土	基层	5	7	9	11	13
	底基层	5	7	8	9	11
砂砾土、碎石土	基层	3	4	5	6	7

2　确定混合料的最佳含水量和最大干密度，应做最小、中间和最大3个石灰剂量混合料的击实试验，其余两个石灰剂量混合料的最佳含水量和最大干密度用内插法确定。

3　按规定的压实度，分别计算不同石灰剂量的试块应有的干密度。

4　强度试验的平行试验最少试件数量，不应小于表7.2.2-2的规定。如试验结果的偏差系数大于表中规定值，应重做试验。如不能降低偏差系数，则应增加试件数量。

表7.2.2-2　最少试件数量（件）

土壤类别＼偏差系数	<10%	10%~15%	15%~20%
细粒土	6	9	—
中粒土	6	9	13
粗粒土	—	9	13

5　试件应在规定温度下制作和养护，进行无侧限抗压强度试验，应符合国家现行标准《公路工程无机结合料稳定材料试验规程》JTJ 057有关要求。

6　石灰剂量应根据设计要求强度值选定。试件试验结果的平均抗压强度 $\overline{R}$ 应符合下式要求：

$$\overline{R} \geqslant R_d/(1-Z_\alpha C_v) \tag{7.2.2}$$

式中　R_d——设计抗压强度；

C_v——试验结果的偏差系数（以小数计）；

Z_α——标准正态分布表中随保证率（试置信度 α）而改变的系数，城市快速路和城市主干路应取保证率95%，即 $Z_\alpha=1.645$；其他道路应取保证率90%，即 $Z_\alpha=1.282$。

7　实际采用的石灰剂量应比室内试验确定的剂量增加0.5%～1.0%。采用集中厂拌时可增加0.5%。

学习任务6　钢材的性能检测及其应用

子任务6.1　热轧钢筋的性能检测

一、学习准备

钢筋材质均匀、具有较高的强度、较好的塑性及焊接性能，与混凝土可良好黏结。故钢筋广泛应用于民用建筑、桥梁工程中的混凝土结构及预应力混凝土结构，是重要的受力材料。为确保建筑工程质量，我们应对进场钢筋的质量进行严格把关，做到“一查、二看、三抽检”。

（一）查阅产品资料

上网查阅钢筋出厂合格证和质量证明书，并截屏（图6.1-1）。

××控股有限公司产品质量证明书

提货单号：　　　　发货时间：2019-04-29　　　　编号：QR7551-A
出库单号：　　　　交货方式：检斤交货　　　　ISO 9001：2015　证书编号：00516Q21925R7M
车 牌 号：　　　　需方代码：　　　　生产许可编号：　　　　XK05-001-00088
合 同 号：　　　　交货重量：以实际发货清单重量为准

批　号	化学成分(%)				力学性能						工艺性能		件数	质量(t)	条数
炉　号 牌　号 规　格	C S	Si Ceq	Mn	P	R°eL (MPa)	R°m (MPa)	R°m/ R°eL	R°eL/ ReL	A (%)	Agt (%)	冷弯	反向 弯曲			
19S9A088 TH19S9-A088 HRB400E 12×12	0.25 0.020	0.46 0.48	1.38	0.022	460 470	680 670	1.48 1.43	1.15 1.18	23 23	11.2 11.3	合格 合格 180° 4*d*	合格 正弯 90° 反弯 20° 5*d*	15	44.760	4200
产品名称：热轧带肋钢筋　执行标准：GB/T 1499.2—2018 交货状态：直条　加工用途：建筑 生产日期：2019-01-07　判定人：×××															
19S9A167 TH19S9-A167 HRB400E 16×12	0.25 0.019	0.50 0.48	1.39	0.020	445 435	650 635	1.46 1.46	1.11 1.09	23 23	11.6 11.7	合格 合格 180° 4*d*	合格 正弯 90° 反弯 20° 5*d*	3	8.532	450
产品名称：热轧带肋钢筋　执行标准：GB/T 1499.2—2018 交货状态：直条　加工用途：建筑 生产日期：2019-01-13　判定人：×××															

(a)质量证明书

图6.1-1　钢筋质量证明书出厂合格证(一)

批号	化学成分(%)				力学性能						工艺性能		件数	质量(t)	条数
炉号 牌号 规格	C S	Si Ceq	Mn	P	R°eL (MPa)	R°m (MPa)	R°m/ R°eL	R°eL/ ReL	A (%)	Agt (%)	冷弯	反向 弯曲			
19S1A118 TH19S1-A118 HRB400E 20×12	0.24 0.021	0.44 0.49	1.44	0.018	445 440 450 445	660 650 650 660	1.48 1.48 1.44 1.48	1.11 1.10 1.13 1.11	27 25 26 25	15.6 14.7 16.0 17.3	合格 合格 合格 合格 180°4d	合格 正弯 90° 反弯 80° 5d	3	8.892	300
产品名称：热轧带肋钢筋 交货状态：直条 生产日期：2019-01-21					执行标准：GB/T 1499.2—2018 加工用途：建筑 判定人：×××										
说明：1. 牌号后缀“E”表示钢筋符合抗震要求。 2. 公司地址：××市××区×××(邮编：××××××) 服务电话：×××—××××××××												总质量(t)　62.184 总件数　21			

质量监督部门（盖章）　　　　发货员：　　　　提货人：

(a) 质量证明书

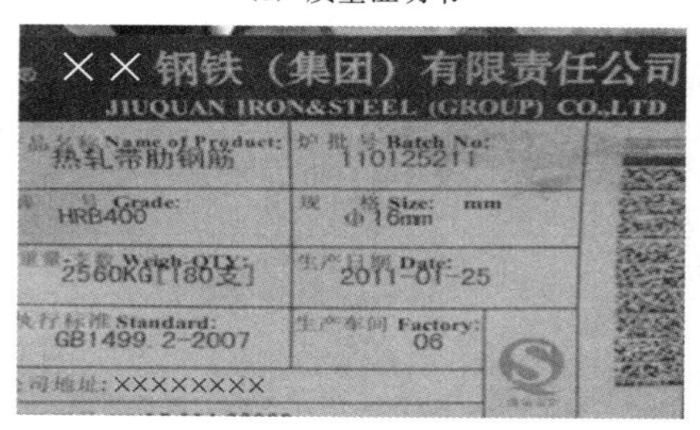

(b) 热轧钢筋出厂合格证

图 6.1-1　钢筋质量证明书出厂合格证（二）

知识小链接：

混凝土结构用热轧钢筋应有较高的强度，具有一定的塑性、韧性、冷弯性和可焊性。热轧钢筋是经热轧成型并自然冷却的成品钢筋，由低碳钢和普通合金钢在高温状态下压制而成，分为热轧光圆钢筋和热轧带肋钢筋两种。主要用于钢筋混凝土和预应力混凝土结构的配筋，是土木建筑工程中使用量最大的钢材品种之一。

（二）查阅现场标准

上网查阅现行《钢筋混凝土用钢　第 1 部分：热轧光圆钢筋》GB/T 1499.1 和《钢筋混凝土用钢　第 2 部分：热轧带肋钢筋》GB 1499.2，录屏上传到学习平台。然后根据标准查找下列问题。

1. 钢筋混凝土热轧钢筋有哪些品种？分别有哪些钢筋牌号？

摘录：《钢筋混凝土用钢　第 1 部分：热轧光圆钢筋》GB 1499.1—2017

4.1　钢筋的屈服强度特征值分为 300 级。

4.2　钢筋牌号的构成及其含义见表 1。

表 1

产品名称	牌号	牌号构成	英文字母含义
热轧光圆钢筋	HPB300	由 HPB+屈服强度特征值构成	HPB——热轧光圆钢筋的英文 Hot rolled Plain Bars 缩写

摘录：《钢筋混凝土用钢　第 2 部分：热轧带肋钢筋》GB 1499.2—2018

4.1　钢筋按屈服强度特征值分为 400、500、600 级。

4.2　钢筋牌号的构成及其含义见表 1。

表 1

类别	牌号	牌号构成	英文字母含义
普通热轧钢筋	HRB400	由 HRB+屈服强度特征值构成	HRB——热轧带肋钢筋的英文（Hot rolled Ribbed Bars）缩写。 E——“地震”的英文（Earthquake）首位字母
	HRB500		
	HRB600		
	HRB400E	由 HRB+用服强度特征值+E 构成	
	HRB500E		
细晶粒热轧钢筋	HRBF400	由 HRBF+屈服强度特征值构成	HRBF——在热轧带肋钢筋的英文缩写后加“细”的英文（Fine）首位字母。 E——“地震”的英文（Earthquake）首位字母
	HRBF500		
	HRBF400E	由 HRBF+屈服强度特征值+E 构成	
	HRBF500E		

2. 复验热轧钢筋拉伸、弯曲等力学性能时，依据什么标准进行检测？

摘录：《钢筋混凝土用钢　第 1 部分：热轧光圆钢筋》GB 1499.1—2017

8　试验方法

8.1　检验项目

每批钢筋的检验项目、取样数量、取样方法和试验方法应符合表 7 的规定。

表 7

序号	检验项目	取样数量	取样方法	试验方法
1	化学成分[a]（熔炼分析）	1	GB/T 20066	第 2 章中 GB/T 233 相关部分、GB/T 4336、GB/T 20123、GB/T 20125
2	拉伸	2	不同根（盘）钢筋切取	GB/T 28900 和 8.2
3	弯曲	2	不同根（盘）钢筋切取	GB/T 28900 和 8.2
4	尺寸	逐支（盘）	—	8.3
5	表面	逐支（盘）	—	目视
6	重量偏差	8.4		

[a] 对于化学成分的试验方法优先采用 GB/T 4336，对结果有争议时，仲裁试验按第 2 章中规定的 GB/T 223 相关部分进行。

8.2　力学性能、工艺性能试验

8.2.1　拉伸、弯曲试验试样不准许进行车削加工。

8.2.2　计算钢筋强度用截面面积采用表 2 所列公称横截面面积。

摘录：《钢筋混凝土用钢　第 2 部分：热轧带肋钢筋》GB 1499.2—2018

8. 试验方法

8.1　检验项目

8.1.1　每批钢筋的检验项目、取样数量、取样方法和试验方法应符合表 8 的规定。

表 8

序号	检验项目	取样数量	取样方法	试验方法
1	化学成分[a]（熔炼分析）	1	GB/T 20066	第 2 章中 GB/T 233 相关部分、GB/T 4336、GB/T 20123、GB/T 20124、GB/T 20125
2	拉伸	2	不同根（盘）钢筋切取	GB/T 28900 和 8.2
3	弯曲	2	不同根（盘）钢筋切取	GB/T 28900 和 8.2
4	反向弯曲	1	任 1 根（盘）钢筋切取	GB/T 28900 和 8.2
5	尺寸	逐支（盘）	—	8.3
6	表面	逐支（盘）	—	目视
7	重量偏差	8.4		
8	金相组织	2	不同根（盘）钢筋切取	GB/T 13298 和附录 B

[a] 对于化学成分的试验方法优先采用 GB/T 4336，对结果有争议时，仲裁试验按第 2 章中规定的 GB/T 223 相关部分进行。

3. 热轧钢筋表面标注如何规定？生锈钢筋必须退货吗？钢筋应该如何存放？

知识小链接：

(1) 钢筋存放

当钢筋运进施工现场后，必须严格按批分等级、牌号、直径、长度挂牌分别堆放，并注明数量，不得混淆。堆放时，钢筋下面要加垫木，离地不宜少于200mm，以防钢筋锈蚀和污染。同时，不要靠近产生有害气体的车间，以免污染和腐蚀钢筋。

(2) 钢筋除锈

钢筋的除锈一般可通过以下途径完成：一是在钢筋冷拉或钢丝调直过程中除锈，其对大量钢筋的除锈较为经济、省力；二是用机械方法除锈，如采用电动除锈机除锈，其对钢筋的局部除锈较为方便；三是通过钢筋除锈剂进行钢筋除锈，采用植酸有机酸原液对各类不同状态的螺纹钢进行喷洒，喷透喷均匀即可；四是通过环保水喷砂机进行钢筋除锈施工除锈，除锈等级可达 Sa2.5。

摘录《钢筋混凝土用钢　第 2 部分：热轧带肋钢筋》GB 1499.2—2018

10　包装、标志和质量证明书

10.1　钢筋的表面标志应符合下列规定：

a) 钢筋应在其表面轧上牌号标志、生产企业序号（许可证后 3 位数字）和公称直径毫米数字，还可轧上经注册的厂名或商标。

b) 钢筋牌号以阿拉伯数字或阿拉伯数字加英文字母表示，HRB400、HRB500、HRB600 分别以 4、5、6 表示，HRBF400、HRBF500 分别以 C4、C5 表示，HRB400E、HRB500E 分别以 4E、5E 表示，HRBF400E、HRBF500E 分别以 C4E、C5E 表示。厂名以汉语拼音字头表示。公称直径毫米数以阿拉伯数字表示。

c) 标志应清晰明了，标志的尺寸由供方按钢筋直径大小作适当规定，与标志相交的横肋可以取消。

10.2　除上述规定外，钢筋的包装、标志和质量证明书符合 GB/T 2101 的有关规定

4. 钢筋如何取样？

摘录《钢筋混凝土用钢　第2部分：热轧带肋钢筋》GB 1499.2—2018

9.3　交货检验

……

9.3.2　组批规则

9.3.2.1　钢筋应按批进行检查和验收，每批由同一牌号、同一炉罐号、同一尺寸的钢筋组成。每批重量通常不大于60t。超过60t的部分，每增加40t（或不足40t的余数），增加一个拉伸试验试样和一个弯曲试验试样。

9.3.2.2　允许由同一牌号、同一冶炼方法、同一浇注方法的不同炉罐号组成混合批。各炉罐号含碳量之差不大于0.02%，含锰量之差不大于0.15%。混合批的重量不大于60t。

9.3.3　检验项目和取样数量

钢筋检验项目和取样数量应符合表8及9.3.2.1的规定

二、任务实施

上网查阅现行《钢筋混凝土用钢材试验方法》GB/T 28900，并录屏上传到学习平台。根据标准完成热轧钢筋的拉伸、弯曲等力学性能的检测。

（一）钢筋拉伸试验

1. 前期准备

查阅现行《钢筋混凝土用钢材试验方法》GB/T 28900，找到钢筋拉伸试验方法，以小组为单位，搜索并优选相关检测视频，提前做好检测步骤与视频截屏一一对应的“图文作业”，以确保本组自主试验顺利进行。同时将视频链接及“图文作业”上传到学习平台。

摘录：《钢筋混凝土用钢材试验方法》GB/T 28900—2012

5　拉伸试验

5.1　试样

除了在第4章中给出的一般规定外，试样的平行长度应足够长，以满足5.3中对伸长率测定的要求。

当测定断后伸长率（A）时，试样应根据GB/T 228.1的规定来标记原始标距L_0。

当通过手工方法测定最大力F_m总延伸率（A_{gt}）时，等分格标记应标在试样的平行长度上，根据钢筋产品的直径，等分格标记间的距离应为10mm，根据需要也可采用5mm或20mm。

5.2　试验设备

试验机应根据GB/T 16825.1来校验和校准，至少达到1级。

当使用引伸计测定R_{eL}或$R_{p0.2}$时，引伸计精度应达到1级（见GB/T 12160）；测定A_{gt}时，可使用2级精度的引伸计（见GB/T 12160）。

用于测定最大力F_m总延伸率（A_{gt}）的引伸计应至少有100mm的标距长度，标距长度应记录在试验报告中。

5.3 试验程序

拉伸试验应根据 GB/T 228.1 进行。对于 $R_{p0.2}$ 的测定，如果力-延伸曲线的弹性直线段较短或不明显，应采用下列方法的一种：

a）GB/T 228.1—2010 中第 15 章和附录 K 中的推荐程序；

b）力-延伸曲线的直线段应被视作连接 $0.2F_m$ 和 $0.5F_m$ 两点之间的线段。

当有争议时，应采用第二种程序。

当直线段的斜率与弹性模量的理论值之间的差值大于 10%时，这次试验应被视作无效。

除非在相关产品标准中另有规定，应采用公称横截面积计算拉伸性能（R_{eL} 或 $R_{p0.2}$，R_m）。

当断裂发生在夹持部位上或距夹持部位的距离小于 20mm 或 d（选取较大值）时，这次试验可视作无效。

除非在相关产品标准中另有规定，对于断后伸长率（A）的测定，原始标距长度应为 5 倍的公称直径（d）。

对于大力 F_m 总延伸率（A_{gt}）的测定，应采用 GB/T 228.1 进行下列修正或补充：

——如果通过使用引伸计来测量 A_g，应采用 GB/T 228.1—2010 中第 18 章规定的方法；

——如果 A_g 是通过手工方法在断后进行测定，A_g 应按式（1）进行计算：

$$A_{gt}=A_g+R_m/2000 \tag{1}$$

式中，A_g 是最大力 F_m 塑性延伸率。A_g 应以 1 个 100mm 的标距长度进行测定，距断口的距离 r_2 至少为 50mm 或 $2d$（选择较大者），如果夹持和标距长度之间的距离 r_1 小于 20mm 或 d（选择较大者）时，该试验可视作无效，见图 1。

——如有争议，应采用手工方法。

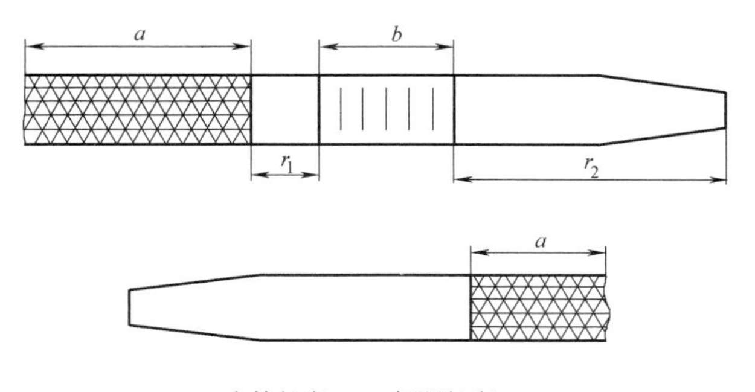

a—夹持长度；b—标距长度 100mm

图 1 用手工方法测量 A_{gt}

2. 自主试验

请各小组参考规范的检测视频，在老师的引导、帮助下，自行组织、分工协作完成试验。同时，做好数据记录（表6.1-1），拍摄本组试验视频，以备老师复查。

（1）数据记录及处理

数据记录及处理　　　　**表6.1-1**

序号	屈服荷载（kN）	屈服强度（MPa）	极限荷载（kN）	抗拉强度（MPa）	原始标距（mm）	断后标距（mm）	伸长率（%）
1							
2							

（2）试验是否有效

（3）质量评定

查阅现行《钢筋混凝土用钢　第2部分：热轧带肋钢筋》GB 1499.2中关于钢筋的屈服强度、抗拉强度、断后伸长率的技术要求，并进行以下单项的质量评定：

屈服强度偏差要求：

抗拉强度偏差要求：

断后伸长率偏差要求：

单项评定：该批钢筋屈服强度是否合格？　　合格____　不合格____

单项评定：该批钢筋抗拉强度是否合格？　　合格____　不合格____

单项评定：该批钢筋断后伸长率是否合格？　合格____　不合格____

摘录：《钢筋混凝土用钢　第2部分：热轧带肋钢筋》GB 1499.2—2018

7.4　力学性能

7.4.1　钢筋的下屈服强度R_{eL}、抗拉强度R_m、断后伸长率A、最大力总延伸率A_{gt}等力学性能特征值应符合表6的规定。表6所列各力学性能特征值，除R°_{eL}/R_{eL}可作为交货检验的最大保证值外，其他力学特征值可作为交货检验的最小保证值。

7.4.2　公称直径28～40mm各牌号钢筋的断后伸长率A可降低1%；公称直径大于40mm各牌号钢筋的断后伸长率A可降低2%。

7.4.3　对于没有明显屈服强度的钢筋，下屈服强度特征值R_{eL}应采用规定塑性延伸强度$R_{p0.2}$。

7.4.4　伸长率类型可从A或A_{gt}中选定，但仲裁检验时应采用A_{gt}。

表6

牌号	下屈服强度 R_{eL}(MPa)	抗拉强度 R_m(MPa)	断后伸长率 A	最大力总延伸率 A_{gt}	$R^{\circ}_{m}/R^{\circ}_{eL}$	R°_{eL}/R_{eL}
	不小于					不大于
HRB400 HRBF400	400	540	16	7.5	—	—
HRB400E HRBF400E			—	9.0	1.25	1.30
HRB500 HRBF500	500	630	15	7.5	—	—
HRB500E HRBF500E			—	9.0	1.25	1.30
HRB600	600	730	14	7.5	—	—
注:R°_{m}为钢筋实测抗拉强度;R°_{eL}为钢筋实测下屈服强度。						

3. 反思探讨

检测结束后，教师进行点评、归纳、分析，同时引入相关理论知识。对于测定值偏离较大的小组，则引导学生深入探讨，反思误差来源与结果偏差之间的关系，明确标准制定的意义及规范操作的重要性。

（1）本次试验出现过哪些问题？导致什么后果？如何改进？

（2）钢筋屈服强度和抗拉强度有何区别？强屈比有何意义？

（3）钢筋具有弹性和塑性，其塑性通常用哪些指标来表示？

知识小链接：

钢材在静载作用下，开始丧失对变形的抵抗能力，并产生大量塑性变形时的应力，如图6.1-2所示，在屈服阶段，锯齿形的最高点所对应的应力称为上屈服点（$B_{上}$）；最低点对应的应力称为下屈服点（$B_{下}$）。因上屈服点不稳定，所以标准规定以下屈服点的应力作为钢材的屈服强度，用σ_s表示。中、高碳钢没有明显的屈服点，通常以残余变形为0.2%的应力作为屈服强度，用$\sigma_{0.2}$表示，如图

6.1-3所示。

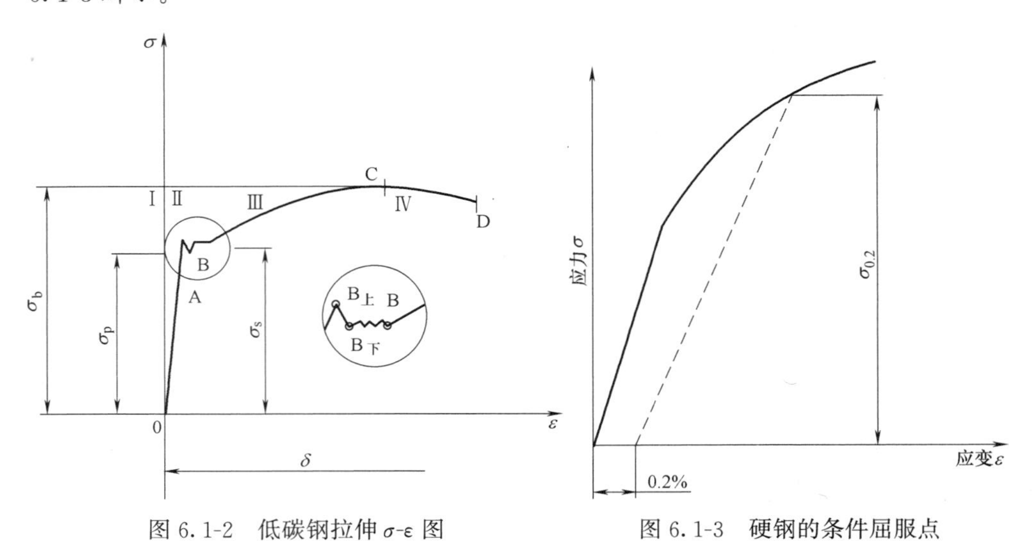

图6.1-2　低碳钢拉伸σ-ε图　　　图6.1-3　硬钢的条件屈服点

屈服强度

屈服强度也称为屈服极限，是钢材在静载作用下，开始丧失对变形的抵抗能力，并产生大量塑性变形时的应力。屈服强度对钢材的使用有着重要的意义，当构件的实际应力达到屈服点时，将产生不可恢复的永久变形，这在结构中是不允许的，因此屈服强度是确定钢材容许应力的主要依据。

抗拉强度

抗拉强度是钢材的极限抗拉强度的简称，是指钢材在拉力作用下能承受的最大拉应力，如图6.1-2第Ⅲ阶段的最高点。抗拉强度显然不能直接作为计算的依据。

强屈比

抗拉强度和屈服强度的比值即强屈比，用$\frac{\sigma_b}{\sigma_s}$表示，在工程上很有意义。强屈比越大，结构的可靠性越高，即防止结构破坏的潜力越大；但此值太小时，钢材强度的有效利用率太低，钢材的强屈比一般应大于1.25。因此屈服强度和抗拉强度是钢材力学性质的主要检验指标。

疲劳强度

钢材承受交变荷载的反复作用时，可能在远低于屈服强度时突然发生破坏，这种破坏称为疲劳破坏。钢材疲劳破坏的指标即疲劳强度，或称为疲劳极限。疲劳强度是试件在交变应力作用下，不发生疲劳破坏的最大主应力值，一般把钢材承受交变荷载$1\times10^6\sim1\times10^7$次时不发生破坏的最大应力作为疲劳强度。

弹性

从图6.1-2可以看出，钢材在静荷载作用下，受拉的0A阶段，应力和应变成正比，这一阶段称为弹性阶段，具有这种变形特征的性质称为弹性。在此阶段中应力和应变的比值称为弹性模量，即$E=\frac{\sigma}{\varepsilon}$，单位为“MPa”。

弹性模量是衡量钢材抵抗变形能力的指标，E 越大，使其产生一定量弹性变形的应力值也越大；在一定应力下，产生的弹性变形越小。在工程上，弹性模量反映了钢材的刚度，是钢材在受力条件下计算结构变形的重要指标。建筑常用索膜结构钢 Q235 的弹性模量 $E=(2.0\sim2.1)\times10^5$ MPa。

塑性

建筑钢材应具有很好的塑性，在工程中，钢材的塑性通常用伸长率（或断面收缩率）和冷弯来表示。

伸长率

伸长率是指试件拉断后，标距长度的增量与原标距长度之比，符号 δ，单位常用“%”表示，如图 6.1-4 所示。

$$\delta=\frac{l_1-l_0}{l_0}\times100\%$$

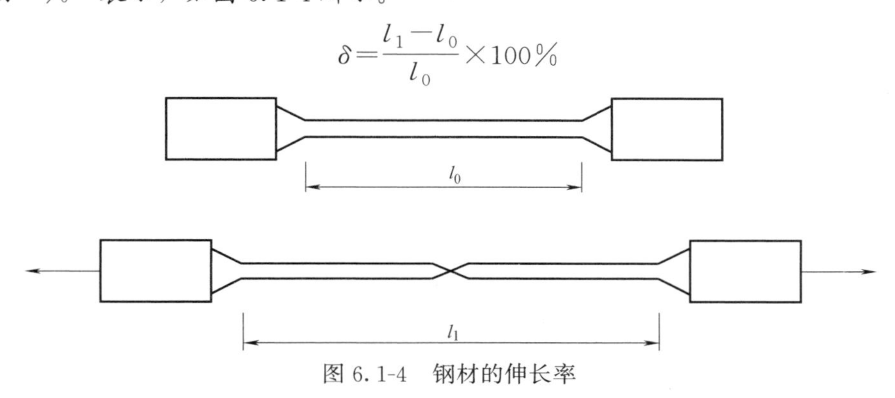

图 6.1-4　钢材的伸长率

断面收缩率

断面收缩率是指试件拉断后，颈缩处横截面面积的缩减量占原横截面面积的百分率，符号 φ，常以“%”表示。

为了方便测量，常用伸长率表征钢材的塑性。伸长率是衡量钢材塑性的重要指标，δ 越大，说明钢材塑性越好。伸长率与标距有关。

（二）钢筋冷弯试验

1. 前期准备

请同学们查阅现行《钢筋混凝土用钢材试验方法》GB/T 28900，找到钢筋弯曲试验方法，以小组为单位，搜索并优选相关检测视频，提前做好检测步骤与视频截屏一一对应的“图文作业”以确保本组自主试验顺利进行。同时将视频连接及“图文作业”上传到学习平台。

摘录：《钢筋混凝土用钢材试验方法》GB/T 28900—2012

6. 弯曲试验

6.1　试样

试样应符合第 4 章的一般规定。

6.2　试验设备

6.2.1　弯曲设备应采用图 2 所示的试验原理。

注：图 2 显示了弯芯和支辊旋转、传送辊固定的结构，同样可能存在传送辊旋转和支辊固定的情况。

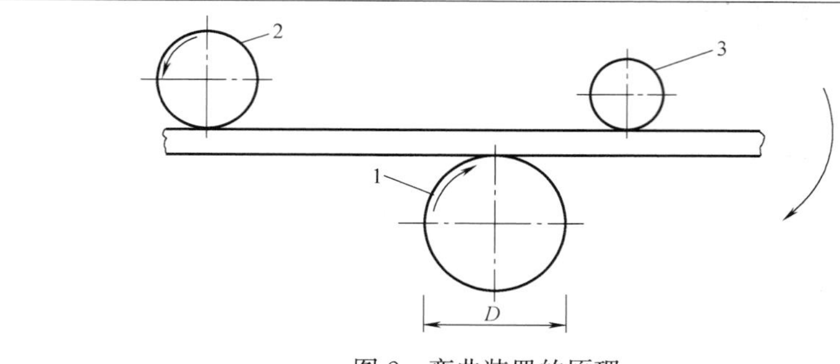

图2 弯曲装置的原理

1—弯芯；2—支辊；3—传送辊

6.2.2 弯曲试验也可通过使用带有两个支辊和一个弯芯（见 GB/T 232—2010 的第4章）的装置。

6.3 试验程序

除非另有规定，弯曲试验应在10～35℃的温度下进行。

注：对于低温下的试验，如果协议没有规定试验条件，应采用±2℃的温度偏差。试验应浸入冷却介质中，并保持足够的时间，以确保试验的整体达到了规定的温度（例如，对于液体介质至少保温10min，对于气体介质至少保温30min）。弯曲试验应在试样从介质中移出5s内开始进行，移动试样应确保试样的温度在允许的温度范围内。

试样应在弯芯上弯曲。

弯曲角度（γ）和弯芯直径（D）应符合相关产品的规定。

2. 自主试验

请各小组参考规范的检测视频，在老师的引导、帮助下，自行组织、分工协作完成试验。同时，做好数据记录（表6.1-2），拍摄本组试验视频，以备老师复查。

（1）数据记录及处理

数据记录及处理 **表 6.1-2**

序号	钢筋直径（mm）	弯曲角度（°）	弯心直径（mm）	有无断裂起层现象	备注
1					
2					

（2）质量评定

查阅现行《钢筋混凝土用钢 第2部分：热轧带肋钢筋》GB 1499.2中的钢筋弯曲的技术要求，并进行以下单项的质量评定：

单项评定：该批钢筋弯曲性能是否合格？　合格____　不合格____

摘录：《钢筋混凝土热轧带肋钢筋》GB 1499.2—2018

7.5　工艺性能

7.5.1　弯曲性能

钢筋应进行弯曲试验。按表7规定的弯曲压头直径弯曲180°后，钢筋受弯曲部位表面不得产生裂纹。

表7　　（单位：mm）

牌号	公称直径 d	弯曲压头直径
HRB400 HRBF400 HRB400E HRBF400E	6～25	$4d$
	28～40	$5d$
	>40～50	$6d$
HRB500 HRBF500 HRB500E HRBF500E	6～25	$6d$
	28～40	$7d$
	>40～50	$8d$
HRB600	6～25	$6d$
	28～40	$7d$
	>40～50	$8d$

7.5.2　反向弯曲性能

7.5.2.1　对牌号带E的钢筋应进行反向弯曲试验。经反向弯曲试验后，钢筋弯曲部位表面不得产生裂纹。

7.5.2.2　根据需方要求，其他牌号钢筋也可进行反向弯曲试验。

7.5.2.3　可用反向弯曲试验代替弯曲试验。

7.5.2.4　反向弯曲试验的弯曲压头直径比弯曲试验相应增加一个钢筋公称直径。

3. 反思探讨

检测结束后，教师进行点评、归纳、分析，同时引入相关理论知识。对于测定值偏离较大的小组，则引导学生深入探讨，反思误差来源与结果偏差之间的关系，明确标准制定的意义及规范操作的重要性。

（1）本次试验出现过哪些问题？导致什么后果？如何改进？

（2）冷弯与伸长率是检验钢筋塑性的两种方法，两者有何区别？

知识小链接：

冷弯是钢材在常温下承受弯曲变形的能力。冷弯是通过检验试件经规定的弯曲程度后，对弯曲处外面及侧面有无裂纹、起层、鳞落和断裂等情况进行评定的。一般用弯曲角度α以及弯心直径d与钢材厚度或直径a的比值来表示。如图6.1-5所示，弯曲角度越大，而d与a的比值越小，表明冷弯性能越好。

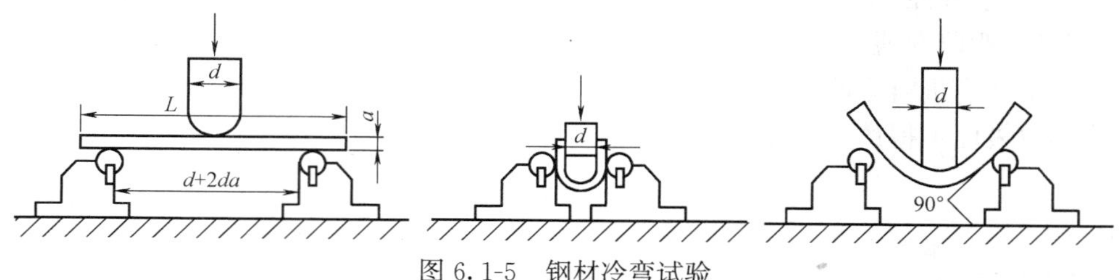

图6.1-5　钢材冷弯试验

d—弯心直径；a—试件厚度或直径

冷弯也是检验钢材塑性的一种方法，并与伸长率存在有机的联系，伸长率大的钢材，其冷弯性能必然好，但冷弯试验对钢材塑性的评定比拉伸试验更严格、更敏感。冷弯有助于暴露钢材的某些缺陷，如气孔、杂质和裂纹等。在焊接时，局部脆性及接头缺陷都可通过冷弯发现，所以钢材的冷弯不仅是评定塑性、加工性能的要求，而且也是评定焊接质量的重要指标之一。对于重要结构和弯曲成型的钢材，冷弯必须合格。

塑性是钢材的重要技术性质，尽管结构是在弹性阶段使用的，但其应力集中处，应力可能超过屈服强度，一定的塑性变形能力，可保证应力重新分配，从而避免结构的破坏。

（三）重量偏差检验

1. 前期准备

查阅现行《钢筋混凝土用钢材试验方法》GB/T 28900，找到钢重量偏差检验方法，以小组为单位，搜索并优选相关检测视频，提前做好检测步骤与视频截屏一一对应的“图文作业”，以确保本组自主试验顺利进行。同时将视频链接及“图文作业”上传到学习平台。

摘录：《钢筋混凝土用钢材试验方法》GB/T 28900—2012

12.1　试样

重量偏差应在有垂直端面的试样上进行测量，试样的数量和长度应符合相关产品的规定。

12.2　测量的精确度

试样的长度测量精确到1mm，重量的测量精确度应至少为±1%。

12.3　试验程序

测量钢筋重量偏差时，试样应从不同根钢筋上截取，数量不少于5支，每支试样长度不小于500mm。长度应逐支测量，精确到1mm。测量试样总重量时，应精确到不大于总重量的1%。

钢筋实际重量与理论重量的偏差按式（9）计算：

$$\text{重量偏差}=\frac{\text{试样实际总重量}-(\text{试样总长度}\times\text{理论重量})}{\text{试样总长度}\times\text{理论长度}}\times100\% \qquad (9)$$

2. 自主试验

请各小组参考规范的检测视频，在老师的引导、帮助下，自行组织、分工协作完成试验。同时，做好数据记录（表 6.1-3），拍摄本组试验视频，以备老师复查。

（1）数据记录及处理

数据记录及处理 **表 6.1-3**

序号	钢筋直径（mm）	钢筋实际重量（kg）	钢筋实际长度（mm）	有无断裂、起层现象	重量偏差
1					
2					

（2）质量评定

查阅现行《钢筋混凝土用钢 第 2 部分：热轧带肋钢筋》GB 1499.2 重量及允许偏差要求，并进行以下单项的质量评定：

单项评定：该批钢筋弯曲性能是否合格？ 合格____ 不合格____

摘录：《钢筋混凝土用钢 第 2 部分：热轧带肋钢筋》GB 1499.2—2018

6.1 公称直径范围

钢筋的公称直径范围为 6～50mm。

6.2 公称横截面面积与理论重量

钢筋的公称横截面面积与理论重量列于表 2。

表 2

公称直径(mm)	公称横截面面积(mm^2)	理论重量[a](kg/m)
6	28.27	0.222
8	50.27	0.395
10	78.54	0.617
12	113.1	0.888
14	153.9	1.21
16	201.1	1.58
18	254.5	2.00
20	314.2	2.47
22	380.1	2.98
25	490.9	3.85
28	615.8	4.83
32	804.2	6.31
36	1018	7.99
40	1257	9.87
50	1964	15.42

[a] 理论重量按密度为 7.86g/cm^3 计算。

……

6.6　重量及允许偏差

6.6.1　钢筋可按理论重量交货。按理论重量交货时，理论重量为钢筋长度乘以表 2 中的钢筋的每米理论重量。

6.6.2　钢筋实际重量与理论重量的允许偏差应符合表 4 的规定。

表 4

公称直径(mm)	实际重量与理论重量的偏差(%)
6～12	±6.0
14～20	±5.0
22～50	±4.0

3. 反思探讨

检测结束后，教师进行点评、归纳、分析，同时引入相关理论知识。对于测定值偏离较大的小组，则引导学生深入探讨，反思误差来源与结果偏差之间的关系，明确标准制定的意义及规范操作的重要性。

（1）本组出现过哪些问题？导致什么后果？如何改进？

（2）哪些因素可能导致钢筋重量产生偏差

知识小链接：

造成钢筋重量超出偏差允许范围的原因存有三种：

1. 钢筋本身内部存在过多的杂质或空隙，造成重量偏差；
2. 制作螺纹钢筋过程中粗制滥造，螺纹深度宽度不一，造成重量偏差；
3. 为降低建设成本，将正常钢筋拉长后形成“瘦身钢筋”，危害工程质量。

三、检测报告

1. 查阅标准《钢筋混凝土用钢　第 2 部分：热轧带肋钢筋》GB 1499.2—2018，填写钢筋的技术要求。

2. 把任务实施的检验结果填入表 6.1-4，未检测项目标示横线。

3. 对比检验结果和技术要求，评定钢筋的质量（表 6.1-4）。

钢筋力学性能、工艺性能、重量偏差检验报告　　　　**表 6.1-4**

委托单位：　　　　检验单位：（检验报告专用章）

工程名称：

工程部位：主体结构　　　　报告编号：

见证单位：　　　　检验类别：有见证取样

见证人员：　　　　监督登记号：

送样日期：　　　　检验日期：　　　　报告日期：

样品	样品编号					
	表面形状					
	牌号					
	生产厂家					
	炉号(批号)					
	公称直径(mm)					
	批量					
质量标准编号			GB/T 1499.2—2018			
拉伸试验	检验方式		GB/T 28900—2012			
	屈服强度(MPa)	实测值				
		技术要求				
	抗拉强度(MPa)	实测值				
		技术要求				
	强屈比	实测值				
		技术要求				
	超屈比	实测值				
		技术要求				
	伸长率(%)	实测值				
		技术要求				
	最大力总伸长率	实测值				
		技术要求				
反向弯曲试验	检验方法		GB/T 28900—2012			
	弯曲压头直径(mm)					
	弯曲角度(°)		正向:90，反向:20	正向:90，反向:20	正向:90，反向:20	正向:90，反向:20
	实测结果					
	技术要求					
质量偏差试验	实测结果(%)					
	技术要求(%)					
结论						
备注						

声明：1. 若对本报告有异议，应在收到报告之日起 15 日内，以书面形式向本单位提出。

2. 报告涂改、换页、未盖本单位专用章无效。

3. 本检验报告仅对来样负责。

地址：

批准：　　　　审核：　　　　试验：

4. 化学成分对钢材性能有何影响？钢筋在什么情况下，必须复检化学指标？

摘录：《钢筋混凝土用钢　第2部分：热轧带肋钢筋》GB 1499.2—2018

7.2　牌号和化学成分

7.2.1　钢筋牌号及化学成分和碳当量（熔炼分析）应符合表5的规定。根据需要，钢中还可加入V、Nb、Ti等元素。

7.2.2　碳当量 C_{eq}（%）可按式（1）计算：

$$C_{eq}=C+Mn/6+(Cr+V+Mo)/5+(Cu+Ni)/15 \tag{1}$$

7.2.3　钢的氮含量应不大于0.012%，供方如能保证可不作分析。钢中如有足够数量的氮结合元素，含氮量的限制可适当放宽。

表5

<table>
<tr><th rowspan="3">牌号</th><th colspan="5">化学成分（质量分数）　%</th><th rowspan="2">碳当量 C_{eq}
%</th></tr>
<tr><th>C</th><th>Si</th><th>Mn</th><th>P</th><th>S</th></tr>
<tr><th colspan="6">不大于</th></tr>
<tr><td>HBR400
HBRF400
HBR400E
HBRF400E</td><td rowspan="2">0.25</td><td rowspan="3">0.80</td><td rowspan="3">1.60</td><td rowspan="3">0.045</td><td rowspan="3">0.045</td><td>0.54</td></tr>
<tr><td>HBR500
HBRF500
HBR500E
HBRF500E</td><td>0.55</td></tr>
<tr><td>HBR600</td><td>0.28</td><td>0.58</td></tr>
</table>

7.2.4　钢筋的成品化学成分允许偏差应符合GB/T 222的规定，碳当量 C_{eq} 的允许偏差值为+0.03%。

知识小链接：

化学成分复检

进入施工现场的钢筋，在有监理人员旁站监督见证下，按施工规范规定的方法和数量，随机抽取规定数量的试样送有资格的检测机构做力学性能（屈服强度、抗拉强度、最大力下总伸长率）和重量偏差检验；同时进行钢筋弯曲和焊接试验，当发现钢筋脆断、焊接性能不良或力学性能显著不正常等现象时，应对该批钢筋进行化学成分检验，或其他专项检验。上述这三个步骤全部通过了才算合格，只有验收合格的钢筋才允许办理进场验收手续，才允许入库和加工使用。

化学成分对钢材性质的影响

（1）碳

碳是决定钢材性质的主要元素。碳对钢材力学性质影响如图 6.1-6 所示。随着含碳量的增加，钢材的强度和硬度相应提高，而塑性和韧性相应降低。当含碳量超过 1%时，钢材的极限强度开始下降。此外，含碱量过高还会增加钢的冷脆性和时效敏感性，降低抗大气腐蚀性和可焊性。

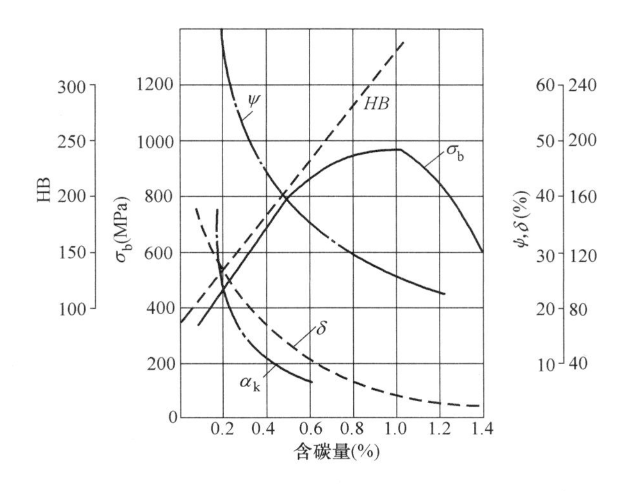

图 6.1-6 含碳量对热轧碳素钢性质的影响

σ_b—抗拉强度；α_k—冲击韧性；HB—硬度；δ—伸长率；ψ—断面收缩率

（2）磷、硫

磷与碳相似，能使钢的屈服点和抗拉强度提高，塑性和韧性下降，显著增加钢的冷脆性，磷的偏析较严重，焊接时焊缝容易产生冷裂纹，所以磷是降低钢材可焊性的元素之一。因此在碳钢中，磷的含量有严格的限制，但在合金钢中，磷可改善钢材的抗大气腐蚀性和耐磨性，也可作为合金元素。

硫在钢材中以 FeS 形式存在，FeS 是一种低熔点化合物，当钢材在红热状态下进行加工或焊接时，FeS 已熔化，使钢的内部产生裂纹，这种在高温下产生裂纹的特性称为热脆性。热脆性大大降低了钢的热加工性和可焊性。此外，硫偏析较严重，降低了冲击韧性、疲劳强度和抗腐蚀性，可见，硫是一种对钢材有害而无利的元素，要严格限制钢中硫的含量。

（3）氧、氮

氧和氮都能部分溶于铁素体中，大部分以化合物形式存在，这些非金属夹杂物，降低了钢材的力学性质，特别是严重降低了钢的韧性，并能促进时效，降低可焊性，所以在钢材中氧和氮都有严格的限制。

（4）硅、锰

硅和猛是在炼钢时为了脱氧去硫而有意加入的元素。

由于硅与氧的结合能力很大，因而能夺取氧化铁中的氧形成一氧化硅进入钢渣中，其余大部分硅溶于铁素体中，当含量较低时（<1%），可提高钢的强度，

对塑性、韧性影响不大。

锰对氧和硫的结合力分别大于铁对氧和硫的结合力，因此锰能使有害的FeO、FeS分别形成MnO、MnS而进入钢渣中，故可有效消除钢材的热脆性。其余的锰溶于铁素体中，使晶格歪扭阻止滑移变形，显著地提高了钢的强度。

总之，化学元素对钢材性能有着显著的影响，因此在钢材标准中都对主要元素的含量加以规定。化学元素对钢材性能影响见表6.1-5。

表6.1-5

化学元素	对钢材性能的影响
碳(C)	C↑，强度、硬度↑，塑性、韧性↓，可焊性、耐腐性↓，冷脆性、时效敏感性↑；C>1%，C↑，强度↑
硅(Si)	Si<1%，Si↑，强度↑；Si>1%，Si↑，塑性、韧性↓↓，可焊性↓，冷脆性↑
锰(Mn)	Mn↑，强度、硬度、韧性↑，耐磨、耐腐性↑，热脆性↓，Si、Mn为主加合金元素
钛(Ti)	Ti↑，强度↑↑，韧性↑，塑性、时效↓
钒(V)	V↑，强度↑，时效↓
铌(Nb)	Nb↑，强度↑，塑形、韧性↑，Ti、V、Nb为常用合金元素
磷(P)	P↑，强度↑，塑形、韧性、可焊性↓↓，偏析、冷脆性↑↑，耐磨、耐蚀性↑
氮(N)	与C、P相似，在其他元素常配合下P、N可作合金元素
硫(S)	S↑，偏析↑，力学性能、耐蚀性、可焊性↓↓
氧(O)	O↑，力学性能、可焊性↓，时效↑；S、O属杂质

注：↑表示提高，↑↑表示显著提高，↓表示降低，↓↓表示显著降低。

子任务6.2　热轧型钢的性能检测

一、学习准备

建设工程中，各种规格的型钢如工字型钢、H型钢、槽钢、T型钢等，被大量地应用于建筑或桥梁的主要承重结构及辅助结构中，型钢的强度、塑性、韧性、冷弯性能、可焊接等性能直接影响着工程的安全。为确保工程质量，应对进场型钢的质量进行严格把关，做到“一查、二看、三抽检”。

（一）查阅产品资料

上网查阅热轧型钢的出厂合格证、质量检测报告，并截屏附图（图6.2-1）。

（二）查阅现行标准

查阅现行《热轧H型钢和剖分T型钢》GB/T 11263和《热轧型钢》GB/T 706，录屏上传到学习平台。然后，借助标准查询下列问题：

1. 热轧H型钢和部分T型钢的种类分别有哪些？其代号分别是什么？

(a) 型钢

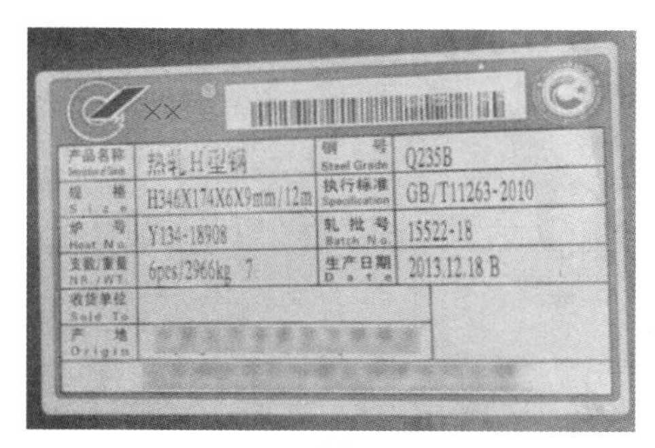

(b) 合格证

第 1 页　共 1 页

型钢试验检测报告（JB10-04）

合同段号：二合同段　　　　报告编号：冀 GJC044-05（2011)-B04-02

施工单位	××市政建设集团有限公司 ××高速公路路基二合同段		监理单位	×××监理咨询有限公司 ×××高速公路路基三总监办
工程名称	××××高速公路路基工程		取样地点	×××隧道进口
拟用部位	隧道初期支护		代表数量	—
试验规程	GB/T 706—2008		检验依据	GB/T 706—2008
样品名称及规格	工字钢　Ⅰ18		生产厂家	××××钢铁有限公司
项目参数	检测项目	规定值	试验结果	备注
截面尺寸	高度 h	180±2.0(mm)	181.4	合格
	腿宽度 b	94±2.5(mm)	95.7	合格
	腰厚度 d	6.5±0.5(mm)	6.6	合格
	平均腿厚度 t	(mm)		
试件每米质量(kg/m)		24.143(+3%) 24.143(−5%)	23.626(−2.14%)	合格
结论：依据《热轧型钢》GB/T 706—2008 判定，该样品所检项目符合该标准要求。				

试验：　　　　审核：　　　　负责：　　　　日期：

(c) 型钢试验检测报告

图 6.2-1　型钢实物、合格证及检测报告

摘录：《热轧 H 型钢和剖分 T 型钢》GB/T 11263—2017

4.1　H 型钢分为四类，其代号如下：

宽翼缘 H 型钢 HW（W 为 Wide 英文字头）；

中翼缘 H 型钢 HM（M 为 Middle 英文字头）；

窄翼缘 H 型钢 HN（N 为 Narrow 英文字头）；

薄壁 H 型钢 HT（T 为 Thin 英文字头）。

4.2　剖分 T 型钢分为三类，其代号如下：

宽翼缘剖分 T 型钢 TW（W 为 Wide 英文字头）；

中翼缘剖分 T 型钢 TM（M 为 Middle 英文字头）；

窄翼缘剖分 T 型钢 TN（N 为 Narrow 英文字头）。

2. 不同类别型钢的尺寸及表示方法是什么？以 H 型钢为例具体说明。

摘录：《热轧 H 型钢和剖分 T 型钢》GB/T 11263—2017

5.1　尺寸及表示方法

5.1.1　H 型钢和剖分 T 型钢的截面图示及标注符号如图 1 和图 2 所示。

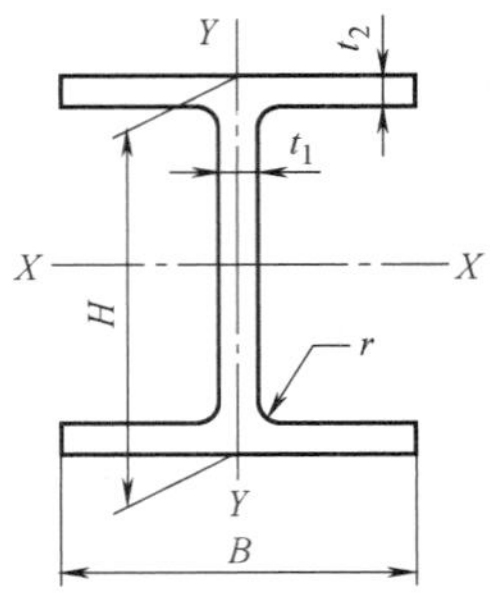

说明：

H—高度；　t_2—翼缘厚度；

B—宽度；　r—圆角半径。

t_1—腹板厚度；

图 1　H 型钢截面图

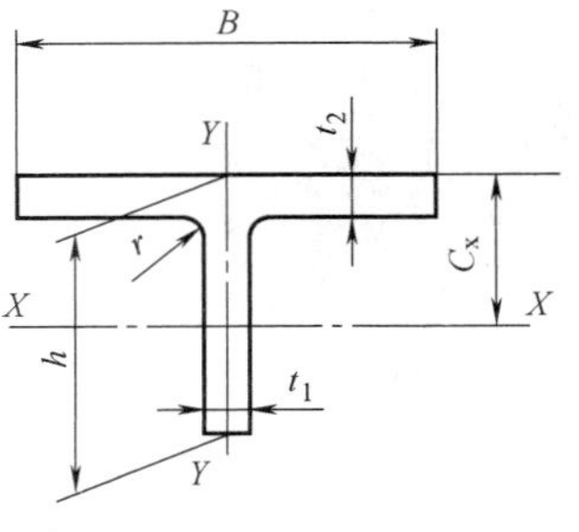

说明：

h——高度；　t_2——翼缘厚度；

B——宽度；　r——圆角半径；

t_1——腹板厚度；C_x——重心。

图 2　剖分 T 型钢截面图

摘录：《热轧型钢》GB/T 706—2016

4.1　型钢的截面图示及标注符号见图 1～图 4。

……

4.2　尺寸、外形及允许偏差

4.2.1　型钢的尺寸、外形及允许偏差应符合表 1、表 2 的规定。根据需方要求，型钢的尺寸、外形及允许偏差也可按照供需双方协议规定。

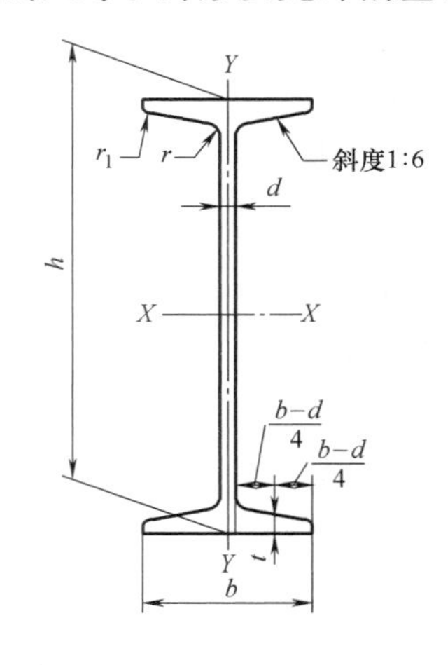

说明：

h——　高度；

b——　腿宽度；

d——　腰厚度；

t——　腿中间厚度；

r——　内圆弧半径；

r_1——　腿端圆弧半径。

图 1　工字钢截面图

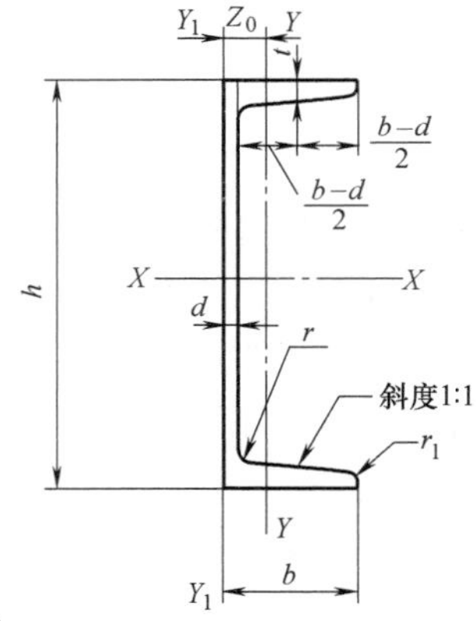

说明：

h——　高度；

b——　腿宽度；

d——　腰厚度；

t——　腿中间厚度；

r——　内圆弧半径；

r_1——　腿端圆弧半径；

Z_0——　重心距离。

图 2　槽钢截面图

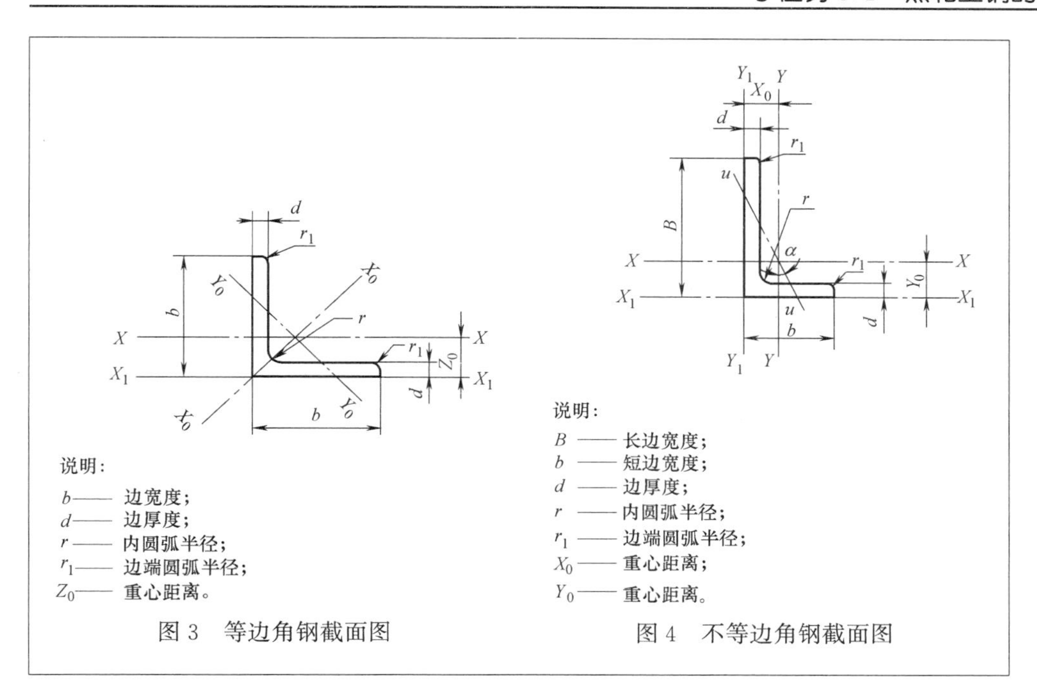

图3 等边角钢截面图　　图4 不等边角钢截面图

知识小链接：

型钢的表示方法：

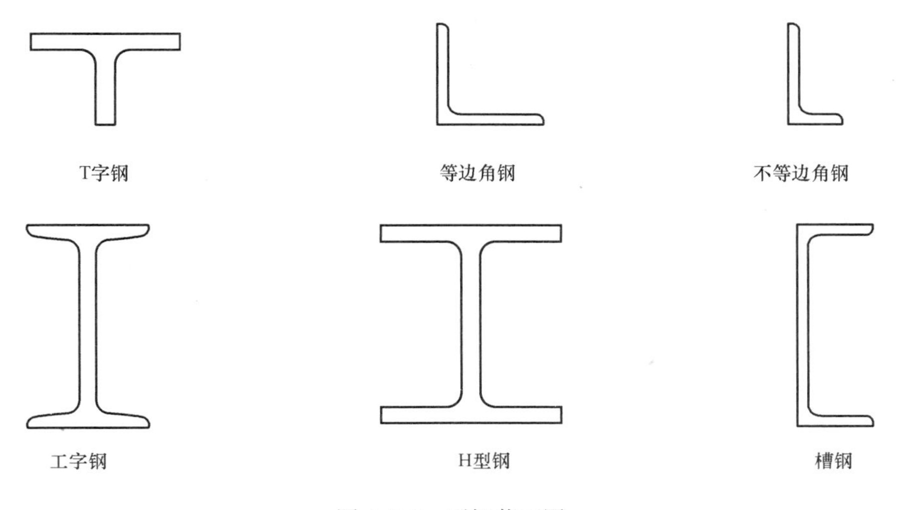

图6.2-2 型钢截面图

（1）角钢

角钢有等边和不等边两种。等边角钢（也称等肢角钢）的表示方法为"∠边长×厚度"，如∠100×10为肢宽100mm、厚10mm的等边角钢；不等边角钢（也称不等肢角钢）的表示方法"∠长边×短边×厚度"，如∠100×80×8等。我国目前生产的等边角钢，其肢宽为20～200mm，不等边角钢的肢宽为25mm×16mm～200mm×125mm。

(2) 槽钢

槽钢分为热轧普通槽钢与热轧轻型槽钢。普通槽钢的表示方法为“[高度值×腿宽度值×腰厚度值”，简记为“[高度”，并以 a、b、c 区分同一截面高度中的不同腹板厚度，如[30a 指截面高度为 300mm，且腹板厚度为 7.5mm 的槽钢。

(3) 工字钢

工字型的表达方式为“I 高度×腿宽度值×腰厚度值”，简记为“I 高度”，即工字钢外轮廓高度的厘米数即为型号。普通型者当型号较大时，其腹板厚度分为 a、b、c 三种。如 I63a 表示的是截面高度为 630mm，腹板厚度为 13mm 的工字型钢。

(4) H 型钢

热轧 H 型钢分为宽翼缘 H 型钢（HW）、中翼缘 H 型钢（HM）和窄翼缘 H 型钢（HN）三类。H 型钢型号的表示方法是先用符号 HW、HM 和 HN 表示 H 型钢的类别，“H 高度×宽度×腹板厚度×翼缘厚度”，例如 HW300×300×10×15，即为截面高度为 300mm，宽度为 300mm，腹板厚度为 10mm，翼缘厚度为 15mm 的宽翼缘 H 型钢。

(5) 剖分 T 型钢

剖分 T 型钢也分为三类，即宽翼缘 HT 型钢（TW）、中翼缘 T 型钢（TM）和窄翼缘 T 型钢（TN）。剖分 T 型钢是由对应的 H 型钢沿腹板中部对等剖分而成，其表达方法与 H 型钢相同。“T 高度×宽度×腹板厚度×翼缘厚度”，例如 TN200×200×8×13，表示为截面高度为 200mm，宽度为 200mm，腹板厚度为 8mm，翼缘厚度为 13mm 的窄翼缘 T 型钢。

二、任务实施

随着我国经济水平的发展，超高、大跨度的建筑工程不断涌现。由各种规格的型钢组成的钢结构安全性更大、自重更轻，显然更能满足超高或大跨度建筑工程的使用要求。下面对建筑工程钢结构中使用的型钢质量验收进行介绍。

上网查阅现行《钢结构工程施工质量验收标准》GB 50205、《热轧 H 型钢和剖分 T 型钢》GB/T 11263 和《热轧型钢》GB/T 706，并录屏上传到学习平台，根据规范回答下列问题。

1. 型钢运到施工场地，必须进行质量验收，其中主控项目有哪些？一般项目有哪些？

2. 型钢进场后，应按国家现行标准对哪些项目进行抽样检查？

摘录：《钢结构工程施工质量验收标准》GB 50205—2020

4.3　型材、管材

Ⅰ　主控项目

4.3.1　型材和管材的品种、规格、性能应符合国家现行标准的规定并满足设计要求。型材和管进场时，应按国家现行标准的规定抽取试件且应进行屈服强度、抗拉强度、伸长率和厚度偏差检验，检验结果应符合国家现行标准的规定。

检查数量：质量证明文件全数检查；抽样数量按进场批次和产品的抽样检验方案确定。

检验方法：检查质量证明文件和抽样检验报告。

4.3.2　型材、管材应按本标准附录A的规定进行抽样复验，其复验结果应符合国家现行标准的规定并满足设计要求。

检查数量：按本标准附录A复验检验批量检查。

检验方法：见证取样送样，检查复验报告。

Ⅱ　一般项目

4.3.3　型材、管材截面尺寸、厚度及允许偏差应满足其产品标准的要求。

检查数量：每批同一品种、规格的型材或管材抽检10%，且不应少于3根，每根检测3处。

检验方法：用钢尺、游标卡尺及超声波测厚仪量测。

4.3.4　型材、管材外形尺寸允许偏差应满足其产品标准的要求。

检查数量：每批同一品种、规格的型材或管材抽检10%，且不应少于3根。

检验方法：用拉线和钢尺量测。

4.3.5　型材、管材的表面外观质量应符合本标准第4.2.5条的规定。

检查数量：全数检查。

检验方法：观察检查。

注：规范或标准中以黑体字标志的条文为强制性条文，必须严格执行。

3. 根据规范要求，H300×300×10×16型钢的尺寸、外形的允许偏差分别是什么？重量允许偏差是多少？

摘录：《热轧H型钢和剖分T型钢》GB/T 11263—2017

5.2　尺寸、外形及允许偏差

5.2.1　H型钢和剖分T型钢尺寸、外形及允许偏差应分别符合表3和表4的规定。根据需方要求，H型钢和剖分T型钢的尺寸、外形及允许偏差也可执行供需双方协议规定。

5.2.2　H型钢和剖分T型钢的切断面上不应有大于8mm的毛刺。

5.2.3　H型钢和剖分T型钢不应有明显的扭转。

5.3　重量及允许偏差

5.3.1　H型钢和剖分T型钢应按理论重量交货（理论重量按密度为7.85g/cm^{3}计算）。经供需双方协商并在合同中注明，亦可按实际重量交货。

5.3.2　H型钢和剖分T型钢交货重量允许偏差应符合表5的规定，重量偏差按式（1）计算。

$$\text{重量偏差}=\frac{\text{实际重量}-\text{理论重量}}{\text{理论重量}}\times 100\% \tag{1}$$

表3　H型钢尺寸、外形允许偏差　　（单位：毫米）

项目			允许偏差		图示
高度 H（按型号）		<400	±2.0		
		≥400～<600	±3.0		
		≥600	±4.0		
宽度 B（按型号）		<100	±2.0		
		≥100～<200	±2.5		
		≥200	±3.0		
厚度	t_1	<5	±0.5		
		≥5～<16	±0.7		
		≥16～<25	±1.0		
		≥25～<40	±1.5		
		≥40	±2.0		
	t_2	<5	±0.7		
		≥5～<16	±1.0		
		≥16～<25	±1.5		
		≥25～<40	±1.7		
		≥40	±2.0		
长度		≤7m	$^{+60}_{0}$		
		>7m	长度每增加1m或不足1m时，正偏差在上述基础上加5mm		
翼缘斜度 T 或 T'		高度（型号）≤300	B≤150	≤1.5	
			B>150	≤1.0%B	
		高度（型号）>300	B≤125	≤1.5	
			B>125	≤1.2%B	

续表

项目		允许偏差	图示
弯曲度(适用于上下、左右大弯曲)	高度(型号)≤300	≤长度的 0.15%	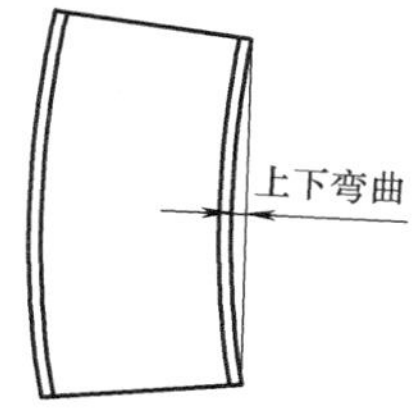 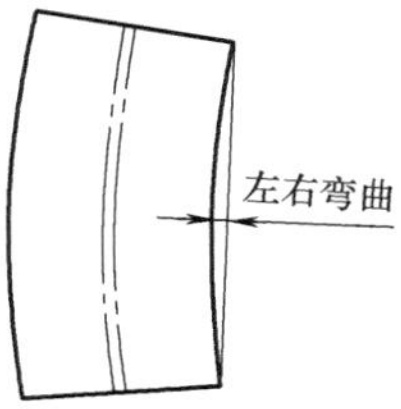 上下弯曲
	高度(型号)>300	≤长度的 0.10%	左右弯曲
中心偏差 S	高度(型号)≤300 且宽度(型号)≤200	±2.5	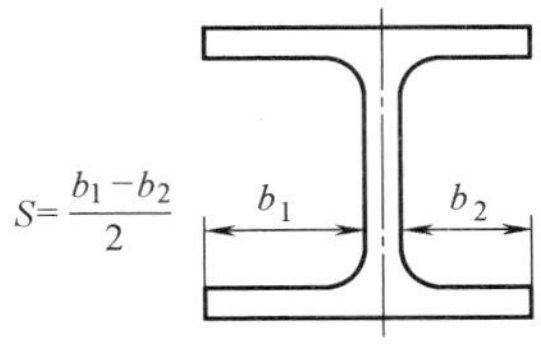 $S=\frac{b_1-b_2}{2}$
	高度(型号)>300 或宽度(型号)>200	±3.5	
腹板弯曲 W	高度(型号)<400	≤2.0	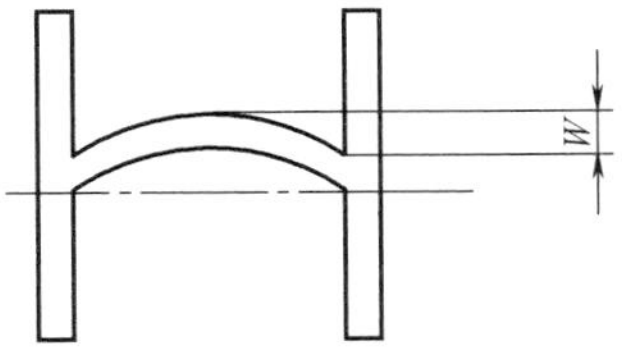
	≥400～<600	≤2.5	
	≥600	≤3.0	
翼缘弯曲 F	宽度 B≤400	≤1.5%b 但是,允许偏差的最大值为 1.5mm	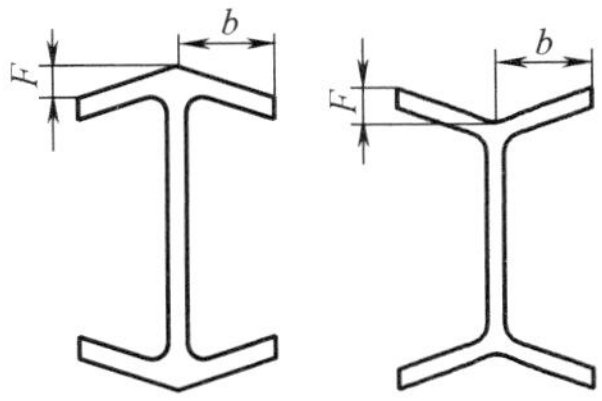
端面斜度 E	B≤200	≤3.0	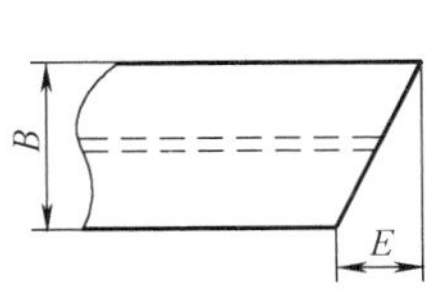 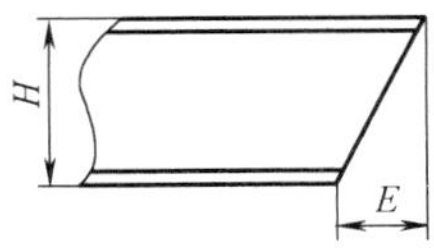
	B>200	≤1.6%B	

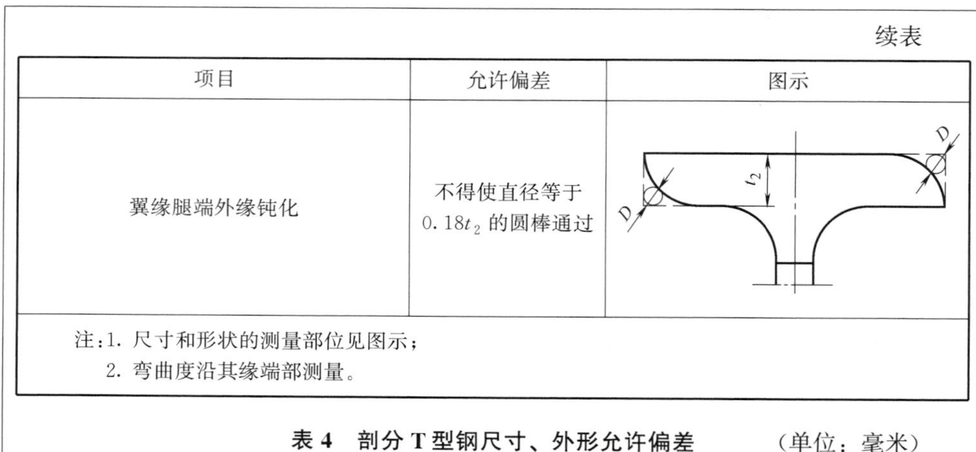

续表

项目	允许偏差	图示
翼缘腿端外缘钝化	不得使直径等于 $0.18t_2$ 的圆棒通过	
注：1. 尺寸和形状的测量部位见图示； 2. 弯曲度沿其缘端部测量。		

表4　剖分T型钢尺寸、外形允许偏差　　（单位：毫米）

项目		允许偏差	图示
高度 h（按型号）	＜200	+4.0 −6.0	
	≥200～＜300	+5.0 −7.0	
	≥300	+6.0 −8.0	
翼缘弯曲 F'	连接部位	$F' \leqslant B/200$ 且 $F' \leqslant 1.5$	
	一般部位 $B \leqslant 150$ $B > 150$	$F' \leqslant 2.0$ $F' \leqslant B/150$	
注：其他部位的允许偏差，按对应H型钢规格的部位允许偏差。			

表5　H型钢和剖分T型钢交货重量允许偏差

类别	重量允许偏差
H型钢	每根重量偏差±6%，每批交货重量偏差±4%
剖分T型钢	每根重量偏差±7%，每批交货重量偏差±5%

4. 对于结构用型钢的屈服强度、抗拉强度、伸长率、冷弯性能、冲击韧性等力学性能，在什么情况下必须进行抽样复验？依据什么标准进行取样（注：力学性能的具体检测方法同子任务6.1）？

5. 结构用型钢的屈服强度、抗拉强度、伸长率、冷弯性能、冲击韧性等力学性能，需要满足什么标准的技术要求？

摘录：《钢结构工程施工质量验收标准》GB 50205—2020

附录A　钢材复验检测项目与检测方法

A.0.1　钢材质量合格验收应符合下列规定：

1. 全数检查钢材的质量合格证明文件、中文标志及检验报告等，检查钢材的品种、规格、性能等应符合国家现行标准的规定并满足设计要求。

2. 对属于下列情况之一的钢材，应进行抽样复验，其复验结果应符合国家现行产品标准的规定并满足设计要求。

1）结构安全等级为一级的重要建筑主体结构用钢材；

2）结构安全等级为二级的一般建筑，当其结构跨度大于60m或高度大于100m时或承受动力荷载需要验算疲劳的主体结构用钢材；

3）板厚不小于40mm，且设计有Z向性能要求的厚板；

4）强度等级大于或等于420MPa高强度钢材；

5）进口钢材、混批钢材或质量证明文件不齐全的钢材；

6）设计文件或合同文件要求复验的钢材。

A.0.2　钢材复验检验批量标准值是根据同批钢材量确定的，同批钢材应由同一牌号、同一质量等级、同一规格、同一交货条件的钢材组成。检验批量标准值可按表A.0.2采用。

表A.0.2　钢材复验检验批量标准值（t）

同批钢材量	检验批量标准值
≤500	180
501～900	240
901～1500	300
1501～3000	360
3001～5400	420
5401～9000	500
>9000	600

注：同一规格可参照板厚度分组：≤16mm；>16mm，≤40mm；>40mm，≤63mm；>63mm，≤80mm；>80mm，≤100mm；>100mm。

A.0.3　根据建筑结构的重要性及钢材品种不同，对检验批量标准值进行修正，检验批量值取10的整数倍。修正系数可按表A.0.3采用。

表A.0.3　钢材复验检验批量修正系数

项目	修正系数
1. 建筑结构安全等级一级，且设计使用年限100年重要建筑用钢材； 2. 强度等级大于或等于420MPa高强度钢材	0.85
获得认证且连续三批均检验合格的钢材产品	2.00
其他情况	1.00

注：修正系数为2.00的钢材产品，当检验出现不合格时，应按照修正系数1.00重新确定检验批量。

A.0.4 钢材的复验项目应满足设计文件的要求，当设计文件无要求时可按表A.0.4执行。

表 A.0.4 每个检验批复验项目及取样数量

序号	复验项目	取样数量	适用标准编号	备注
1	屈服强度、抗拉强度、伸长率	1	GB/T 2975、GB/T 228.1	承重结构采用的钢材
2	冷弯性能	3	GB/T 232	焊接承重结构和弯曲成型构件采用的钢材
3	冲击韧性	3	GB/T 2975、GB/T 229	需要验算疲劳的承重结构采用的钢材
4	厚度方向断面收缩率	3	GB/T 5313	焊接承重结构采用的Z向钢
5	化学成分	1	GB/T 20065、GB/T 223 系列标准、GB/T 4336、GB/T 20125	焊接结构采用的钢材保证项目：P、S、C(CEV)；非焊接结构采用的钢材保证项目：P、S
6	其他	由设计提出要求		

摘录：《热轧型钢》GB/T 706—2016

5 技术要求

5.1 牌号和化学成分

钢的牌号和化学成分（熔炼分析）应符合GB/T 700或GB/T 1591的有关规定。根据需方要求，经供需双方协议，也可按其他牌号和化学成分供货。

5.2 力学性能

型钢的力学性能应符合GB/T 700或GB/T 1591的有关规定。根据需方要求，经供需双方协议，也可按其他力学性能指标供货。

6. 碳素结构钢分别有哪些牌号？以12mm厚牌号Q235为例，具体说明碳素结构钢力学性能的技术要求及工艺性能要求。

摘录：《碳素结构钢》GB/T 700—2006

3 牌号表示方法和符号

3.1 牌号表示方法

钢的牌号由代表屈服强度的字母、屈服强度数值、质量等级符号、脱氧方法符号4个部分按顺序组成。例如：Q235AF。

3.2　符号

Q——钢材屈服强度“屈”字汉语拼音首位字母；

A、B、C、D——分别为质量等级；

F——沸腾钢“沸”字汉语拼音首位字母；

Z——镇静钢“镇”字汉语拼音首位字母；

TZ——特殊镇静钢“特镇”两字汉语拼音首位字母。

在牌号组成表示方法中，“Z”与“TZ”符号可以省略。

……

5　技术要求

5.1　牌号和化学成分

5.1.1　钢的牌号和化学成分（熔炼分析）应符合表1的规定。

表1

<table>
<tr><th rowspan="2">牌号</th><th rowspan="2">统一数字代号[a]</th><th rowspan="2">等级</th><th rowspan="2">厚度(或直径)/mm</th><th rowspan="2">脱氧方法</th><th colspan="5">化学成分(质量分数)/%,不大于</th></tr>
<tr><th>C</th><th>Si</th><th>Mn</th><th>P</th><th>S</th></tr>
<tr><td>Q195</td><td>U11952</td><td>—</td><td>—</td><td>F、Z</td><td>0.12</td><td>0.30</td><td>0.50</td><td>0.035</td><td>0.040</td></tr>
<tr><td rowspan="2">Q215</td><td>U12152</td><td>A</td><td rowspan="2">—</td><td rowspan="2">F、Z</td><td rowspan="2">0.15</td><td rowspan="2">0.35</td><td rowspan="2">1.20</td><td rowspan="2">0.045</td><td>0.050</td></tr>
<tr><td>U12155</td><td>B</td><td>0.045</td></tr>
<tr><td rowspan="4">Q235</td><td>U12352</td><td>A</td><td rowspan="4">—</td><td rowspan="2">F、Z</td><td>0.22</td><td rowspan="4">0.35</td><td rowspan="4">1.40</td><td rowspan="2">0.045</td><td>0.050</td></tr>
<tr><td>U12355</td><td>B</td><td>0.20[b]</td><td>0.045</td></tr>
<tr><td>U12358</td><td>C</td><td>Z</td><td rowspan="2">0.17</td><td>0.040</td><td>0.040</td></tr>
<tr><td>U12359</td><td>D</td><td>TZ</td><td>0.035</td><td>0.035</td></tr>
<tr><td rowspan="5">Q275</td><td>U12752</td><td>A</td><td>—</td><td>F、Z</td><td>0.24</td><td rowspan="5">0.35</td><td rowspan="5">1.50</td><td>0.045</td><td>0.050</td></tr>
<tr><td rowspan="2">U12755</td><td rowspan="2">B</td><td>≤40</td><td rowspan="2">Z</td><td>0.21</td><td rowspan="2">0.045</td><td rowspan="2">0.045</td></tr>
<tr><td>>40</td><td>0.22</td></tr>
<tr><td>U12758</td><td>C</td><td rowspan="2">—</td><td>Z</td><td rowspan="2">0.20</td><td>0.040</td><td>0.040</td></tr>
<tr><td>U12759</td><td>D</td><td>TZ</td><td>0.035</td><td>0.035</td></tr>
</table>

[a] 表中为镇静钢。特殊镇静钢牌号的统一数字，沸腾钢牌号的统一数字代号如下：

Q195F——U11950；

Q215AF——U12150，Q215BF——U12153；

Q235AF——U12350，Q235BF——U12353；

Q275AF——U12750。

[b] 经需方同意，Q235B的碳含量可不大于0.22%。

……

5.4　力学性能

5.4.1　钢材的拉伸和冲击试验结构应符合表2的规定，弯曲试验结果应该符合表3的规定。

表 2

牌号	等级	屈服强度[a] R_{eH}/(N/mm^2),不小于						抗拉强度[b] R_m/(N/mm^2)	断后伸长率 A/%,不小于					冲击试验(V 型缺口)	
		厚度(或直径)/mm							厚度(或直径)/mm					温度/℃	冲击吸收功(纵向)/J 不小于
		≤16	>16~40	>40~60	>60~100	>100~150	>150~200		≤40	>40~60	>60~100	>100~150	>150~200		
Q195	—	195	185	—	—	—	—	315~430	33	—	—	—	—	—	—
Q215	A	215	205	195	185	175	165	335~450	31	30	29	27	26	—	—
	B													+20	27
Q235	A	235	225	215	215	195	185	370~500	26	25	24	22	21	—	—
	B													+20	27[c]
	C													0	
	D													−20	
Q275	A	275	265	255	245	225	215	410~540	22	21	20	18	17	—	—
	B													+20	27
	C													0	
	D													−20	

[a] Q195 的屈服强度值仅供参考,不作交货条件。

[b] 厚度大于 100mm 的钢材,抗拉强度下限允许降低 20N/mm^2。宽带钢(包括剪切钢板)抗拉强度上限不作交货条件。

[c] 厚度小于 25mm 的 Q235B 级钢材,如供方能保证冲击吸收功值合格,经需方同意,可不作检验。

表 3

牌号	试样方向	冷弯试验 180°　$B=2a$[a]	
		钢材厚度(或直径)[b]/mm	
		≤60	>60~100
		弯心直径	
Q195	纵	0	—
	横	0.5a	
Q215	纵	0.5a	1.5a
	横	a	2a
Q235	纵	a	2a
	横	1.5a	2.5a
Q275	纵	1.5a	2.5a
	横	2a	3a

[a] B 为试样宽度,a 为试样厚度(或直径)。

[b] 钢材厚度(或直径)大于 100mm 时,弯曲试验由双方协商确定。

知识小链接：

碳素结构钢是碳素钢的一种。含碳量约0.05%～0.70%，个别可高达0.90%。可分为普通碳素结构钢和优质碳素结构钢两类。前者含杂质较多，价格低廉，用于对性能要求不高的地方，它的含碳量多数在0.30%以下，含锰量不超过0.80%，强度较低，但塑性、韧性、冷变形性能好。除少数情况外，一般不进行热处理，直接使用。多制成条钢、异型钢材、钢板等。用途很多，用量很大，主要用于铁道、桥梁、各类建筑工程，制造承受静载荷的各种金属构件及不重要不需要热处理的机械零件和一般焊接件。优质碳素结构钢钢质纯净，杂质少，力学性能好，可经热处理后使用。根据含锰量分为普通含锰量（小于0.80%）和较高含锰量（0.80%～1.20%）两组。含碳量在0.25%以下，多不经热处理直接使用，或经渗碳、碳氮共渗等处理，制造中小齿轮、轴类、活塞销等；含碳量在0.25%～0.60%，典型钢号有40、45、40Mn、45Mn等，多经调质处理，制造各种机械零件及紧固件等；含碳量超过0.60%，如65、70、85、65Mn、70Mn等，多作为弹簧钢使用。国家标准将碳素结构钢分为五个牌号，每个牌号又分为不同的质量等级。一般来讲数值越大，含碳量越高，其强度、硬度也就越高，但塑性、韧性越低，平炉钢和氧气转炉钢质量均较好，硫、磷含量低的D、C级钢质量优于B、A级钢的质量。特殊镇静钢质量优于镇静钢，更优于沸腾钢，当然质量好的钢成本较高。

工程结构的荷载类型、焊接情况及环境温度等条件对钢材性能有不同的要求，选用钢材时必须满足。一般情况下，沸腾钢在下述情况下是限制使用的：①在直接承受动荷载的焊接结构。②非焊接结构而计算温度等于或低于−20℃时。③受静荷载及间接动荷载作用，而计算温度等于或低于−30℃时的焊接结构。

建筑钢结构中，主要应用的是碳素钢Q235，即用Q235轧成的各种型材、钢板和管材。Q235钢的强度、韧性和塑性以及可加工等综合性能好，且冶炼方便，成本较低。由于Q235-D含有足够的形成细粒结构的元素，同时对硫、磷元素控制较严格，其冲击韧性好，抵抗振动、冲击荷载能力强，尤其在一定负温条件下，较其他牌号更为合理。A级钢一般仅适用于承受静荷载作用的结构。Q215钢强度低、塑性大、受力产生变形大，经冷加工后可代替Q235钢使用。Q275钢虽然强度高，但塑性较差，有时轧成带肋钢筋用于混凝土中。

7. 低合金高强度结构钢分别有哪些牌号？以厚度16mm牌号Q420B为例，具体说明低合金高强度结构钢力学性能的技术要求及工艺性能要求。

摘录：《低合金高强度结构钢》GB/T 1591—2018

4　牌号表示方法

4.1　钢的牌号由代表屈服强度“屈”字的汉语拼音首字母Q、规定的最小上屈服强度数值、交货状态代号、质量等级符号（B、C、D、E、F）四个部分组成。

注1：交货状态为热轧时，交货状态代号AR或WAR可省略；交货状态头正火或正火轧制状态时，交货状态代号均用N表示。

注2：Q+规定的最小上屈服强度数值+交货状态代号，简称为“钢级”。

示例：Q355ND。其中：

Q——钢的屈服强度的“屈”字汉语拼音的首字母；

355——规定的最小上屈服强度数值，单位为兆帕（MPa）；

N——交货状态为正火或正火轧制；

D——质量等级为D级。

4.2　当需方要求钢板具有厚度方向性能时，则在上述规定的牌号后加上代表厚度方向（Z向）性能级别的符号，如：Q355NDZ25。

……

7　技术要求

7.1　钢的牌号及化学成分

7.1.1　热轧钢的牌号及化学成分（熔炼分析）应符合表1的规定，其碳当量值应符合表2的规定。

7.1.2　正火及正火轧制钢的牌号及化学成分（熔炼分析）应符合表3的规定，其碳当量值应符合表4的规定。

7.1.3　热机械轧制钢的牌号及化学成分（熔炼分析）应符合表5的规定，其碳当量值应符合表6的规定。当热机械轧制钢的碳含量不大于0.12%时，宜采用焊接裂纹敏感性指数（Pcm）代替碳当量评估钢材的可焊性，Pcm值应符合表6的规定。经供需双方协商，可指定采用碳当量或焊接裂纹敏感性指数评估钢材的可焊性，当未指定时，供方可任选其一。

表1　热轧钢的牌号及化学成分

牌号		化学成分(质量分数)/%														
钢级	质量等级	C[a]		Si	Mn	P[c]	S[c]	Nb[d]	V[e]	Ti[e]	Cr	Ni	Cu	Mo	N[f]	B
		≤40[b]	>40													
		不大于		不大于												
Q355	B	0.24		0.55	1.60	0.035	0.035	—	—	—	0.30	0.30	0.40	—	0.012	—
	C	0.20	0.22			0.030	0.030									
	D	0.20	0.55			0.025	0.025								—	
Q390	B	0.20		0.55	1.70	0.035	0.035	0.05	0.13	0.05	0.30	0.50	0.40	0.10	0.015	—
	C					0.030	0.030									
	D					0.025	0.025									

续表

牌号		化学成分(质量分数)/%														
钢级	质量等级	C[a]		Si	Mn	P[c]	S[c]	Nb[d]	V[e]	Ti[e]	Cr	Ni	Cu	Mo	N[f]	B
		≤40[b]	>40	不大于												
		不大于														
Q420[g]	B	0.20		0.55	1.70	0.035	0.035	0.05	0.13	0.05	0.30	0.80	0.40	0.20	0.015	—
	C					0.030	0.030									
Q460[g]	C	0.20		0.55	1.80	0.030	0.030	0.05	0.13	0.05	0.30	0.80	0.40	0.20	0.015	0.004

[a] 公称厚度大于100mm的型钢,碳含量可由供需双方协商确定。

[b] 公称厚度大于30mm的钢材,碳含量不大于0.22%。

[c] 对于型钢和棒材,其磷和硫含量上限值可提高0.005%。

[d] Q390、Q420最高可到0.07%,Q460最高可到0.11%。

[e] 最高可到0.20%。

[f] 如果钢中酸溶铝Als含量不小于0.015%或全铝Alt含量不小于0.020%,或添加了其他固氮合金元素,氮元素含量不作限制,固氮元素应在质量证明书中注明。

[g] 仅适用于型钢和棒材。

表2 热轧状态交货钢材的碳当量(基于熔炼分析)

牌号		碳当量CEV(质量分数)/%				
钢级	质量等级	公称厚度或直径/mm				
		≤30	>30~63	>63~150	>150~250	>250~400
Q355[a]	B	0.45	0.47	0.47	0.49[b]	—
	C					—
	D					0.49[c]
Q390	B	0.45	0.47	0.48	—	—
	C					
	D					
Q420[d]	B	0.45	0.47	0.48	0.49[b]	—
	C					
Q460[d]	C	0.47	0.49	0.49	—	—

[a] 当需对硅含量控制时(例如热浸镀锌涂层),为达到抗拉强度要求而增加其他元素如碳和锰的含量,表中最大碳当量值的增加应符合下列规定:
对于Si<0030%,碳当量可提高0.02%;
对于Si<025%,碳当量可提高0.01%。

[b] 对于型钢和棒材,其最大碳当量可到0.54%。

[c] 只适用于质量等级为D的钢板。

[d] 只适用于型钢和棒材。

……

7.4 力学性能及工艺性能

7.4.1 拉伸

7.4.1.1 热轧钢材的拉伸性能应符合表7和表8的规定。

7.4.1.2 正火、正火轧制钢材的拉伸性能应符合表9的规定。

7.4.1.3　热机械轧制（TMCP）钢材的拉伸性能应符合表 10 的规定。

7.4.1.4　根据需方要求，并在合同中注明，要求钢板厚度方向性能时，钢材厚度方向的断面收缩率应按 GB/T 5313 的规定。

7.4.1.5　对于公称宽度不小于 600mm 的钢板及钢带，拉伸试验取横向试样；其他钢材的拉伸试验取纵向试样。

7.4.2　夏比（V 型缺口）冲击

7.4.2.1　钢材的夏比（V 型缺口）冲击试验的试验温度及冲击吸收能量应符合表 11 的规定。

7.4.2.2　公称厚度不小于 6mm 或公称直径不小于 12mm 的钢材应做冲击试验，冲击试样取尺寸 10mm×10mm×55mm 的标准试样；当钢材不足以制取标准试样时，应采用 10mm×7.5mm×55mm 或 10mm×5mm×55mm 小尺寸试样，冲击吸收能量应分别为不小于表 11 规定值的 75%或 50%，应优先采用较大尺寸试样。

注：对于型钢，厚度是指 GB/T 2975 中规定的制备试样的厚度。

7.4.3　弯曲

7.4.3.1　根据需方要求，钢材可进行弯曲试验，其指标应符合表 12 的规定。

7.4.3.2　如供方能保证弯曲试验合格，可不做检验。

表 7　热轧钢材的拉伸性能

牌号		上屈服强度 R_{eH}^{a}/MPa									抗拉强度 R_m/MPa			
钢级	质量等级	≤16	>16～40	>40～63	>63～80	>80～100	>100～150	>150～200	>200～250	>250～400	≤100	>100～150	>150～250	>250～400
Q355	B、C	355	345	335	325	315	295	285	275	—	470～630	450～600	450～600	—
	D									265[b]				450～600[b]
Q390	B、C、D	390	390	360	340	340	320	—	—	—	490～650	470～620	—	—
Q420[c]	B、C	420	420	390	370	370	350	—	—	—	520～680	500～650	—	—
Q460[c]	C	460	450	430	410	410	390	—	—	—	550～720	530～700	—	—

[a] 当屈服不明显时，可用规定塑性延伸强度 $R_{p0.2}$ 代替上屈服强度。
[b] 只适用于质量等级为 D 的钢板。
[c] 只适用于型钢和棒材。

表 8　热轧钢材的伸长率

牌号		断后伸长率 A/%　不小于						
		公称厚度或直径/mm						
钢级	质量等级	试样方向	≤40	>40～63	>63～100	>100～150	>150～250	>250～400
Q355	B、C、D	纵向	22	21	20	18	17	17[a]
		横向	20	19	18	18	17	17[a]

续表

牌号		断后伸长率 $A/\%$ 不小于						
		公称厚度或直径/mm						
钢级	质量等级	试样方向	≤40	>40~63	>63~100	>100~150	>150~250	>250~400
Q390	B、C、D	纵向	21	20	20	19	—	—
		横向	20	19	19	18	—	—
Q420[b]	B、C	纵向	20	19	19	19	—	—
Q460[b]	C	纵向	18	17	17	17	—	—

[a] 只适用于质量等级为D的钢板。

[b] 只适用于型钢和棒材。

……

表11 夏比（V型缺口）冲击试验的温度和冲击吸收能量

牌号		以下试验温度的冲击吸收能力最小值 KV_2/J									
钢级	质量等级	20℃		0℃		−20℃		−40℃		−60℃	
		纵向	横向	纵向	横向	纵向	横向	纵向	横向	纵向	横向
Q355、Q390、Q420	B	34	27	—	—	—	—	—	—	—	—
Q355、Q390、Q420、Q460	C	—	—	34	27	—	—	—	—	—	—
Q355、Q390	D	—	—	—	—	34[a]	27[a]	—	—	—	—
Q355N、Q390N、Q420N	B	34	27	—	—	—	—	—	—	—	—
Q355N、Q390N、Q420N、Q460N	C	—	—	34	27	—	—	—	—	—	—
	D	55	31	47	27	40[b]	20	—	—	—	—
	E	63	40	55	34	47	27	31[c]	20[c]	—	—
Q355N	F	63	40	55	34	47	27	31	20	27	16
Q355M、Q390M、Q420M	B	34	27	—	—	—	—	—	—	—	—
Q355M、Q390M、Q420M、Q460M	C	—	—	34	27	—	—	—	—	—	—
	D	55	31	47	27	40[b]	20	—	—	—	—
	E	63	40	55	34	47	27	31[c]	20[c]	—	—
Q355M	F	63	40	55	34	47	27	31	20	27	16
Q500M、Q550M、Q620M、Q690M	C	—	—	55	34	—	—	—	—	—	—
	D	—	—	—	—	47[b]	27	—	—	—	—
	E	—	—	—	—	—	—	31[c]	20[c]	—	—

当需方未指定试验温度时，正火、正火轧制和热机械轧制的C、D、E、F级钢材分别做0℃、−20℃、−40℃、−60℃冲击。

冲击试验取纵向试样。经供需双方协商，也可取横向试样。

[a] 仅适用于厚度大于250mm的Q355D钢板。

[b] 当需方指定时，D级钢可做−30℃冲击试验时，冲击吸收能量纵向不小于27J。

[c] 当需方指定时，E级钢可做−50℃冲击时，冲击吸收能量纵向不小于27J、横向不小于16J。

表12　弯曲试验

试样方向	180°弯曲试验 D—弯曲压头直径，a—试样厚度或直径	
	公称厚度或直径/mm	
	≤16	>16～100
对于公称宽度不小于600mm的钢板及钢带，拉伸试验取横向试样；其他钢材的拉伸试验取纵向试样	$D=2a$	$D=3a$

知识小链接：

低合金高强度结构钢是在含碳量Wc≤0.20%的碳素结构钢基础上，加入少量的合金元素发展起来的，韧性高于碳素结构钢，同时具有良好的焊接性能、冷热压力加工性能和耐腐蚀性，部分钢种还具有较低的脆性转变温度。此类钢中除含有一定量硅或锰基本元素外，还含有其他适合我国资源情况的元素。如钒（V）、铌（Nb）、钛（Ti）、铝（Al）、钼（Mo）、氮（N）等微量元素。按化学成分和性能要求，其牌号由代表屈服强度“屈”字的汉语拼音首字母Q、规定的最小上屈服强度数值、交货状态代号、质量等级符号（B、C、D、E、F）四个部分组成。热轧钢牌号有：Q355B、C、E，Q390B、C、D、E，Q420B、C，Q460C；正火、正火轧制钢牌号有：Q355NB、C、E、F，Q390NB、C、D、E，Q420NB、C、D、E，Q460NC、D、E；热机械轧制钢牌号：Q355MB、C、E、F，Q390MB、C、D、E，Q420MB、C、D、E，Q460MC、D、E，Q500MC、D、E，Q550MC、D、E，Q620MC、D、E，Q690MC、D、E。此类钢与碳素结构钢相比，具有强度高、综合性能好、使用寿命长、应用范围广、比较经济等优点。该钢多轧制成板材、型材、无缝钢管等，被广泛用于桥梁、船舶、锅炉、车辆及重要建筑结构中。

Q355分B～E五级。在较低强度级别的钢中，以Q355最具有代表性。综合力学性能和低温冲击韧性良好，焊接性能和冷热压力加工性能良好，用于建筑结构、化工容器、管道、起重机械和鼓风机等。

Q390具有良好的综合力学性能，分为B～E五级，应用于中高压锅锅筒、中高压石油化工容器、大型船舶、桥梁、车辆、起重机及其他较高载荷的焊接结构件等。

Q420分B～E五级，具有良好的综合力学性能，应用于大型船舶、桥梁、电站设备、起重机械机车车辆、管道、中高压锅炉及容器、重型焊接结构件等。

Q460分C～E三级，具有良好的力学性能，可淬火后用于大型挖掘机、起重运输机械、钻井平台。值得一提的是国家体育馆“鸟巢”主体钢架结构采用Q460E，Q460E钢比一般建筑用钢的强度及其他性能高一倍左右。

Q500分C～E三级，强度和硬度很高，需在500℃下使用，多用于石油、化工中的中温高压容器或锅炉，还可用于大锻件，如水轮机大轴等。

桥梁工程同样需要使用各种规格的型钢，由于桥梁工程承受的动荷载更大，对钢材的冲击韧性、疲劳性能要求非常高。下面对桥梁用结构钢进行质量验收。

1）Q460qDNHZ15 中的 Q 表示____________________，460 表示____________________________，q 表示__________________________，D 表示______________________，NH 表示____________，Z15 表示______________________。

2）钢的质量等级主要与哪些化学成分有关？

3）以 30mm 厚的 Q460q 为例具体说明桥梁用结构钢力学性能的技术要求及工艺性能要求。

摘录：《桥梁用结构钢》GB/T 714—2015

4　牌号表示方法

钢的牌号由代表屈服强度的汉语拼音字母、规定最小屈服强度值、桥字的汉语拼音首位字母、质量等级符号等几个部分组成。

示例：Q120qD。其中：

Q——桥梁用钢屈服强度的“屈”字汉语拼音的首位字母；

420——规定最小屈服强度数值，单位“MPa”；

q——桥梁用钢的“桥”字汉语拼音的首位字母；

D——质量等级为 D 级。

当以热机械轧制状态交货的 D 级钢板，且具有耐候性能及厚度方向性能时，则在上述规定的牌号后分别加上耐候（NH）及厚度方向（Z 向）性能级别的代号。

示例：Q420qDNHZ15。

……

7　技术要求

7.1　牌号及化学成分

7.1.1　不同交货状态的钢牌号及化学成分（熔炼分析）应符合表 1～表 5 的规定。耐大气腐蚀钢、调质钢的合金元素含量，可根据供需双方协议进行调整。相关标准的牌号对照参见附录 A。

表 1　各牌号及质量等级钢磷、硫、硼、氢成分要求

质量等级	化学成分(质量分数)(%)			
	P	S	B[a,b]	H[a]
	不大于			
C	0.030	0.025	0.0005	0.0002
D	0.025	0.020[c]		
E	0.020	0.010		
F	0.015	0.006		

[a] 钢中残余元素 B、H 供方能保证时,可不进行分析。

[b] 调质钢中添加元素 B 时,不受此限制,且进行分析并填入质量证明书中。

[c] Q420 及以上级别 S 含量不大于 0.015%。

表 2　热轧或正火钢化学成分

牌号	质量等级	化学成分(质量分数)(%)										
		C	Si	Mn	Nb[a]	V[a]	Ti[a]	Als[a,b]	Cr	Ni	Cu	N
		不大于							不大于			
Q345q	C D E	0.18	0.55	0.90～1.60	0.005～0.060	0.010～0.050	0.006～0.030	0.010～0.045	0.30	0.30	0.30	0.008
Q370q				0.90～1.60								

[a] 钢中 Al、Nb、V、Ti 可单独或组合加入,单独加入时,应符合表中规定;组合加入时,应至少保证一种合金元素含量达到表中下限规定,且 Nb+ V+Ti ≤0.22%。

[b] 当采用全铝(Alt)含量计算时,全铝含量应为 0.015%～0.050%。

表 3　热机械轧制钢化学成分

牌号	质量等级	化学成分(质量分数)/%											
		C	Si	Mn[a]	Nb[b]	V[b]	Ti[b]	Als[b,c]	Cr	Ni	Cu	Mo	N
		不大于						不大于					
Q345q	C D E	0.14	0.55	0.90～1.60	0.010～0.090	0.010～0.080	0.006～0.030	0.010～0.045	0.30	0.30	0.30	—	0.008
Q370q	D E			1.00～1.60									
Q420q	D E F	0.11							0.50	0.30		0.20	
Q460q				1.00～1.70								0.25	
Q500q									0.80	0.70		0.30	

[a] 经供需双方协议,锰含量最大可到 2.00%。

[b] 钢中 Al、Nb、V、Ti 可单独或组合加入,单独加入时,应符合表中规定;组合加入时,应至少保证一种合金元素含量达到表中下限规定,且 Nb+V+Ti≤0.22%。

[c] 当采用全铝(Alt)含量计算时,全铝含量应为 0.015%～0.050%。

表 4 调质钢化学成分

<table>
<tr><th rowspan="3">牌号</th><th rowspan="3">质量等级</th><th colspan="12">化学成分(质量分数)(%)</th></tr>
<tr><th>C</th><th>Si</th><th rowspan="2">Mn</th><th rowspan="2">Nb[a]</th><th rowspan="2">V[a]</th><th rowspan="2">Ti[a]</th><th rowspan="2">Als[a,b]</th><th rowspan="2">Cr</th><th rowspan="2">Ni</th><th rowspan="2">Cu</th><th rowspan="2">Mo</th><th rowspan="2">N</th></tr>
<tr><th colspan="2">不大于</th></tr>
<tr><td>Q500q</td><td rowspan="4">D
E
F</td><td>0.11</td><td rowspan="4">0.55</td><td rowspan="4">0.80~1.70</td><td rowspan="2">0.005~0.060</td><td rowspan="4">0.010~0.080</td><td rowspan="4">0.006~0.030</td><td rowspan="4">0.010~0.045</td><td rowspan="2">≤0.80</td><td rowspan="2">≤0.70</td><td rowspan="2">≤0.30</td><td rowspan="2">≤0.30</td><td rowspan="4">≤0.008</td></tr>
<tr><td>Q550q</td><td>0.12</td></tr>
<tr><td>Q620q</td><td>0.14</td><td rowspan="2">0.005~0.090</td><td>0.40~0.80</td><td>0.25~1.00</td><td rowspan="2">0.15~0.55</td><td>0.20~0.50</td></tr>
<tr><td>Q690q</td><td>0.15</td><td>0.40~1.00</td><td>0.25~1.20</td><td>0.20~0.60</td></tr>
<tr><td colspan="14">注:可添加B元素0.0005%~0.0030%。</td></tr>
<tr><td colspan="14">a 钢中Al、Nb、V、Ti可单独或组合加入,单独加入时,应符合表中规定;组合加入时,应至少保证一种合金元素含量达到表中下限规定,且Nb+V+Ti≤0.22%。
b 当采用全铝(Alt)含量计算时,全铝含量应为0.015%~0.050%。</td></tr>
</table>

表 5 耐大气腐蚀钢化学成分

<table>
<tr><th rowspan="3">牌号</th><th rowspan="3">质量等级</th><th colspan="12">化学成分[a,b,c](质量分数)(%)</th></tr>
<tr><th rowspan="2">C</th><th rowspan="2">Si</th><th rowspan="2">Mn[d]</th><th rowspan="2">Nb</th><th rowspan="2">V</th><th rowspan="2">Ti</th><th rowspan="2">Cr</th><th rowspan="2">Ni</th><th rowspan="2">Cu</th><th>Mo</th><th>N</th><th rowspan="2">Als[e]</th></tr>
<tr><th colspan="2">不大于</th></tr>
<tr><td>Q345qNH</td><td rowspan="6">D
E
F</td><td rowspan="6">≤0.11</td><td rowspan="6">0.15~0.50</td><td rowspan="6">1.10~1.50</td><td rowspan="6">0.010~0.100</td><td rowspan="6">0.010~0.100</td><td rowspan="6">0.006~0.030</td><td rowspan="4">0.40~0.70</td><td rowspan="4">0.30~0.40</td><td rowspan="4">0.25~0.50</td><td>0.10</td><td rowspan="6">0.008</td><td rowspan="6">0.015~0.050</td></tr>
<tr><td>Q370qNH</td><td>0.15</td></tr>
<tr><td>Q420qNH</td><td rowspan="2">0.20</td></tr>
<tr><td>Q460qNH</td></tr>
<tr><td>Q500qNH</td><td rowspan="2">0.45~0.70</td><td rowspan="2">0.30~0.45</td><td rowspan="2">0.25~0.55</td><td rowspan="2">0.25</td></tr>
<tr><td>Q550qNH</td></tr>
<tr><td colspan="14">a 铌、钒、钛、铝可单独或组合加入,组合加入时,应至少保证一种合金元素含量达到表中下限规定;Nb+V+Ti≤0.22%。
b 为控制硫化物形态要进行Ca处理。
c 对耐候钢耐腐蚀性的评定,参见附录C。
d 当卷板状态交货时Mn含量下限可到0.50%。
e 当采用全铝(Alt)含量计算时,全铝含量应为0.020%~0.055%。</td></tr>
</table>

……

7.4 力学性能

7.4.1 钢材的力学性能应符合表8的规定。

7.4.2 夏比(V型缺口)冲击吸收能量,按一组3个试样的算术平均值进行计算,允许其中有1个试样单个值低于表8规定值,但不得低于规定值的70%。

表8　钢材的力学性能

牌号	质量等级	拉伸试验[a,b]					冲击试验[c]	
		下屈服强度 R_{eL}(MPa)			抗拉强度 R_m(MPa)	断后伸长率 A(%)	温度(℃)	冲击吸收能量 KV_2(J)
		厚度≤50mm	50mm<厚度≤100mm	100mm<厚度≤150mm				
		不小于						不小于
Q345q	C	345	335	305	490	20	0	120
	D						−20	
	E						−40	
Q370q	C	370	360	—	510	20	0	120
	D						−20	
	E						−40	
Q420q	D	420	410	—	540	19	−20	120
	E						−40	
	F						−60	47
Q460q	D	460	450	—	570	18	−20	120
	E						−40	
	E						−60	47
Q500q	D	500	480	—	630	18	−20	120
	E						−40	
	F						−60	47
Q550q	D	550	530	—	660	16	−20	120
	E						−40	
	F						−60	47
Q620q	D	620	580	—	720	15	−20	120
	E						−40	
	F						−60	47
Q690q	D	690	650	—	770	14	−20	120
	E						−40	
	F						−60	47

[a] 当屈服不明显时，可测量 $R_{p0.2}$ 代替下屈服强度。

[b] 拉伸试验取横向试样。

[c] 冲击试验取纵向试样。

……

7.5　工艺性能

钢材的弯曲试验应符合表9的规定。当供方保证时，可不做弯曲试验。

表9 工艺性能

180°弯曲试验		
厚度≤16mm	厚度>16mm	弯曲结果
$D=2a$	$D=3a$	在试样外表面不应有肉眼可见的裂纹
注：D——弯曲压头直径；a——试样厚度。		

三、检测报告

1. 查阅标准《碳素结构钢》GB/T 700—2006，填写角钢相关的技术要求（表6.2-1）。

2. 对比检验结果和技术要求，评定角钢的质量。

钢材力学性能、工艺性能检验报告 **表6.2-1**

常规见证检验

委托单位：________ 报告编号：________

工程名称：________ 收样日期：________

见证人：________ 监督员：________ 检验日期：________

见证单位________ 报告日期：________

样品	样品编号		YP20A001C020001	此栏空白	此栏空白	此栏空白
	钢材种类		角钢			
	牌号(等级代号)		Q235B			
	钢材规格(mm)		50×5×2500			
	生产厂家		××钢铁有限公司			
	炉号(批号)		Q02200619-10			
	批量(t)		60			
	取样厚/直径(mm)		5			
	试样宽(mm)		50			
检评依据			GB/T 700—2006			
力学性能检验	试验方法		GB/T 228.1—2010			
	屈服强度(MPa)	检验结果	275			
		技术要求				
	抗拉强度(MPa)	检验结果	435			
		技术要求				
	伸长率(%)	检验结果	31			
		技术要求				
弯曲检验	试验方法		GB/T 232—2010			
	弯心直径(mm)		5			
	弯曲角度(°)		180			
	外表面裂纹检验	检验结果	无裂纹			
		技术要求				
结论						
备注						

注：未经本站书面批准，不得部分复制检验报告（完整复制除外）。

子任务6.3　钢材的品种及其应用

钢结构施工周期短，柔韧性高，抗振性能高；标准型材，易加工、易控制精准度；梁柱截面小，空间利用率高；管线可以借型材内部布线，节省空间和敷设造价；可实现大跨度结构及超高结构；钢材可以回收利用，可持续；钢材是国家建设中必不可少的重要物资，其在市政桥梁中应用非常广泛。建设工程中采用的钢材，包括钢筋、钢板、钢管、各种型钢、钢绞线及钢丝等。下面对不同钢材的品种及应用进行逐一介绍。

一、钢筋

1. 钢筋主要应用于什么场合？为什么钢筋和混凝土两种材料能结合在一起可成为性能优良的结构材料？

2. 按生产工艺不同，钢筋可分为哪几类？普通钢筋混凝土结构中常用哪类钢筋？

知识小链接：

钢筋是主要用于钢筋混凝土结构工程中的建筑钢材。钢筋混凝土结构以混凝土材料为主，并根据需要配置适合的钢筋作为承重材料。混凝土硬化后如同石料，抗压强度较高，但抗拉强度低；而钢筋的抗拉和抗压强度均很高，其抗火能力差、容易腐蚀，将两种材料有机结合在一起，可以取长补短，成为性能良好的结构材料。钢筋和混凝土这两种力学性能不同的材料，之所以能够结合在一起共同工作，主要原因有如下几方面：

（1）混凝土硬化后，钢筋和混凝土之间有较好的黏结力，在荷载作用下，可以保证两种材料协调变形、共同受力。这是钢筋和混凝土共同工作的基础。

（2）钢筋和混凝土具有基本相同的温度线膨胀系数［钢筋为 1.2×10^{-5}/℃，混凝土为 $(1.0\sim1.5)\times10^{-5}$/℃］。当温度变化时，两者不会因产生过大的变形而导致破坏。

（3）混凝土包裹钢筋，对钢筋有良好的保护作用，可防止钢筋锈蚀，提高钢筋的抗火能力和耐久性。

按照生产工艺的不同，钢筋可分为热轧钢筋、冷轧带肋钢筋、冷拉钢筋、热处理钢筋。

热轧钢筋是用加热钢坯制成的条形钢筋的。普通钢筋混凝土结构一般可根据条件选用 HPB300 及 HRB400 钢筋；预应力混凝土应优先选用 HRB500 钢筋，也可以选择 HRB400 钢筋。HRB400 钢筋在国内高层建筑、大型公共建筑、工业厂房、水电、桥梁等工程中得到广泛应用。500MPa 级钢筋也正在推广应用中，若代替 335MPa 级钢筋，可节约钢材 15%左右。通过设计比较得出，利用提高钢筋设计强度，而不是增加用钢量，来提高建筑结构的安全储备是一项经济合理的选择。因此，335MPa 级钢筋已逐步淘汰。

冷轧带肋钢筋作为钢筋深加工产品，尤其适用于焊接网的配筋形式，具有提高工程质量、节约钢材、简化施工、缩短工期等一系列优点。因此，其越来越受到工程界的重视，应用量逐年扩大。从今后发展来看，我国城镇和农村的住宅，中小跨度的仍将占较大的比例。因此，冷轧带肋钢筋仍将是中小预应力混凝土构件的主要钢种。另外，在钢筋混凝土上、下水管和电杆构件中，冷轧带肋钢筋也逐渐得到应用。

热处理钢筋是用热轧中碳低合金钢钢筋经淬火、回火调质处理工艺处理而成的钢筋。热处理钢筋具有较高的强度，较好的塑性和韧性，特别适合于预应力构件。钢筋成盘供应，可省去冷拉、调质和对焊工序，施工方便。但其应力腐蚀及缺陷敏感性强，应防止产生锈蚀及刻痕等现象。热处理钢筋不适用于焊接。

二、钢板

1. 由于钢板具有强度高、自重轻、抗振性能好、易加工、精密度高等优点，常被加工成钢箱梁、钢桁梁等用于市政桥梁，规范对加工前的钢板尺寸、不平度做了哪些规定？

2. 钢板尺寸、不平度是如何测量的？

3. 实际工程中，由于钢板的厚度尺寸直接影响钢材的承受荷载的能力，施工前需要严格控制钢板厚度。单轧钢板厚度为 6mm，长度为 1800mm，其厚度允许偏差是多少？

摘录：《热轧钢板和钢带的尺寸、外形、重量及允许偏差》GB/T 709—2019

5　尺寸

5.1　公称尺寸范围

钢板和钢带的公称尺寸范围应符合表1的规定。

表1　公称尺寸范围　　单位为毫米

产品名称	公称厚度	公称宽度	公称长度
单轧钢板	3.00～450	600～5300	2000～25000
宽钢带	≤25.40	600～2200	—
连轧钢带	≤25.40	600～2200	2000～25000
纵切钢带	≤25.40	120～900	2000～25000

5.2　推荐的公称尺寸

5.2.1　单轧钢板的公称厚度在表1所规定范围内，厚度小于30mm的钢板按0.5mm倍数的任何尺寸；厚度不小于30mm的钢板按1mm倍数的任何尺寸。

5.2.2　单轧钢板的公称宽度在表1所规定范围内，按10mm或50mm倍数的任何尺寸。

……

6　尺寸允许偏差

6.1　厚度允许偏差

6.1.1　单轧钢板厚度允许偏差

6.1.1.1　单轧钢板厚度允许偏差应符合表2（N类）的规定。

6.1.1.2　根据需方要求，并在合同中注明偏差类别，可供应公差值与表2规定公差值相等的其他偏差类别的单轧钢板，如A类、B类和C类偏差；也可供应公差值与表2规定公差值相等的限制上偏差的单轧钢板，上下偏差由供需双方协商规定。

6.1.1.3　对于厚度大于200mm的钢板，厚度公差也可由供需双方协商确定，并在合同中注明。

6.1.1.4　经供需双方协商，也可按照附录A给出的公差供货。

……

7　外形

7.1　不平度

7.1.1　单轧钢板

……

7.1.1.2.2　当波浪间距（直尺与钢板的两个接触点的距离）在300～1000mm之间，钢板的不平度最大值还应符合下列规定：

a) 普通不平度精度（PF.A）：钢类L的不平度最大值为波距的1.0%，钢类H的不平度最大值为波距的1.5%，且都应不超过表10的规定；

b）较高不平度精度（PF. B）：钢类 L 的不平度最大值为波距的 0.5%，钢类 H 的不平度最大值为波距的 1.0%，且都应不超过表 10 的规定。

……

8　尺寸及外形测量

8.1　不考核长度

对不切头尾的不切边钢带检查厚度、宽度时，两端不考核的总长度 L 为 90/公称厚度（L 单位为“mm”，公称厚度单位为“mm”），且应不大于 20m。

8.2　厚度

切边钢带（包括连轧钢板）在距纵边不小于 25mm 处测量；不切边钢带（包括连轧钢板）在距纵边不小于 40mm 处测量。切边单轧钢板在距边部（纵边和横边）不小于 25mm 处测量；不切边单轧钢板的测量部位由供需双方协议。

8.3　宽度

宽度应在垂直于钢板或钢带中心线的方位测量。

8.4　长度

钢板内最大矩形的长度。

8.5　不平度

8.5.1　将钢板自由地放在平面上，除钢板本身重量外不施加任何压力。

8.5.2　用一根长度为 1000mm 或 2000mm 的直尺，在距单轧钢板纵边至少 25mm 和距横边至少为 200mm 或 100mm 区域内的任何方向，测量钢板上表面与直尺之间的最大距离，见图 1。

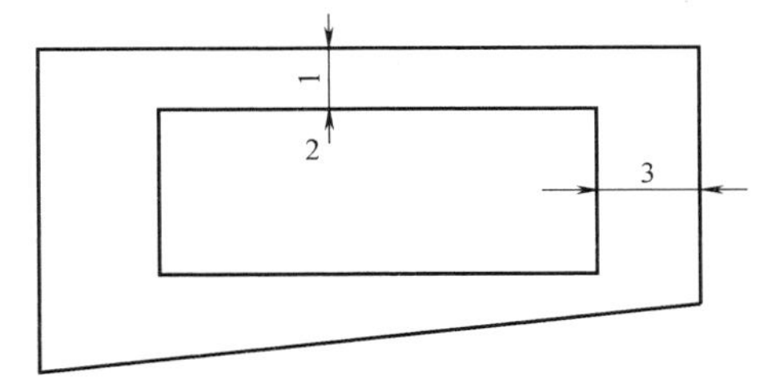

说明：

1—距纵边的垂直距离(25mm)；2—不平度的测量区；

3—距横边的垂直距离，普通不平度精度(PF.A)为200mm，较高不平度精度(PF.B)为100mm。

图 1　单轧钢板不平度的测量区

8.5.3　测量单轧钢板波谷上表面与直尺之间的最大距离，见图 2。

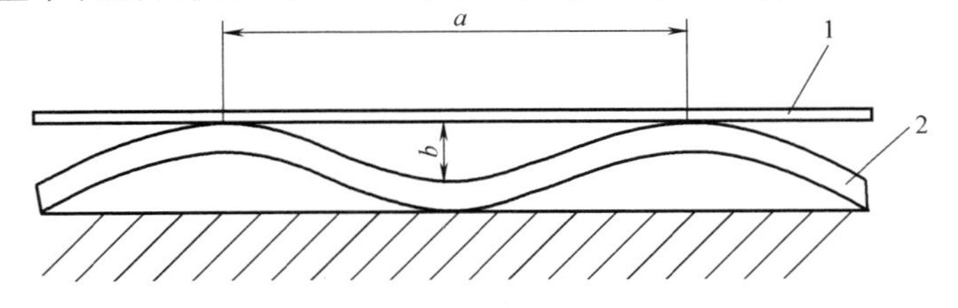

说明：

1—直尺；2—单轧钢板；

a—波峰间距；b—不平度。

图 2　单扎钢板不平度测量

表 2　单轧钢板厚度允许偏差（N 类、A 类、B 类、C 类）

单位为毫米

公称厚度	下列公称宽度的厚度允许偏差															
	≤1500				≥1500～2500				>2500～4000				>4000～5300			
	N类	A类	B类	C类	N类	A类	B类	C类	N类	A类	B类	C类	N类	A类	B类	C类
3.00～5.00	±0.45	+0.55 −0.35	+0.60	+0.90	±0.55	+0.70 −0.40	+0.80	+1.10	±0.65	+0.85 −0.45	+1.00	+1.30	—	—	—	—
>5.00～8.00	±0.50	+0.45 −0.35	+0.70	+1.00	±0.60	+0.75 −0.45	+0.90	+1.20	±0.75	+0.95 −0.55	+1.20	+1.50	—	—	—	—
>8.00～15.0	±0.55	+0.70 −0.40	+0.80	+1.10	±0.65	+0.85 −0.45	+1.00	+1.30	±0.80	+1.05 −0.55	+1.30	+1.60	±0.90	+1.20 −0.60	+1.50	+1.80
>15.0～25.0	±0.65	+0.85 −0.45	+1.00	+1.30	±0.75	+1.00 −0.50	+1.20	+1.50	±0.90	+1.15 −0.65	+1.50	+1.80	±1.10	+1.50 −0.70	+1.90	+2.20
>25.0～40.0	±0.70	+0.90 +0.50	+1.10	+1.40	±0.80	+1.05 −0.55	+1.30	+1.60	±1.00	+1.30 −0.070	+1.70	+2.00	±1.20	+1.60 −0.80	+2.10	+2.40
>40.0～60.0	±0.80	+1.05 −0.55	+1.30	+1.60	±0.90	+1.20 −0.60	+1.50	+1.80	±1.10	+1.45 −0.75	+1.90	+2.20	±1.30	+1.70 −0.90	+2.30	+2.60
>60.0～100	±0.90	+1.20 −0.60	+1.50	+1.80	±1.10	+1.50 −0.70	+1.90	+2.20	±1.30	+1.75 −0.85	+2.30	+2.60	±1.50	+2.00 −1.00	+2.70	+3.00
>100～150	±1.20	+1.60 −0.80	+2.10	+2.40	±1.40	+1.90 −0.90	+2.50	+2.80	±1.60	+2.15 −1.05	+2.90	+3.20	±1.80	+2.40 −1.20	+3.30	+3.60
>150～200	±1.40	+1.90 −0.90	+2.50	+2.80	±1.60	+2.20 −1.00	+2.90	+3.20	±1.80	+2.45 −1.15	+3.30	+3.60	±1.90	+2.50 −1.30	+3.50	+3.80
>200～250	±1.60	+2.20 −1.00	+2.90	+3.20	±1.80	+2.40 −1.20	+3.30	+3.60	±2.00	+2.70 −1.30	+3.70	+4.00	±2.20	+3.00 −1.40	+4.10	+4.40
>250～300	±1.80	+2.40 −1.20	+3.30	+3.60	±2.00	+2.70 −1.30	+3.70	+4.00	±2.20	+2.95 −1.45	+4.10	+4.40	±2.40	+3.20 −1.60	+4.50	+4.80
>300～400	±2.00	+2.70 −1.30	+3.70	+4.00	±2.20	+3.00 −1.40	+4.10	+4.40	±2.40	+3.25 −1.55	+4.50	+4.80	±2.60	+3.50 −1.70	+4.90	+5.20
>400～450	协议															

B类厚度允许下偏差统一为 −0.30mm。
C类厚度允许下偏差统一为 0.00mm。

4. 钢板的检验项目有哪些？

摘录：《桥梁用结构钢》GB/T 714—2015

8.2　钢材的检验项目、取样数量、取样方法和试验方法应符合表10的规定。

表10　钢材的检验项目、取样数量、取样方法和试验方法

序号	检验项目	取样数量	取样方法	试验方法
1	化学成分(熔炼分析)	1个/炉	GB/T 20066	见8.1
2	拉伸试验	1个/批	GB/T 2975	GB/T 228.1
3	弯曲试验	1个/批	GB/T 2975	GB/T 232
4	冲击试验	3个/批	GB/T 2975	GB/T 229
5	Z向钢厚度方向断面收缩率	3个/批	GB/T 5313	GB/T 5313
6	无损检测	逐张或逐件	—	GB/T 2970或协商
7	表面质量	逐张或逐件	—	目视及测量
8	尺寸、外形	逐张或逐件	—	合适的量具

知识拓展

热轧钢板有厚钢板和薄钢板。符号表示为"—厚度×宽度×长度"（有时也采用把宽度写在厚度前面的标注方法，两者均可），例如—8×400×3000的单位为"mm"，常不加注明。数字前面的短画线表示钢板截面。其中厚钢板厚度为4.5～60mm，薄钢板厚度为0.35～4mm。厚钢板广泛用于组成焊接构件和连接钢板，薄钢板是冷弯薄壁型钢的原料。

三、钢管

钢管分为无缝钢管和焊接钢管（有缝管）两大类。在市政桥梁工程中，无缝钢管常用于主要受力构件，如钢管拱桥中的钢管混凝土拱；焊接钢管常用于钢管桩、钢护筒、附属结构等。焊接钢管涉及焊接工艺等比较复杂的内容，故此仅简单介绍无缝钢管。

1. 无缝钢管从生产上来分有哪些类型？

2. 热轧钢管的外径及壁厚允许偏差分别是多少？

摘录：《结构用无缝钢管》GB/T 8162—2018

4 尺寸、外形和重量

4.1 外径和壁厚

钢管的公称外径（D）和公称壁厚（S）应符合 GB/T 17395 的规定。根据需方要求，经供需双方协商，可供应其他外径和壁厚的钢管。

4.2 外径和壁厚的允许偏差

4.2.1 钢管的外径允许偏差应符合表 1 的规定。

表 1 钢管的外径允许偏差 单位为毫米

钢管种类	允许偏差
热轧(扩)钢管	$\pm1\%D$ 或 ±0.5,取其中较大者
冷拔(轧)钢管	$\pm0.75\%D$ 或 ±0.3,取其中较大者

4.2.2 热轧（扩）钢管的壁厚允许偏差应符合表 2 的规定。

表 2 热轧（扩）钢管壁厚允许偏差 单位为毫米

钢管种类	钢管公称外径 D	S/D	允许偏差
热轧钢管	≤102	—	$\pm12.5\%S$ 或 ±0.4,取其中较大者
	>102	≤0.05	$\pm15\%S$ 或 ±0.4,取其中较大者
		>0.05~0.10	$\pm12.5\%S$ 或 ±0.4,取其中较大者
		>0.10	$+12.5\%S$ $-10\%S$
热扩钢管	—		$\pm15\%S$

4.2.3 冷拔（轧）钢管的壁厚允许偏差应符合表 3 的规定。

表 3 冷拔（轧）钢管壁厚允许偏差 单位为毫米

钢管种类	钢管公称壁厚 S	允许偏差
冷拔(轧)	≤3	$\pm15\%S$ $-10\%S$，±0.15,取其中较大者
	>3~10	$+12.5\%S$ $-10\%S$
	>10	$\pm10\%S$

4.2.4 根据需方要求，经供需双方协商，并在合同中注明，可供应表 1、表 2、表 3 规定以外尺寸允许偏差的钢管。

3. 无缝钢管的圆度和壁厚均匀性对钢管的受力影响很大，规范对此有什么要求？

4. 交货时，钢管的弯曲度极其重要，规范是怎么规定弯曲度的？

摘录：《结构用无缝钢管》GB/T 8162—2018

4.4　弯曲度

4.4.1　钢管的每米弯曲度应符合表4的规定。

表4　钢管的弯曲度

钢管公称壁厚 S/mm	每米弯曲度/(mm/m)
≤15	≤1.5
>15～30	≤2.0
>30或 D≥351	≤3.0

4.4.2　钢管的全长弯曲度应不大于钢管总长度的0.15%。

4.5　不圆度和壁厚不均

根据需方要求，经供需双方协商，并在合同中注明，钢管的不圆度和壁厚不均应分别不超过公称外径公差和公称壁厚公差的80%。

4.6　端头外形

4.6.1　公称外径不大于60mm的钢管，管端切斜应不超过1.5mm；公称外径大于60mm的钢管，管端切斜应不超过钢管公称外径的2.5%，但最大应不超过6mm。钢管的切斜如图1所示。

4.6.2　钢管的端头切口毛刺应予清除。

4.7　重量

4.7.1　钢管按实际重量交货，亦可按理论重量交货。钢管理论重量按GB/T 17395的规定进行计算，钢的密度取7.85kg/dm^3。

4.7.2　根据需方要求，经供需双方协商，并在合同中注明，交货钢管的理论重量与实际重量的偏差应符合如下规定：

a）单支钢管：±10%；

b）每批最小为10t的钢管：±7.5%。

5. 无缝钢管的检验项目有哪些？

摘录：《结构用无缝钢管》GB/T 8162—2018

6.2　钢管尺寸和外形应采用符合精度要求的量具进行测量。

6.3　钢管的内外表面应在充分照明条件下进行目视检查。

6.4　钢管的其他检验项目的取样方法和试验方法应符合表11的规定。

表11　钢管的检验项目、取样数量、取样方法、试验方法

序号	检验项目	取样数量	取样方法	试验方法
1	化学成分	每炉取1个试样	GB/T 20066	见6.1
2	拉伸	每批在两根钢管上各取1个试样	GB/T 2975	GB/T 228.1
3	硬度	每批在两根钢管上各取1个试样	GB/T 231.1	GB/T 231.1
4	冲击	每批在两根钢管上各取一组3个试样	GB/T 2975	GB/T 229
5	压扁	每批在两根钢管上各取1个试样	GB/T 246	GB/T 246
6	弯曲	每批在两根钢管上各取1个试样	GB/T 244	GB/T 244
7	超声检验	逐根	—	GB/T 5777—2008
8	涡流检测	逐根	—	GB/T 7735—2016
9	漏磁检测	逐根	—	GB/T 12606—2016
10	镀锌层	见附录A		

知识拓展

钢管是近来经常采用的管材，特别是当前应用较多的大跨度网架结构中常用它作为构件。此外，钢管混凝土结构中也离不开采用钢管。钢管分为热轧的无缝钢管和由钢板焊接而成的电焊钢管，前者的价格高于后者。钢管的符号为“ϕ外径×厚度”，例如ϕ95×5，表示钢管外部直径为95mm，壁厚为5mm。

四、型钢

1. 工字型钢单独使用时用作哪种构件？H型钢相对于工字型钢的优势是什么？

2. 冷弯型钢是怎样制作而成的？其可分为哪些种类？

知识小链接：

一、热轧型钢

1. 角钢

单个热轧角钢常用作钢塔架的构件和轴心受拉构件。角钢配对成组合截面使用时，则可用作各种承重桁架构件。

2. 槽钢

槽钢有热轧普通槽钢和热轧轻型槽钢。单个普通槽钢因单周对称截面，主要用作次要的受弯构件，如檩条等。其配对成组合截面，可用作主要的轴心受力构件。同样型号的槽钢，轻型槽钢由于腹板薄及翼缘宽而薄，因此截面较小，但回转半径大，能节约钢材，减少自重。

3. 工字型钢

工字型钢也分成普通型和轻型。普通工字型钢，由于其翼缘宽度较小，使其对截面两个主形心轴的惯性矩相差较大，因而单独使用时一般仅能直接用于在其腹板平面内受弯的构件，如工作平台中的次梁等；或将其组成格构式受力构件。对轴心受压构件或者垂直于腹板平面还有弯曲的构件均不宜采用工字型钢，这就使其在应用范围上存在很大局限。

4. H型钢

H型钢的翼缘宽度和截面高度较接近，因而对截面两个主形心轴的刚度较接近，适宜作为柱截面。H型钢弱轴方向的截面性能明显优于相同质量的工字钢。与焊接H型钢相比，热轧H型钢的外观、内在质量都更好，且成本、价格低，其生产工艺耗能也较少，故当使用性能相同时，宜优先选用热轧H型钢。

5. 剖分T型钢

剖分T型钢也分为三类，即宽翼缘剖分T型钢（TW）、中翼缘剖分T型钢（TM）和窄翼缘剖分T型钢（TN）。剖分T型钢是由对应的H型钢沿腹板中部对等剖分而成，其表示方法与H型钢类同，如TN225×200表示截面高度为225mm，翼缘宽200mm。轧制的T型钢可用于屋架结构中需要用到T形截面的位置。

二、冷弯型钢

冷弯型钢是由钢板经冷加工而成的型材，采用冷弯型钢机成型、压力机上模压制成型或在弯曲机上弯曲成型。截面种类较多，有角钢、槽钢、Z型钢、帽形钢等，前三种又可带卷边或不卷边，如图6.3-1所示。这些型钢也可以组合成组合截面。

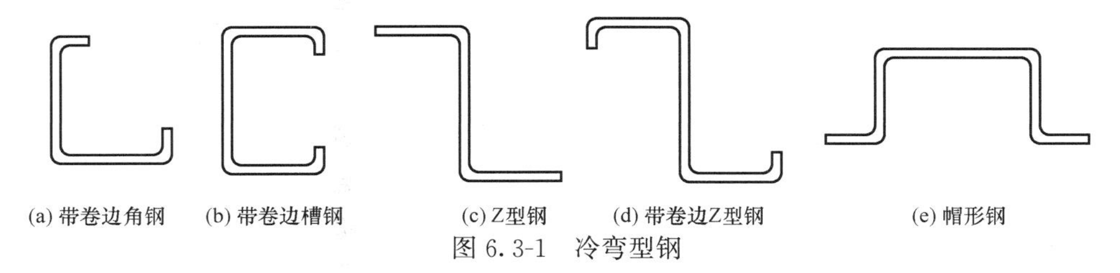

图6.3-1　冷弯型钢

冷弯型钢因为厚度薄，可使截面的刚度增大而得到更经济的截面，此外目前生产的还有防锈涂层的彩色压型钢板，可用作墙面和屋面等。

由于薄壁型钢的特殊性，型材厚度较薄，受压时容易局部失稳以及整个构件容易扭转失稳，故需遵循专门的设计规范。目前冷弯薄壁型钢主要应用在轻型钢结构建筑中。

五、钢绞线

1. 钢绞线按结构分成哪几类？其结构代号如何表达？

2. 公称直径为15.24mm的1×7钢绞线的直径允许偏差是多少？公称抗拉强度是多少？

3. 钢绞线主要应用在哪些工程中？

摘录：《预应力混凝土用钢绞线》GB/T 5224—2014

3　术语和定义

下列术语和定义适用于本文件。

3.1　标准型钢绞线　standard strand

由冷拉光圆钢丝捻制成的钢绞线。

3.2　刻痕钢绞线　indented strand

由刻痕钢丝捻制成的钢绞线。

3.3　模拔型钢绞线　compact strand

捻制后再经冷拔成的钢绞线。

……

4　分类和标记

4.1　分类与代号

钢绞线按结构分为以下8类，结构代号为：

a）用两根钢丝捻制的钢绞线　1×2

b）用三根钢丝捻制的钢绞线　1×3

c）用三根刻痕钢丝捻制的钢绞线　1×3I

d）用七根钢丝捻制的标准型钢绞线　1×7

e）用六根刻痕钢丝和一根光圆中心钢丝捻制的钢绞线　1×7I

f）用七根钢丝捻制又经模拔的钢绞线　(1×7)C

g）用十九根钢丝捻制的1+9+9西鲁式钢绞线　1×19S

h）用十九根钢丝捻制的1+6+6/6瓦林吞式钢绞线　1×19W

……

6.3　1×7结构钢绞线尺寸及允许偏差应符合表3的规定，当用于煤矿时，需标识说明，其直径允许偏差为：－0.20～＋0.60mm，每米理论重量见表3，外形见图3。

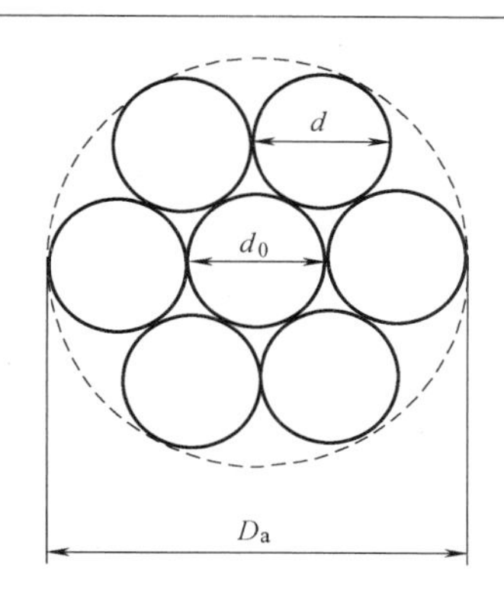

图3　1×7结构钢绞线外形示意图

表3　1×7结构钢绞线的尺寸及允许偏差、公称横截面积、每米理论重量

钢绞线结构	公称直径 D_a/mm	直径允许偏差/mm	钢绞线公称横截面积 S_a/mm^2	每米理论重量/(g/m)	中心钢丝直径 d_0 加大范围/% ≥
1×7	9.50 (9.53)	+0.30 −0.15	54.8	430	2.5
	11.10 (11.11)		74.2	582	
	12.70	+0.40 −0.15	98.7	775	
	15.20 (15.24)		140	1101	
	15.70		150	1178	
	17.80 (17.78)		191 (189.7)	1500	
	18.90		220	1727	
	21.60		285	2237	
1×7I	12.70	+0.40 −0.15	98.7	775	
	15.20 (15.24)		140	1101	
(1×7)C	12.70	+0.40 −0.15	112	890	
	15.20 (15.24)		165	1295	
	18.00		223	1750	
注:可按括号内规格供货。					

……

7.2.3　1×7结构钢绞线的力学性能应符合表7规定。

表7　1×7结构钢绞线力学性能

钢绞线结构	钢绞线公称直径 D_a/mm	公称抗拉强度 R_m/MPa	整根钢绞最大力 F_m/kN ≥	整根钢绞最大力的最大值 $F_{m.max}$/kN ≤	0.2%屈服力 $F_{p0.2}$/kN ≥	最大力总伸长率(L_0≥500mm) A_{gt}/% ≥	应力松弛性能	
							初始负荷相当于实际最大力的百分数/%	1000h应力松弛率 r/% ≤
1×7	15.20 (15.24)	1470	206	234	181	对所有规格	对所有规格	对所有规格
		1570	220	248	194			
		1670	234	262	206			
	9.50 (9.53)	1720	94.3	105	83.0			
	11.10 (11.11)		128	142	113			
	12.70		170	190	150			
	15.20 (15.24)		241	269	212			
	17.80 (17.78)		327	365	288			
	18.90	1820	400	444	352			
	15.70	1770	266	296	234			
	21.60		504	561	444			
	9.50 (9.53)	1860	102	113	89.8			
	11.10 (11.11)		138	153	121		70	2.5
	12.70		184	203	162	3.5		
	15.20 (15.24)		260	288	229			
	15.70		279	309	245			
	17.80 (17.78)		355	391	311		80	4.5
	18.90		409	453	360			
	21.60		530	587	466			
	9.50 (9.53)	1960	107	118	94.2			
	11.10 (11.11)		145	160	128			
	12.70		193	213	170			
	15.20 (15.24)		274	302	241			

续表

钢绞线结构	钢绞线公称直径 D_a/mm	公称抗拉强度 R_m/MPa	整根钢绞最大力 F_m/kN ≥	整根钢绞最大力的最大值 $F_{m.max}$/kN ≤	0.2%屈服力 $F_{p0.2}$/kN ≥	最大力总伸长率(L_0≥500mm) A_{gt}/% ≥	应力松弛性能	
							初始负荷相当于实际最大力的百分数/%	1000h应力松弛率 r/% ≤
1×7I	12.70	1860	184	203	162	对所有规格	对所有规格	对所有规格
	15.20 (15.24)		260	288	229			
(1×7)C	12.70	1860	208	231	183	3.5	70	2.5
	15.20 (15.24)	1820	300	333	264		80	4.5
	18.00	1720	384	428	338			

知识小链接：

预应力混凝土用钢绞线简称预应力钢绞线，是由多根圆形断面钢丝捻制而成。每盘成品钢绞线应由一整根钢绞线盘成，钢绞线盘的内径不小于1000mm，如无特殊要求钢绞线的长度不小于200m。钢绞线与其他配筋材料相比，具有强度高、柔性好、质量稳定、成盘供应不需接头等优点。其适用于大型建筑、公路或铁路桥梁、吊车梁等大跨度预应力混凝土构件的预应力钢筋，广泛应用于大跨度、重荷载的结构工程中。

六、钢丝

1. 按外形，钢丝分为哪几类？

2. 公称直径为8mm的光圆钢丝的直径允许偏差是多少？公称抗拉强度是多少？

摘录：《预应力混凝土用钢丝》GB/T 5223—2014

3　术语和定义

下列术语和定义适用于本文件。

3.1　冷拉钢丝　cold drawn wire

盘条通过拔丝等减径工艺经冷加工而形成的产品，以盘卷供货的钢丝。

3.2　消除应力钢丝　stress-relieved wire

按下述一次性连续处理方法之一生产的钢丝：

——钢丝在塑性变形下（轴应变）进行的短时热处理，得到的应是低松弛钢丝；

——钢丝通过矫直工序后在适当的温度下进行的短时热处理，得到的应是普通松弛钢丝。

3.3　松弛　relaxation

在恒定长度下应力随时间而减小的现象。

3.4　螺旋肋钢丝　helical rib wire

钢丝表面沿着长度方向上具有连续、规则的螺旋肋条（见图1）。

3.5　刻痕钢丝　indented wire

钢丝表面沿着长度方向上具有规则间隔的压痕（见图2）。

4　分类、代号及标记

4.1　分类及代号

4.1.1　钢丝按加工状态分为冷拉钢丝和消除应力钢丝两类。其代号为：

冷拉钢丝　　WCD

低松弛钢丝　　WLR

4.1.2　钢丝按外形分为光圆、螺旋肋、刻痕三种，其代号为：

光圆钢丝　　P

螺旋肋钢丝　　H

刻痕钢丝　　I

……

6　尺寸、外形、重量及允许偏差

6.1　光圆钢丝的尺寸及允许偏差应符合表1的规定。每米理论重量参见表1。

表1　光圆钢丝尺寸及允许偏差、每米理论重量

公称直径 D_a/mm	直径允许偏差 /mm	公称横截面积 S_a/mm^2	每米理论重量 /(g/m)
4.00	±0.04	12.57	98.6
4.80		18.10	142
5.00	±0.05	19.63	154
6.00		28.27	222
6.25		30.68	241
7.00		38.48	302
7.50		44.18	347
8.00	±0.06	50.26	394
9.00		63.62	499
9.50		70.88	556
10.00		78.54	616
11.00		95.03	746
12.00		113.1	888

……

7.2　力学性能

7.2.1　压力管道用无涂（镀）层冷拉钢丝的力学性能应符合表 4 规定。0.2% 屈服力 $F_{p0.2}$ 应不小于最大力的特征值 F_m 的 75%。

表 4　压力管道用冷拉钢丝的力学性能

公称直径 d_a/mm	公称抗拉强度 R_m/MPa	最大力的特征值 F_m/kN	最大力的最大值 $F_{m.max}$/kN	0.2% 屈服力 $F_{p0.2}$/kN ≥	每 210mm 扭矩的扭转次数 N≥	断面收缩率 Z/% ≥	氢脆敏感性能负载为 70% 最大力时，断裂时间 t/h≥	应力松弛性能初始力为最大力 70% 时，1000h 应力松弛率 r/%≤
4.00	1470	18.48	20.99	13.86	10	35	75	7.5
5.00		28.86	32.79	21.65	10	35		
6.00		41.56	47.21	31.17	8	30		
7.00		56.57	64.27	42.42	8	30		
8.00		73.88	83.93	55.41	7	30		
4.00	1570	19.73	22.24	14.80	10	35		
5.00		30.82	34.75	23.11	10	35		
6.00		44.38	50.03	33.29	8	30		
7.00		60.41	68.11	45.31	8	30		
8.00		78.91	88.96	59.18	7	30		
4.00	1670	20.99	23.50	15.74	10	35		
5.00		32.78	36.71	24.59	10	35		
6.00		47.21	52.86	35.41	8	30		
7.00		64.26	71.96	48.20	8	30		
8.00		83.93	93.99	62.95	6	30		
4.00	1770	22.25	24.76	16.69	10	35		
5.00		34.68	38.68	26.06	10	35		
6.00		50.04	55.69	37.53	8	30		
7.00		68.11	75.81	51.08	6	30		

知识小链接：

应用于预应力混凝土中的钢丝主要有高强度碳素钢丝、中强度碳素钢丝及低合金钢丝。

（1）高强度碳素钢丝

高强度钢丝是用优质高碳钢盘条，经过工艺处理后冷拔制成。碳素钢丝采用 80 号钢，其含碳量为 0.7%～0.9%。按松弛级别分为普通松弛级钢丝和低松弛级钢丝。

普通松弛级钢丝（又称为矫直回火钢丝）是冷拔后经高速旋转的矫直辊筒矫直，并经回火（350～400℃）处理的钢丝。普通松弛级钢丝矫直回火后，可消除冷拔中产生的残余应力，使其具有提高钢丝的比例极限、改善塑性、获得良好的伸直性、施工方便等优点。

低松弛级钢丝（又称为稳定处理钢丝）是冷拔后在张力状态下经回火处理的钢丝。低松弛级钢丝经过稳定化处理后，其弹性极限和屈服强度得到提高，应力松弛大大降低，使构件的抗裂性提高，钢材的用量减少。虽然价格略高，但综合经济效益较好。因此，低松弛级钢丝具有较强的“生命力”。

（2）中强度碳素钢丝

中强度碳素钢丝由优质碳素钢经过冷加工或冷加工后热处理制成的钢丝。这种钢丝的综合性能好，是建筑工程重点推广应用的品种，具有广阔的发展前景。

（3）低合金钢丝

低合金钢丝是由专用的低合金钢盘条拔制而成，其强度为800～1200MPa，适用于中小预应力混凝土构件的主筋。

学习任务7　沥青的性能检测及其应用

沥青材料品种繁多，按来源分为石油沥青、天然沥青、焦油沥青。其中石油沥青在土木工程中应用最为广泛，按用途可分为用于铺筑路面的道路石油沥青，用于防水、防潮，制造防水材料如油毛毡、沥青油膏的建筑沥青，用作大型水工结构物面板或芯墙防水防渗材料的水工沥青。道路石油沥青使用量最大，是最具典型的石油沥青，故本书以道路石油沥青作为主要内容进行介绍。

子任务7.1　道路石油沥青的性能检测

一、学习准备

沥青是一种有机胶凝材料，常温下为固态、半固态或液态，呈褐色或黑色，与混凝土、砂浆、金属、木材、石料等材料有很好的黏结性，具有良好的不透水性、抗腐蚀性和电绝缘性。高温时易于加工处理，常温下又很快变硬，具有一定抵抗变形的能力，被广泛应用于道路、桥梁、建筑以及水利工程中。为确保工程质量，应对进场沥青的质量进行严格把关，做到“一查、二看、三抽检”。

（一）查阅产品资料

上网查阅石油沥青出厂合格证和试验检测报告（表7.1-1），并截屏上传学习平台。

1. 查看道路石油沥青试验检测报告，了解道路石油沥青性能检测和道路石油沥青质量评定依据的标准。

2. 在试验检测报告中，技术指标、检测结果与结果判定之间有何因果关系？

知识小链接：

石油沥青是由石油或石油衍生物经常压或减压蒸馏，提炼出汽油、煤油、柴油、润滑油等轻油分后的残渣，经加工而得到的产品。

石油沥青种类很多，按生产工艺分，包括：常压渣油、减压渣油、直馏沥青、氧化沥青和溶剂沥青。常压渣油和减压渣油都属于慢凝液体沥青。一般黏性较差，常温呈黏稠膏状，低温时有粒装物质；直馏沥青、氧化沥青和溶剂沥青均为黏稠沥青。按用途可分为道路石油沥青、建筑石油沥青、防水防潮石油沥青。公路路面常用的沥青品种有道路石油沥青、液体石油沥青、乳化沥青、煤沥青、改性沥青。

石油沥青通常有三组分和四组分两种分析方法，详见表 7.1-2、表 7.1-3。石油沥青的技术性能与各组分之间比例密切相关。液体沥青中油分和树脂含量较多，流动性较好，黏稠沥青中树脂和沥青质含量相对较多，热稳定性和黏结性较好。沥青中各组分在大气因素的长期作用下油分会向树脂转变，而树脂会像沥青质转变，导致沥青的流动性、塑性逐渐变小，脆性增加，直至断裂，从而老化。

重交沥青试验检测报告 BGLQ10001　　表 7.1-1

检测项目		单位	技术指标	检测结果	结果判定
针入度 15℃，100g，5s			实测记录	—	—
针入度 25℃，100g，5s		0.1mm	60～80	67	合格
针入度 30℃，100g，5s			实测记录	—	—
针入度指数 PI		—	−1.5～−1.0	—	—
软化点 T_{RSB}		℃	≥46	47.5	合格
延度 10℃，5cm/min		cm	≥15	—	—
延度 15℃，5cm/min			≥100	>100	合格
溶解度(三氯乙烯)		%	≥99.5	—	—
闪点		℃	≥260	—	—
蜡含量		%	≤2.2	—	—
密度	15℃	g/cm^3	实测记录	—	—
	25℃	g/cm^3		—	—
	25/25℃	—		—	—
动力黏度	60℃	Pa·s	≥100	—	—
旋转薄膜加热试验 163℃ 85min	质量变化	%	≤±0.8	—	—
	残留针入度比(25℃)	%	≥61	—	—
	残留延度(10℃)	cm	≥6	—	—

检测结论：

备注：

试验：　　审核：　　签发：　　日期：　　年　　月　　日　（专用章）

石油沥青三组分分析法　　表 7.1-2

	平均分子量	在沥青中含量	外观	对沥青性质影响
油分	200～700	40%～60%	黄色透明液体	使沥青具有流动性，含量较多时温度稳定性较差
树脂	800～3000	15%～30%	红褐色黏稠半固体	使沥青具有良好塑性和黏结性
沥青质	1000～5000	10%～30%	深褐色固体微末状微粒	决定沥青温度稳定性和黏结性

石油沥青四组分分析法　　表 7.1-3

	平均分子量	相对密度(g/m³)	外观	对沥青性质影响
饱和分	625	0.89	无色液体	使沥青具有流动性，含量增加会使沥青稠度降低
芳香分	730	0.99	黄色至红色液体	使沥青具有良好塑性
胶质	970	1.09	棕色黏稠液体	有胶溶作用，使沥青胶团能分散在饱和分和芳香分组成的分散介质中，形成稳定的胶体结构
沥青质	3400	1.15	深棕色至黑色固体	在饱和分存在条件下，沥青质增加会使沥青具有较低温感性

（二）查阅现行标准

查阅现行《重交通道路石油沥青标准》GB/T 15180、《道路石油沥青》NB/SH/T 0522，录屏上传到学习平台。借助标准回答下列问题：

1. 重交通道路石油沥青适用什么道路？分为哪几个牌号？划分沥青牌号的主要指标是什么？

摘录：《重交通道路石油沥青标准》GB/T 15180—2010

1　范围

本标准规定了以石油为原料，经适当工艺生产的，适用于修筑重交通道路石油沥青的技术要求及试验方法，以及包装、标志、储存、运输等要求。

本标准所属产品适用于修筑高速公路一级公路和城市快速路、主干路等重交通道路，也适用于其他各等级道路、城市道路、机场道面等，以及作为乳化沥青、稀释沥青和改性沥青原料的石油沥青。

……

3　产品分类

本标准按针入度范围分为 AH-130、AH-110、AH-90、AH-70、AH-50、AH-30 六个牌号。

2. 道路石油沥青适用什么道路？分为哪几个牌号？划分沥青牌号的主要指标是什么？

摘录：《道路石油沥青》NB/SH/T 0522—2010

1　范围

1.1　本标准规定了以石油为原料，经各种工艺生产的适用于修建中、低等级道路及城市道路非主干道路面的道路石油沥青的技术要求及试验方法，以及包装、标志、贮存、运输及交货验收、采样。

1.2　本标准所属产品适用于中、低等级道路及城市道路非主干道的道路沥青路面，也可作为乳化沥青和稀释沥青的原料。

……

3　产品分类

本标准所属产品按针入度范围分为200号、180号、140号、100号、60号五个牌号。

摘录：《重交通道路石油沥青》GB/T 15180—2010

3　产品分类

本标准按针入度范围分为AH-130、AH-110、AH-90、AH-70、AH-50、AH-30六个牌号。

知识小链接：

（1）石油沥青为胶体结构，技术性能取决于该结构，根据沥青中各组分的相对含量，可分为三种类型：溶胶型结构、凝胶型结构、溶-凝胶型结构。具体特点、性能见表7.1-4。

沥青结构类型　　**表7.1-4**

沥青结构类型	结构特点	材料性能特征	路用性能
溶胶型结构	沥青质含量较少，同时有一定数量的胶质使得胶团能够完全胶溶分散在芳香分和饱和分中，沥青质胶团相距较远，吸引力很小，胶团在胶体结构中运动较为自由	稠度小，流动性大，塑性好，但温度稳定性较差	较好的自愈性，低温时的变形能力较强，但高温稳定性较差
凝胶型结构	沥青质含量较高，并有相当数量的胶质来形成胶团，沥青质胶团之间的距离缩短，吸引力增加，胶团移动较为困难，形成空间网格结构	弹性、黏结性、高温稳定性较好，但流动性和塑性较差	良好的高温稳定性，但其低温变形能力较差
溶-凝胶型结构	沥青质含量适当，有较多数量的胶质，形成的胶团数量较多，距离相对靠近，胶团之间有一定的吸引力，结构介于溶胶与凝胶之间	性能介于溶胶型和凝胶型之间	高温时具有较低的感温性，低温时又具有较好的变形能力

（2）沥青路面采用的沥青标号，宜按照公路等级、气候条件、交通条件、路面类型及在结构层中的层位及受力特点、施工方法等，结合当地的使用经验，经技术论证后确定。

（3）对高速公路、一级公路，夏季温度高、高温持续时间长、重载交通、山区及丘陵区上坡路段、服务区、停车场等行车速度慢的路段，尤其是汽车荷载剪应力大的层次，宜采用稠度大、60℃粘度大的沥青，也可提高高温气候分区的温度水平选用沥青等级；对冬季寒冷的地区或交通量小的公路、旅游公路宜选用稠度小、低温延度大的沥青；对温度日温差、年温差大的地区宜注意选用针入度指数大的沥青。当高温要求与低温要求发生矛盾时应优先考虑满足高温性能的要求。

当缺乏所需标号的沥青时，可采用不同标号掺配的调和沥青，其掺配比例由试验决定。

(4) 选用沥青材料时，应根据工程性质、当地气候条件、所处工程部位等选择不同品牌和牌号的沥青。道路石油沥青主要应用于道路工程，重交通道路石油沥青主要适用于修筑高速公路、一级公路和城市快速路、主干路等交通量道路，沥青材料按针入度范围分为 AH-130、AH-110、AH-90、AH-70、AH-50、AH-30 六个牌号，在行业标准《道路石油沥青》NB/SH/T 0522—2010 中，应用于中轻交通量道路沥青路面的石油沥青按针入度范围分为 200 号、180 号、140 号、100 号、60 号五个牌号。道路液体石油沥青主要用于透层、黏层及冷拌沥青混合料，按凝结速度分为快凝、中凝和慢凝三类。

经建设单位同意，道路石油沥青的针入度指数 *PI* 值、60℃动力粘度，10℃延度可作为道路工程选择性指标，具体见表 7.1-5。

道路石油沥青的适用范围　　　　表 7.1-5

沥青等级	适用范围
A级沥青	各个等级的公路，适用于任何场合和层次
B级沥青	①高速公路、一级公路沥青下面层及以下的层次，二级及二级以下公路的各个层次； ②用作改性沥青、乳化沥青、改性乳化沥青、稀释沥青的基质沥青
C级沥青	三级及三级以下公路的各个层次

3. 复验沥青针入度、软化点、延度三大指标时，分别依据哪些标准进行检测？

摘录：《道路石油沥青》NB/SH/T 0522—2010

4　技术要求和试验方法

道路石油沥青的技术要求和试验方法见表 1。

表 1　道路石油沥青技术要求

项目	质量指标					试验方法
	200 号	180 号	140 号	100 号	60 号	
针入度(25℃,100g,5s)(1/10mm)	200～300	150～200	110～150	80～110	50～80	GB/T 4509
延度[注](25℃)/cm 不小于	200	100	100	90	70	GB/T 4508
软化点/℃	30～48	35～48	38～51	42～55	45～58	GB/T 4507
溶解度/% 不小于	99.0					GB/T 11148

续表

项目	质量指标					试验方法
	200号	180号	140号	100号	60号	
闪点(开口)/℃ 不低于	180		200		230	GB/T 267
密度(25℃)(kg/m³)	报告					GB/T 8928
蜡含量(质量分数)/% 不大于	4.5					SH/T 0425
薄膜烘箱试验 (163℃,5h)						
质量变化/% 不大于	1.3	1.3	1.3	1.2	1.0	GB/T 5304
针入度比/%	报告					GB/T 4509
延度(25℃)/cm	报告					GB/T 4508

注:如25℃延度达不到,15℃延度达到时,也认为是合格的,指标要求与25℃延度一致。

摘录:《重交通道路石油沥青》GB/T 15180—2010

4 技术要求及试验方法

本标准的技术要求及试验方法见表1。

表1 道路石油沥青技术要求

项目	质量指标						试验方法
	AH-130	AH-110	AH-90	AH-70	AH-50	AH-30	
针入度(25℃, 100g,5s) 1/10mm	120～140	100～120	80～100	60～80	40～60	20～40	GB/T 4509
延度(15℃)/cm 不小于	100	100	100	100	80	报告[a]	GB/T 4508
软化点/℃	38～51	40～53	42～55	44～57	45～58	50～65	GB/T 4507
溶解度/% 不小于	99.0	99.0	99.0	99.0	99.0	99.0	GB/T 11148
闪点/℃ 不小于	230					260	GB/T 267
密度(25℃) (kg/m³)	报告						GB/T 8928
蜡含量/% 不大于	3.0	3.0	3.0	3.0	3.0	3.0	SH/T 0425
薄膜烘箱试验(163℃,5h)							GB/T 5304
质量变化/% 不大于	1.3	1.2	1.0	0.8	0.6	0.5	GB/T 5304

续表

项目	质量指标						试验方法
	AH-130	AH-110	AH-90	AH-70	AH-50	AH-30	
针入度比/% 不小于	45	48	50	55	58	60	GB/T 4509
延度(15℃)/cm 不小于	100	50	40	30	报告[a]	报告[a]	GB/T 4508

[a] 报告应为实测值。

知识小链接：

沥青及沥青混合料类材料规范、标准较多，沥青及沥青混合料材料性能检测主要依据现行《公路工程沥青及沥青混合料试验规程》JTG E20，性能指标主要满足现行《公路沥青路面施工技术规范》JTG F40相关要求。

(1) 针入度：在规定温度和时间内，附加一定质量的标准针垂直穿入沥青试样的深度，以0.1mm表示。按现行《公路工程沥青及沥青混合料试验规程》JTG E20中的沥青针入度试验T0604—2011进行试验。

(2) 延度：规定形态的沥青试样，在规定温度下以一定速度受拉伸至断开时的长度，以“cm”表示。延度值越大，表示塑性越好。

按现行《公路工程沥青及沥青混合料试验规程》JTG E20中的沥青延度试验T0605—2011进行试验。

(3) 软化点：沥青试样在规定尺寸的金属环内，上置规定尺寸和质量的钢球，放于水或甘油中，以规定的速度加热，至钢球下沉达规定距离时的温度，以“℃”表示。

按现行《公路工程沥青及沥青混合料试验规程》JTG E20中的沥青软化点试验T0606—2011进行试验。

4. 道路石油沥青依据什么标准进行取样？固体或半固体石油沥青如何取样？

摘录：《公路工程沥青及沥青混合料试验规程》JTG E20—2011

T0601—2011　沥青取样法

3.1　准备工作

检查取样和盛样器是否干净、干燥，盖子是否配合严密。使用过的取样器或金属桶等盛样容器必须洗净、干燥后才可使用。对供质量仲裁用的沥青试样，应采用未使用过的新容器存放，且由供需双方人员共同取样，取样后双方在密封条上签字盖章。

3.2　试验步骤

3.2.1　从储油罐中取样

1）无搅拌设备的储罐

(1) 液体沥青或经加热已经变成流体的黏稠沥青取样时，应先关闭进油阀和出油阀然后取样。

(2) 用取样器按液面上、中、下位置（液面高各为1/3等分处，但距罐底不得低于总液面高度的1/6）各取1～4L样品。每层取样后，取样器应尽可能倒净。当储罐过深时，亦可在流出口按不同流出深度分3次取样。对静态存取的沥青，不得仅从罐顶用小桶取样也不得仅从罐底阀门流出少量沥青取样。

(3) 将取出的3个样品充分混合后取4kg样品作为试样，样品也可分别进行检验。

2) 有搅拌设备的储罐

将液体沥青或经加热已经变成流体的黏稠沥青充分搅拌后，用取样器从沥青层的中部取规定数量试样。

3.2.2　从槽车、罐车、沥青洒布车中取样

1) 设有取样阀时，可旋开取样阀，待流出至少4kg或4L后再取样。取样阀如图T0601-2所示（此处略）。

2) 仅有放料阀时，待放出全部沥青的1/2时取样。

3) 从顶盖处取样时，可用取样器从中部取样。

3.2.3　在装料或卸料过程中取样

在装料或卸料过程中取样时，要按时间间隔均匀地取至少3个规定数量样品，然后将这些样品充分混合后取规定数量样品作为试样，样品也可分别进行检验。

3.2.4　从沥青储存池中取样

沥青储存池中的沥青应待加热熔化后，经管道或沥青泵流至沥青加热锅之后取样。分间隔每锅至少取3个样品，然后将这些样品充分混匀后再取4.0kg作为试样，样品也可分别进行检验。

3.2.5　从沥青运输船中取样

沥青运输船到港后，应分别从每个沥青舱取样，每个舱从不同的部位取3个4kg的样品，混合在一起，将这些样品充分混合后再从中取出4kg，作为一个舱的沥青样品供检验用。在卸油过程中取样时，应根据卸油量，大体均匀地分间隔3次从卸油口或管道途中的取样口取样，然后混合作为一个样品供检验用。

3.2.6　从沥青桶中取样

1) 当能确认是同一批生产的产品时，可随机取样。当不能确认是同一批生产的产品时，应根据桶数按照表T0601规定或按总桶数的立方根数随机选取沥青桶数。

表T0601　选取沥青样品桶数

沥青桶总数	选取桶数	沥青桶总数	选取桶数
2～8	2	217～343	7
9～27	3	344～512	8
28～64	4	513～729	9
65～125	5	730～1000	10
126～216	6	1001～1331	11

2）将沥青桶加热使桶中沥青全部熔化成流体后，按罐车取样方法取样。每个样品的数量，以充分混合后能满足供检验用样品的规定数量不少于4.0kg要求为限。

3）当沥青桶不便加热熔化沥青时，可在桶高的中部将桶凿开取样，但样品应在距桶壁5cm以上的内部凿取，并采取措施防止样品散落地面沾有尘土。

3.2.7　固体沥青取样

从桶、袋、箱装或散装整块中取样时应在表面以下及容器侧面以内至少5cm处采取。如沥青能够打碎，可用一个干净的工具将沥青打碎后取中间部分试样；若沥青是软塑的，则用一个干净的热工具切割取样。

当能确认是同一批生产的样品时，应随机取出一件按本条的规定取4kg供检验用。

3.2.8　在验收地点取样

当沥青到达验收地点卸货时，应尽快取样。所取样品为两份：一份样品用于验收试验；另一份样品留存备查。

5. 石油沥青依据什么标准进行储运？其产品标志具体包含了哪些内容？储存时必须注意哪些事项？

摘录：《石油及相关产品包装、储运及交货验收规则》NB/SH/T 0164—2019

5.3　标志

5.3.1　散货包装一般需标注可对包装、内部货品及安全要求进行识别的标志，如包装的类型、编号、大小、产品种类及安全提示等的部分或全部。发货单据、货运车船可重复使用的信息也可作为一种特殊标志，随车船携带或以其他方式通知相关方。

5.3.2　小包装或集合包装的标志除包括与散货包装类似的内容以外，还应包括对接最终用户的其他信息，而且标志内容还应更详实、具体，如产品的名称牌号、产品标准、产品数量、产品批号、制造商、安全储运及使用等信息。

5.3.3　为保证货品交接的过程安全，应按GB 6944和GB 30000确定交接货品的危险类别并增加与之对应的安全标志，但本标准不承担对危险货物进行识别的责任。

6　储运

6.1　一般要求

6.1.1　在货品的储运过程中，应对质量和数量的影响因素进行有效监控，确保相关变化控制在正常范围之内，并应尽可能减小这种变化，特别应防止非正常变化的发生。

6.1.2　除应遵守与普通货品运输有关的国家标准和法律法规外，对于易燃、易爆或有毒有害的危险货物，还应严格执行国家关于危险货物运输的所有规定。

……

6.5　储存

6.5.1　当储存液体产品时，应考虑液体随温度的膨胀和蒸发特性，在液面以上留出足够的安全空间或保存在安全高度以下，确保液体不溢出到罐外。

6.5.2　对挥发性液体产品，应尽可能储存在浮顶罐或具有低温环境的储罐中，否则在高温季节，应采取降温措施，降低蒸发损耗，消除质量及安全隐患。

6.5.3　对环境温度下流动性较差的液体货品，应采取伴热及搅拌措施，确保能进行正常的取样、计量和输转作业。

6.5.4　对液化石油气等类似产品，应密闭储存在能承受规定压力或具有冷冻功能的储罐中。对暴露在高温环境下的储罐，必要时应采取降温措施，以控制罐内压力，降低安全风险。

6.5.5　对小包装容器，应按照货品的性质、种类、牌号、包装及相应的质量和安全需求，选择合适的存放场所，正确码放，并采取措施，确保质量及安全可控。

6.5.6　应采取措施，对库存变化进行实时监控和即时响应，确保在做好损耗管理的同时，能有效识别跑冒滴漏和错误输转造成的异常变化并及时报警。

6.5.7　应通过定期检验跟踪产品的质量变化，及时发现并消除质量隐患，避免质量事故的发生。当质量变差可能源于罐内沉积物时，储罐应进行及时或定期清洗。

6.5.8 应定期检查、维护储存场所、储罐及相关的辅助设备，确保正常运行。

知识小链接：

石油产品在交接验收和交接后在转运或贮存中，发生有关质量的意见分歧时，均按规定留样（液体产品1L，固体产品0.5kg）作为仲裁检验的凭证。石油沥青保存3个月，样品在整个保存期间应保持签封完整无损。

沥青必须按品种、标号分开存放。除长期不使用的沥青可放在自然温度下贮存外，沥青在储罐中的贮存温度不宜低于130℃，并不得高于170℃。桶装沥青应直立堆放，加盖苫布。

道路石油沥青在贮运、使用及存放过程中应有良好的防水措施，避免雨水或加热管道蒸汽进入沥青中。

二、任务实施

查阅现行《公路工程沥青及沥青混合料试验规程》JTG E20：T0604、T0605、T0606、T0616，依次录屏后，上传到学习平台。然后，依据这些标准分别对沥青针入度、延度、软化点三大指标及沥青与粗集料黏附性进行检测。

（一）沥青针入度的检测

1. 前期准备

查阅现行《公路工程沥青及沥青混合料试验规程》JTG E20中T0602沥青试样准备方法、T0604沥青针入度试验，以小组为单位，搜索并优选相关检测视频，提前做好检测步骤与视频截屏一一对应的“图文作业”，以确保本组自主试验顺利进行。

摘录：《公路工程沥青及沥青混合料试验规程》JTG E20—2011

T0602—2011 沥青试验准备方法

3.1.1　将装有试样的盛样器带盖放入恒温烘箱中，当石油沥青试样中含有水分时，烘箱温度80℃左右，加热至沥青全部熔化后供脱水用。当石油沥青中无水分时，烘箱温度宜为软化点温度以上90℃，通常为135℃左右。对取来的沥青试样不得直接采用电炉或燃气炉明火加热。

3.1.2　当石油沥青试样中含有水分时，将盛样器皿放在可控温的砂浴、油浴、电热套上加热脱水，不得已采用电炉、燃气炉加热脱水时必须加放石棉垫。加热时间不超过30min，并用玻璃棒轻轻搅拌，防止局部过热。在沥青温度不超过100℃的条件下，仔细脱水至无泡沫为止，最后的加热温度不宜超过软化点以上100℃（石油沥青）或50℃（煤沥青）。

3.1.3　将盛样器中的沥青通过0.6mm的滤筛过滤，不等冷却立即一次灌入各项试验的模具中。当温度下降太多时，宜适当加热再灌模。根据需要也可将试样分装入擦拭干净并干燥的一个或数个沥青盛样器皿中，数量应满足一批试验项目所需的沥青样品。

3.1.4　在沥青灌模过程中如温度下降可放入烘箱中适当加热，试样冷却后反复加热的次数不得超过两次，以防沥青老化影响试验结果。为避免混进气泡，在沥青灌模时不得反复搅动沥青。

3.1.5　灌模剩余的沥青应立即清洗干净，不得重复使用。

T0604—2011 沥青针入度试验

3.1　准备工作

3.1.1　按本规程T0602的方法准备试样。

3.1.2　按试验要求将恒温水槽调节到要求的试验温度25℃，或15℃、30℃（5℃），保持稳定。

3.1.3　将试样注入盛样皿中，试样高度应超过预计针入度值10mm，并盖上盛样皿，防落入灰尘。盛有试样的盛样皿在15～30℃室温中冷却不少于1.5h（小盛样皿）、2h（大盛样皿）或3h（特殊盛样皿）后，应移入保持规定试验温度±0.1℃的恒温水槽中，并应保温不少于1.5h（小盛样皿）、2h（大试样皿）或25h（特殊盛样皿）。

3.1.4　调整针入度仪使之水平。检查针连杆和导轨，以确认无水和其他外来物，无明显摩擦。用三氯乙烯或其他溶剂清洗标准针，并擦干。将标准针插入针连杆，用螺钉固紧。按试验条件，加上附加砝码。

3.2　试验步骤

3.2.1　取出达到恒温的盛样皿，并移入水温控制在试验温度±0.1℃（可用恒温水槽中的水）的平底玻璃皿中的三脚支架上，试样表面以上的水层深度不小于10mm。

3.2.2　将盛有试样的平底玻璃皿置于针入度仪的平台上。慢慢放下针连杆，用适当位置的反光镜或灯光反射观察，使针尖恰好与试样表面接触。将位移计或刻度盘指针复位为零。

3.2.3　开始试验，按下释放键，这时计时与标准针落下贯入试样同时开始，至5s时自动停止。

3.2.4　读取位移计或刻度盘指针的读数，准确至0.1mm。

3.2.5　同一试样平行试验至少3次，各测试点之间及与盛样皿边缘的距离不应小于10mm。每次试验后应将盛有盛样皿的平底玻璃皿放入恒温水槽，使平底玻璃皿中水温保持试验温度。每次试验应换一根干净标准针或将标准针取下用蘸有三氯乙烯溶剂的棉花或布揩净，再用干棉花或布擦干。

3.2.6　测定针入度大于200的沥青试样时，至少用3支标准针，每次试验后将针留在试样中，直至3次平行试验完成后，才能将标准针取出。

3.2.7　测定针入度指数PI时，按同样的方法在15℃、25℃、30℃（或5℃）3个或3个以上（必要时增加10℃、20℃等）温度条件下分别测定沥青的针入度，但用于仲裁试验的温度条件应为5个。

4　计算

　　根据测试结果可按以下方法计算针入度指数、当量软化点及当量脆点。

4.1　公式计算法

4.1.1　将3个或3个以上不同温度条件下测试的针入度值取对数，令 $y=\lg P$，$x=T$，按式（T0604-1）的针入度对数与温度的直线关系，进行 $y=a+bx$ 一元一次方程的直线回归，求取针入度温度指数 $A_{\lg Pen}$。

$$\lg P=K+A_{\lg Pen}\times T \tag{T0604-1}$$

式中　$\lg P$——不同温度条件下测得的针入度值的对数；

　　T——试验温度（℃）；

　　K——回归方程的常数项 a；

　　$A_{\lg Pen}$——回归方程的系数 b。

　　按式（T0604-1）回归时必须进行相关性检验，直线回归相关系数 R 不得小于0.997（置信度95%），否则，试验无效。

4.1.2　按式（T0604-2）确定沥青的针入度指数，并记为 PI。

$$PI=\frac{20-500A_{\lg Pen}}{1+50A_{\lg Pen}} \tag{T0604-2}$$

4.1.3　按式（T0604-3）确定沥青的当量软化点 T_{800}。

$$T_{800}=\frac{\lg 800-K}{A_{\lg Pen}}=\frac{2.9031-K}{A_{\lg Pen}} \tag{T0604-3}$$

4.1.4　按式（T0604-4）确定沥青的当量脆点 $T_{1.2}$。

$$T_{1.2}=\frac{\lg 1.2-K}{A_{\lg Pen}}=\frac{0.0792-K}{A_{\lg Pen}} \tag{T0604-4}$$

4.1.5　按式（T0604-5）确定沥青的塑性温度范围 ΔT。

$$\Delta T=T_{800}-T_{1.2}=\frac{2.8239}{A_{\lg Pen}} \tag{T0604-5}$$

4.2　诺模图法

将 3 个或 3 个以上不同温度条件下测试的针入度值绘于图 T0604-2 的针入度温度关系诺模图中，按最小二乘法法则绘制回归直线，将直线向两端延长，分别与针入度为 800 及 1.2 的水平线相交，交点的温度即为当量软化点 T_{800} 和当量脆点 $T_{1.2}$。以图中 O 点为原点，绘制回归直线的平行线，与 PI 线相交，读取交点处的 PI 值即为该沥青的针入度指数。此法不能检验针入度对数与温度直线回归的相关系数，仅供快速草算时使用。

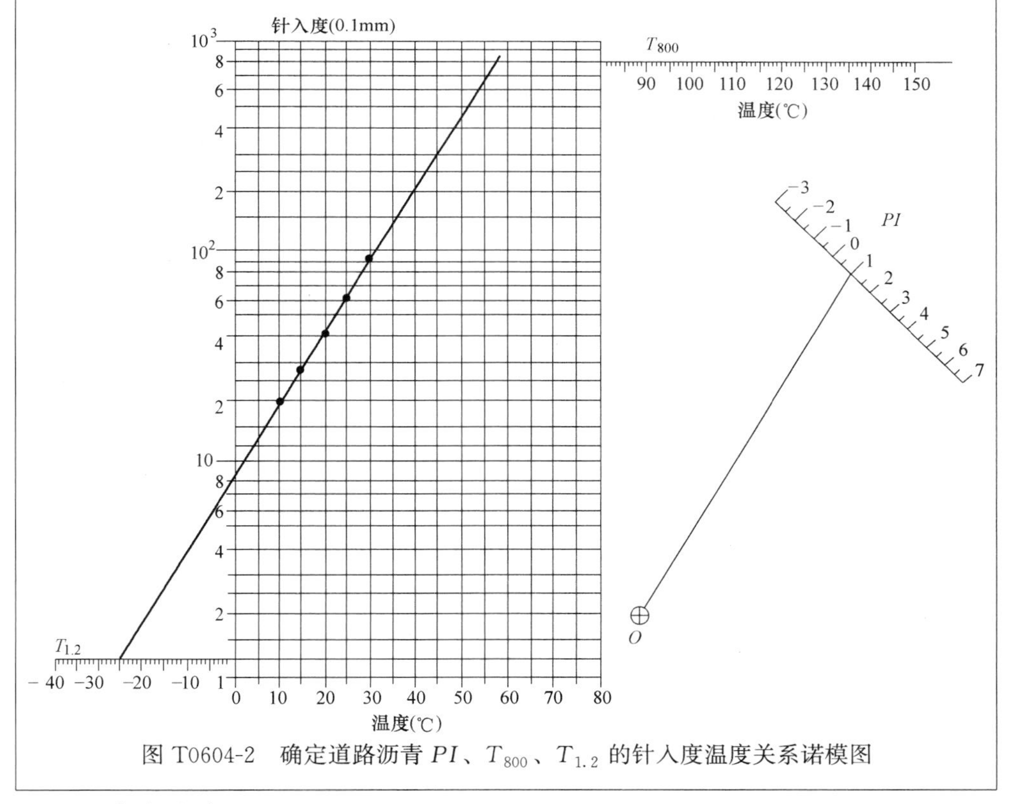

图 T0604-2　确定道路沥青 PI、T_{800}、$T_{1.2}$ 的针入度温度关系诺模图

2. 自主试验

请各小组参考规范的检测视频，在老师的引导、帮助下，自行组织、分工协作完成试验。同时，做好数据记录（表 7.1-6），拍摄本组试验视频，以备老师复查。

（1）数据记录及处理

数据记录及处理　　表7.1-6

品种	试验次数	穿入前指针读数（0.1mm）	穿入后指针读数（0.1mm）	针入度（0.1mm）	平均针入度（0.1mm）
重交通道路石油沥青	1				
	2				
	3				

（2）误差判断

摘录：《公路工程沥青及沥青混合料试验规程》JTG E20—2011

T0604—2011 沥青针入度试验

5.2　同一试样3次平行试验结果的最大值和最小值之差在下列允许误差范围内时，计算3次试验结果的平均值，取整数作为针入度试验结果，以0.1mm计。

针入度（0.1mm）	允许误差（0.1mm）
0～49	2
50～149	4
150～249	12
250～500	20

当试验值不符此要求时，应重新进行。

6　允许误差

6.1　当试验结果小于50（0.1mm）时，重复性试验的允许差为2（0.1mm），复现性试验的允许差为4（0.1mm）。

6.2　当试验结果等于或大于50（0.1mm）时，重复性试验的允许差为平均值的4%，再现性试验的允许差为平均值的8%。

（3）质量评定

查阅《公路沥青路面施工技术规范》JTG F40—2004，沥青针入度的技术要求为：

单项评定：该批沥青针入度是否合格？　合格______　不合格______

摘录：《公路沥青路面施工技术规范》JTG F40—2004

4.2.1　各个沥青等级的适用范围应符合表4.2.1-1的规定。道路石油沥青的质量应符合表4.2.1-2规定的技术要求。经建设单位同意，沥青的*PI*值、60℃动力粘度、10℃延度可作为选择性指标。

表 4.2.1-2　道路石油沥青技术要求

指标	单位	等级	沥青标号																试验方法[1]
			160 号[4]	130 号[4]	110 号			90 号					70 号[3]					50 号[3]	30 号[4]	
针入度(25℃,5s,100g)	0.1 mm		140～200	120～140	100～120			80～100					60～80					40～60	20～40	T0604
适用的气候分区[6]			注[4]	注[4]	2-1	2-2	3-2	1-1	1-2	1-3	2-2	2-3	1-3	1-4	2-2	2-3	2-4	1-4	注[4]	附录 A[5]
针入度指数 PI[2]		A	−1.5～+1.0																	T 0604
		B	−1.8～+1.0																	
软化点(R&B)不小于	℃	A	38	40	43			45			44		46		45			49	55	T 0606
		B	36	39	42			43			42		44		43			46	53	
		C	35	37	41			42					43					45	50	
60℃动力粘度[2] 不小于	Pa·s	A	—	60	120			160			140		180		160			200	260	T 6020
10℃延度[2]　不小于	cm	A	50	50	40			45	30	20	30	20	20	15	25	20	15	15	0	T 0605
		B	30	30	30			30	20	15	20	15	15	10	20	15	10	10	8	
10℃延度　不小于	cm	A、B	100															80	50	
		C	80	80	60			50					40					30	20	
蜡含量(蒸馏法) 不小于	%	A	2.2																	T 0615
		B	3.0																	
		C	4.5																	
闪点　不小于	℃		230					245					260							T 0611
溶解度　不小于	%		99.5																	T 0607
密度(15℃)	g/m^3		实测记录																	T 0603
TFOT(或 RTFOT)后[5]																				T 0610 或 T 0609
质量变化　不大于	%		±0.8																	
残留针入度比(25℃) 不小于	%	A	48	54	55			57					61					63	65	T 0604
		B	45	50	52			54					58					60	62	
		C	40	45	48			50					54					58	60	
残留延度(10℃) 不小于	cm	A	12	12	10			8					6					4	—	T 0605
		B	10	10	8			6					4					2	—	
残留延度(15℃) 不小于	cm	C	40	35	30			20					15					10	—	T 0605

注：1. 试验方法按照现行《公路工程沥青及沥青混合料试验规程》JTG 052 规定的方法执行。用于仲裁试验求取 PI 时的 5 个温度的针入度关系的相关系数不得小于 0.997。
2. 经建设单位同意，表中 PI 值、60℃动力粘度、10℃延度可作为选择性指标，也可不作为施工质量检验指标。
3. 70 号沥青可根据需要要求供应商提供针入度范围为 60～70 或 70～80 的沥青，50 号沥青可要求提供针入度范围为 40～50 或 50～60 的沥青。
4. 30 号沥青仅适用于沥青稳定基层 130 号和 160 号沥青除寒冷地区可直接在中低级公路上直接应用外，通常用作乳化沥青、稀释沥青、改性沥青的基质沥青。
5. 老化试验以 TFOT 为准，也可以 RTFOT 代替。
6. 气候分区见附录 A。

提醒：试验结束后，必须及时清理，确保仪器及工作面洁净、整齐。

3. 反思探讨

检测结束后，教师进行点评、归纳、分析，同时引入相关理论知识。对于测定值偏离较大的小组，引导学生深入探讨，反思误差来源与结果偏差之间的关联，明确标准制定的意义及规范操作的重要性。

（1）本组试验出现过哪些问题？导致什么后果？如何改进？

（2）沥青黏滞性和针入度有何关系？

知识小链接：

（1）黏滞性：沥青黏滞性又称黏性，它是反映沥青材料在外力作用下，其材料内部阻碍其相对流动的一种能力，是沥青材料软硬、稀稠程度的反映，黏性大小与组分含量及温度有关。地沥青质含量多，同时有适量树脂，而油分含量较少时，黏性大。在一定温度范围内，温度升高，粘度降低，反之，粘度提高。

（2）针入度：表示沥青软硬程度和稠度、抵抗剪切破坏的能力，反映在一定条件下沥青的相对粘度的指标。

（3）针入度指数：一种沥青结合料的温度感应性指标，反映针入度随温度而变化的程度，由不同温度的针入度按规定方法计算得到。

（4）对于半固态或固态的黏稠石油沥青的粘度是用针入度仪测定其针入度值来表示，以0.1mm为单位，每0.1mm为1度。针入度值越小，表明沥青粘度越大；相反，针入度值越大，表示沥青越软（稠度越小）。对于液态沥青，或在一定温度下具有流动性的沥青，用标准粘度计测定粘度。

（二）沥青延度的检测

1. 前期准备

查阅现行《公路工程沥青及沥青混合料试验规程》JTG E20中T0605，以小组为单位，搜索并优选相关检测视频，提前做好检测步骤与视频截屏一一对应的“图文作业”，以确保本组自主试验顺利进行。

摘录：《公路工程沥青及沥青混合料试验规程》JTG E20—2011

T0605—2011 沥青延度试验

3.1　准备工作

3.1.1　将隔离剂拌合均匀，涂于清洁干燥的试模底板和两个侧模的内侧表面，并将试模在试模底板上装妥。

3.1.2　按本规程T0602规定的方法准备试样，然后将试样仔细自试模的一端至另一端往返数次缓缓注入模中，最后略高出试模。灌模时不得使气泡混入。

3.1.3　试件在室温中冷却不少于1.5h，然后用热刮刀刮除高出试模的沥青，使沥青面与试模面齐平。沥青的刮法应自试模的中间刮向两端，且表面应刮得平滑。将试模连同底板再放入规定试验温度的水槽中保温1.5h。

3.1.4　检查延度仪延伸速度是否符合规定要求，然后移动滑板使其指针正对标尺的零点。将延度仪注水，并保温达到试验温度±0.1℃。

3.2　试验步骤

3.2.1　将保温后的试件连同底板移入延度仪的水槽中，然后将盛有试样的试模自玻璃板或不锈钢板上取下，将试模两端的孔分别套在滑板及槽端固定板的金属柱上，并取下侧模。水面距试件表面应不小于25mm。

3.2.2　开动延度仪，并注意观察试样的延伸情况。此时应注意，在试验过程中水温应始终保持在试验温度规定范围内，且仪器不得有振动，水面不得有晃动，当水槽采用循环水时，应暂时中断循环，停止水流。在试验中，当发现沥青细丝浮于水面或沉入槽底时，应在水中加入酒精或食盐，调整水的密度至与试样相近后，重新试验。

3.2.3　试件拉断时读取指针所指标尺上的读数，以“cm”计。在正常情况下，试件延伸时应呈锥尖状，拉断时实际断面接近于零。如不能得到这种结果，则应在报告中注明。

2. 自主试验

请各小组参考规范的检测视频，在老师的引导、帮助下，自行组织、分工协作完成试验。同时，做好数据记录（表7.1-7），拍摄本组试验视频，以备老师复查。

（1）数据记录及处理

数据记录及处理　　表7.1-7

品种	延度(cm)（试件1）	延度(cm)（试件2）	延度(cm)（试件3）	平均延度(cm)
______沥青				

（2）误差判断

摘录：《公路工程沥青及沥青混合料试验规程》JTG E20—2011

T0605—2011 沥青延度试验

4　报告

同一样品，每次平行试验不少于3个，如3个测定结果均大于100cm，试验结果记作“>100cm”；特殊需要也可分别记录实测值。3个测定结果中，当有一个以上的测定值小于100cm时，若最大值或最小值与平均值之差满足重复性试验要求，则取3个测定结果平均值的整数作为延度试验结果，若平均值大于100cm，记作“>100cm”；若最大值或要小值与平均值之差不符合重复性试验要求时，试验应重新进行。

5　允许误差

当试验结果小于100cm时，重复性试验的允许误差为平均值的20%，再现性试验的允许误差为平均值的30%。

（3）质量评定

查阅现行《公路沥青路面施工技术规范》JTG F40，沥青延度的技术要求为：

单项评定：该批沥青延度是否合格？　合格______　不合格______

提醒：试验结束后，必须及时清理，确保仪器及工作面洁净、整齐。

3. 反思探讨

检测结束后，教师进行点评、归纳、分析，同时引入相关理论知识。对于测定值偏离较大的小组，则引导学生深入探讨，反思误差来源与结果偏差之间的关联，明确标准制定的意义及规范操作的重要性。

（1）本组试验出现过哪些问题？导致什么后果？如何改进？

（2）沥青塑性和延度有何关系？

知识小链接：

（1）延度：规定形态的沥青试样，在规定温度下以一定速度受拉伸至断开时的长度，以“cm”表示。

（2）塑性：沥青的塑性是指沥青受到外力作用时，产生变形而不破坏，当外力撤销，能保持所获得的变形的能力。

（3）试验时将沥青做成“8”字形标准试件，根据要求通常采用温度为25℃、15℃、10℃、5℃，以50mm/min（低温时采用1cm/min）速度拉伸至断裂时的长度（cm），即为延度。沥青之所以能被加工成柔性防水材料，很大程度上取决于塑性，延度越大，塑性越好。

（三）沥青软化点的检测

1. 前期准备

查阅现行《公路工程沥青及沥青混合料试验规程》JTG E20中T0606沥青软化点试验（环球法），以小组为单位，搜索并优选相关检测视频，提前做好检测步骤与视频截屏一一对应的“图文作业”，以确保本组自主试验顺利进行。

摘录：《公路工程沥青及沥青混合料试验规程》JTG E20—2011

T0606—2011 沥青软化点试验（环球法）

3.1　准备工作

3.1.1　将试样环置于涂有甘油滑石粉隔离剂的试样底板上。按本规程T0602的规定方法将准备好的沥青试样徐徐注入试样环内至略高出环面为止。

如估计试样软化点高于120℃，则试样环和试样底板（不用玻璃板）均应预热至80～100℃。

3.1.2　试样在室温冷却30min后，用热刮刀刮除环面上的试样，应使其与环面齐平。

3.2　试验步骤

3.2.1　试样软化点在80℃以下者：

1）将装有试样的试样环连同试样底板置于装有5±0.5℃水的恒温水槽中至少15min；同时将金属支架、钢球、钢球定位环等亦置于相同水槽中。

2）烧杯内注入新煮沸并冷却至5℃的蒸馏水或纯净水，水面略低于立杆上的深度标记。

3）从恒温水槽中取出盛有试样的试样环放置在支架中层板的圆孔中，套上定位环；然后将整个环架放入烧杯中，调整水面至深度标记，并保持水温为5±0.5℃。环架上任何部分不得附有气泡。将0～100℃的温度计由上层板中心孔垂直插入，使端部测温头底部与试样环下面齐平。

4）将盛有水和环架的烧杯移至放有石棉网的加热炉具上，然后将钢球放在定位环中间的试样中央，立即开动电磁振荡搅拌器使水微微振荡，并开始加热，使杯中水温在3min内调节至维持每分钟上升5±0.5℃。在加热过程中，应记录每分钟上升的温度值，如温度上升速度超出此范围，则试验应重做。

5）试样受热软化逐渐下坠，至与下层底板表面接触时，立即读取温度，准确至0.5℃。

3.2.2　试样软化点在80℃以上者：

1）将装有试样的试样环连同试样底板置于装有32±1℃甘油的恒温槽中至少15min；同时将金属支架、钢球、钢球定位环等亦置于甘油中。

2）在烧杯内注入预先加热至32℃的甘油，其液面略低于立杆上的深度标记。

3）从恒温槽中取出装有试样的试样环，按上述3.2.1的方法进行测定，准确至1℃。

2. 自主试验

请各小组参考规范的检测视频，在老师的引导、帮助下，自行组织、分工协作完成试验。同时，做好数据记录（表7.1-8），拍摄本组试验视频，以备老师复查。

（1）数据记录及处理

数据记录及处理　　　　**表7.1-8**

品　种	试验次数	开始加热时液体温度（℃）	下垂至接触底板时液体温度（℃）	软化点（℃）	平均软化点（℃）
______沥青	1				
	2				

（2）误差判断

摘录：《公路工程沥青及沥青混合料试验规程》JTG E20—2011

T0606—2011 沥青软化点试验（环球法）

4　报告

同一试样平行试验两次，当两次测定值的差值符合重复性试验允许误差要求时，取其平均值作为软化点试验结果，准确至0.5℃。

5　允许误差

5.1　当试样软化点小于80℃时，重复性试验的允许误差为1℃，再现性试验的允许误为4℃。

5.2　当试样软化点大于或等于80℃时，重复性试验的允许误差为2℃，再现性试验的龙许误差为8℃。

（3）质量评定

查阅现行《公路沥青路面施工技术规范》JTG F40，沥青针入度的技术要求为：______

单项评定：该批沥青软化点是否合格？　合格______　不合格______

提醒： 试验结束后，必须及时清理。确保仪器及工作面洁净、整齐。

3. 反思探讨

检测结束后，教师进行点评、归纳、分析，同时引入相关理论知识。对于测定值偏离较大的小组，则引导学生深入探讨，反思误差来源与结果偏差之间的关联，明确标准制定的意义及规范操作的重要性。

（1）本组试验出现过哪些问题？导致什么后果？如何改进？

（2）沥青温度敏感性和软化点有何关系？

知识小链接：

（1）注意事项（表7.1-9）

不同类型沥青软化点特性　　**表7.1-9**

加热介质	沥青材料类型	软化点范围（℃）	重复性（最大绝对误差）（℃）	再现性（最大绝对误差）（℃）
水	石油沥青、乳化沥青残留物、焦油沥青	30～80	1.2	2.0
水	聚合物改性沥青、乳化改性沥青残留物	30～80	1.2	3.5

续表

加热介质	沥青材料类型	软化点范围（℃）	重复性（最大绝对误差）（℃）	再现性（最大绝对误差）（℃）
甘油	建筑石油沥青、特种沥青等石油沥青	80～157	1.5	5.5
甘油	聚合物改性沥青、乳化改性沥青残留物等改性沥青产品	80～157	1.5	5.5

（2）软化点：沥青试样在规定尺寸的金属环内，上置规定尺寸和质量的钢球，放于水或甘油中，以规定的速度加热，至钢球下沉达到规定距离时的温度，以“℃”表示。

（3）温度敏感性：沥青的粘度随温度而变化的性质即沥青的温度敏感性。

（四）沥青黏附性检测

1. 前期准备

查阅现行《公路工程沥青及沥青混合料试验规程》JTG E20 中 T0616 沥青与粗骨料的黏附性试验，以小组为单位，搜索并优选相关检测视频，提前做好检测步骤与视频截屏一一对应的“图文作业”，以确保本组自主试验顺利进行。

摘录：《公路工程沥青及沥青混合料试验规程》JTG E20—2011

T0616—1993 沥青与粗骨料黏附性试验

3　水煮法试验

3.1　准备工作

3.1.1　将集料过13.2mm、19mm筛取粒径13.2～19mm形状接近立方体的规则集料5个，用洁净水洗净，置温度为105±5℃的烘箱中烘干，然后放在干燥器中备用。

3.1.2　大烧杯中盛水，并置于加热炉的石棉网上煮沸。

3.2　试验步骤

3.2.1　将集料逐个用细线在中部系牢再置105±5℃烘箱内1h。按本规程T0602的方法准备沥青试样。

3.2.2　逐个用线提起加热的矿料颗粒浸入预先加热的沥青（石油沥青130～150℃）中45s后，轻轻拿出，使集料颗粒完全为沥青膜所裹覆。

3.2.3　将裹覆沥青的集料颗粒悬挂于试验架上，下面垫一张纸，使多余的沥青流掉，并在室温下冷却15min。

3.2.4　待集料颗粒冷却后，逐个用线提起，浸入盛有煮沸水的大烧杯中央，调整加热炉，使烧杯中的水保持微沸状态，如图T0616-1（c）和（b）所示，但不允许有沸开的泡沫，如图T0616-1（a）所示。

3.2.5　浸煮3min后，将集料从水中取出，适当冷却；然后放入一个盛有常温水的纸杯等容器中，在水中观察矿料颗粒上沥青膜的剥落程度，并按表T0616-1评定其黏附性等级。

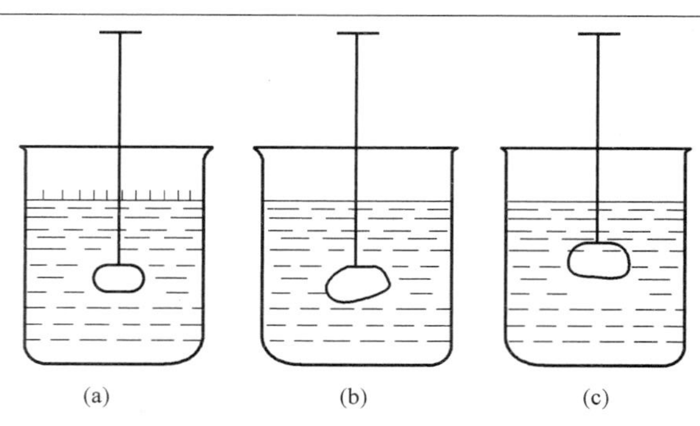

图 T0616-1　水煮法试验

表 T0616-1　沥青与集料的黏附性等级

试验后集料表面上沥青膜剥落情况	黏附性等级
沥青膜完全保存，剥离面积百分率接近于 0	5
沥青膜少部为水所移动，厚度不均匀，剥离面积百分率小于 10%	4
沥青膜局部明显地为水所移动，基本保留在集料表面上，剥离面积百分率小于 30%	3
沥青膜大部为水所移动，局部保留在集料表面上，剥离面积百分率大于 30%	2
沥青膜完全为水所移动，集料基本裸露，沥青全浮于水面上	1

3.2.6　试样应平行验 5 个集料颗粒，并由两名以上经验丰富的试验人员分别评定后，取平均等级作为试验结果。

4　水浸法试验

4.1　准备工作

4.1.1　将集料过 9.5mm、13.2mm 筛，取粒径 9.5～13.2mm 形状规则的集料 200g 用洁净水洗净，并置温度为 105±5℃的烘箱中烘干，然后放在干燥器中备用。

4.1.2　按本规程 0602 准备沥青试样加热至按 T0702 的要求决定的拌合温度。

4.1.3　将煮过的热水入恒温水槽中并维持温度 80±1℃。

4.2　试验步骤

4.2.1　按四分法称取集料粒（9.5～13.2mm）100g 置搪瓷盘中，连同搪瓷盘一起放入已升温至沥青拌合温度以上 5℃的烘箱中持续加热 1h。

4.2.2　按每 100g 集料加入沥青 55±0.2g 的比例称取沥青，准确至 0.1g，放入小型拌合容器中，一起置入同一烘箱中加热 15min。

4.2.3　将搪瓷盘中的集料倒入拌合容器的沥青中后，从烘箱中取出拌合容器，立即用金属铲均匀拌合 1～1.5min，使集料完全被沥青薄膜裹覆；然后，立即将裹有沥青的集料取 20 个，用小铲移至玻璃板上摊开，并置室温下冷却 1h。

4.2.4　将放有集料的玻璃板浸入温度为 80±10℃的恒温水槽中，保持 30min，并将剥离及浮于水面的沥青用纸片捞出。

4.2.5　由水中小心取出玻璃板，浸入水槽内的冷水中，仔细观察裹覆集料的沥青薄膜的剥落情况。由两名以上经验丰富的试验人员分别目测，评定剥离面积的百分率，评定后取平均值。

注：为使估计的剥离面积百分率较为正确，宜先制取若干个不同剥离率的样本，用比照法目测评定。不同剥离率的样本，可用加不同比例抗剥离剂的改性沥青与酸性集料拌合后浸水得到，也可由同种沥青与不同集料品种拌合后浸水得到，逐个仔细计算得出样本的剥离面积百分率。

4.2.6　由剥离面积百分率按表T0616-1评定沥青与集料黏附性的等级。

5　报告

试验结果应报告采用的方法及集料粒径。

2. 自主试验

请各小组参考规范的检测视频，在老师的引导、帮助下，自行组织、分工协作完成试验。同时，做好数据记录（表7.1-10），拍摄本组试验视频，以备老师复查。

（1）数据记录及处理

数据记录及处理　　　**表7.1-10**

试验编号	试验方法	集料粒径(mm)	沥青剥落面积及程度描述	黏附性等级	黏附性评定
1					
2					
3					
4					
5					

（2）误差判断

（3）质量评定

查阅《公路沥青路面施工技术规范》JTG F40—2004，沥青针入度的技术要求为：________________

单项评定：该批沥青软化点是否合格？　合格______　不合格______

摘录：《公路沥青路面施工技术规范》JTG F40—2004

4.8.6　粗集料与沥青的黏附性应符合表4.8.5的要求，当使用不符合要求的粗集料时，宜掺加消石灰、水泥或用饱和石灰水处理后使用，必要时在沥青中掺加耐热、耐水、长期性能好的抗剥落剂，也可采用改性沥青的措施，使沥青混合料的水稳定性检验达到要求。掺加外加剂的剂量由沥青混合料的水稳定性检验确定。

表4.8.5　粗集料与沥青的黏附性、磨光值的技术要求

雨量气候区	1(潮湿区)	2(湿润区)	3(半干区)	4(干旱区)	试验方法
年降雨量(mm)	>1000	1000～5000	500～250	<250	附录A
粗集料的磨光值PSV，不小于 高速公路、一级公路表面层	42	40	38	36	T0321

续表

雨量气候区	1(潮湿区)	2(湿润区)	3(半干区)	4(干旱区)	试验方法
粗集料与沥青的黏附性,不小于高速公路、一级公路表面层,高	5	4	4	3	T0616
速公路、一级公路的其他层次及其他等级公路的各个层次	4	4	3	3	T0663

提醒：试验结束后，必须及时清理，确保仪器及工作面洁净、整齐。

3. 反思探讨

检测结束后，教师进行点评、归纳、分析，同时引入相关理论知识。对于测定值偏离较大的小组，则引导学生深入探讨，反思误差来源与结果偏差之间的关联，明确标准制定的意义及规范操作的重要性。

(1) 本组试验出现过哪些问题？导致什么后果？如何改进？

(2) 沥青与粗集料黏附性不好会有哪些问题？

知识小链接：

沥青与骨料的黏附性直接影响沥青路面的使用质量和耐久性，不仅与沥青性质有关，而且与骨料的性质有关，常用水煮法（沥青混合料最大粒径大于13.2mm）和水浸法（沥青混合料最大粒径小于或等于13.2mm），按沥青剥落面积的百分率来进行等级评定。

三、报告填写

1. 查阅现行《重交通道路石油沥青》GB/T 15180，填写该品种沥青的技术要求（表7.1-11）。

2. 把任务实施的检验结果填入表中，未检测项目标示横线（表7.1-11）。

3. 对比检验结果和技术要求，评定该批沥青的质量（表7.1-11）。

重交通沥青试验检测报告表 **表7.1-11**

工程名称				报告编号	
委托单位				见证单位	
委托编号				见证人	
样品编号				见证编号	
使用部位				检测性质	
沥青标号				委托日期	
沥青产地		混合料类型		检验日期	
气候分区		道路等级		报告日期	

续表

<table>
<tr><th colspan="2">检验项目</th><th>单位</th><th>技术指标</th><th>检验结果</th><th>结果判定</th></tr>
<tr><td colspan="2">针入度(25℃,100g,5s)</td><td>0.1mm</td><td></td><td></td><td></td></tr>
<tr><td colspan="2">针入度指数 PI</td><td>—</td><td></td><td></td><td></td></tr>
<tr><td colspan="2">延度(15℃,5cm/min)</td><td>cm</td><td></td><td></td><td></td></tr>
<tr><td colspan="2">软化点($T_{R\&B}$)</td><td>℃</td><td></td><td></td><td></td></tr>
<tr><td colspan="2">溶解度(三氯乙烯)</td><td>%</td><td></td><td></td><td></td></tr>
<tr><td colspan="2">闪点</td><td>℃</td><td></td><td></td><td></td></tr>
<tr><td colspan="2">蜡含量(蒸馏法)</td><td>%</td><td></td><td></td><td></td></tr>
<tr><td colspan="2">密度(15℃)</td><td>g/cm^3</td><td></td><td></td><td></td></tr>
<tr><td colspan="2">动力粘度(60℃)</td><td>Pa·s</td><td></td><td></td><td></td></tr>
<tr><td rowspan="3">旋转薄膜加热试验 163℃，85min</td><td>质量变化</td><td>%</td><td></td><td></td><td></td></tr>
<tr><td>残留针入度比(25℃)</td><td>cm</td><td></td><td></td><td></td></tr>
<tr><td>残留延度(10℃)</td><td>cm</td><td></td><td></td><td></td></tr>
<tr><td colspan="2">检验依据</td><td colspan="4"></td></tr>
<tr><td colspan="2">结论</td><td colspan="4"></td></tr>
<tr><td colspan="2">备注</td><td colspan="4"></td></tr>
</table>

知识小链接：

石油沥青的主要技术性质：

(1) 物理性质

1) 密度：沥青在规定温度下单位体积所具有的质量，以“t/m^3”或“kg/m^3”计。通常黏稠沥青的密度在 0.94～1.04t/m^3 范围。

2) 热膨胀系数：沥青在温度上升1℃时，长度或体积的增长量称为线膨胀系数或体膨胀系数，统称热膨胀系数，其直接影响沥青混合料的温缩系数，与沥青路面的开裂直接相关。

3) 介电常数：与沥青耐久性相关，影响沥青路面的抗滑性能。

4) 含水量：沥青具有良好的防水性，几乎不含水，沥青吸收水分取决于所含能溶解于水的盐，含盐越多，水分作用时间越长，沥青中的水含量就越大。含水沥青在加热过程中会产生泡沫，泡沫体积随温度升高而增大，易发生溢锅现象，产生安全隐患。

(2) 沥青黏滞性（又称稠度）：是指沥青材料在外力作用下材料内部阻碍产生相对流动和抵抗剪切变形的能力，也是沥青软硬、稀稠程度的表征，用粘度表示。沥青的黏滞性与沥青路面的力学性能密切相关，且随沥青化学组分和温度变化。

(3) 塑性（又称延性）：是指沥青在外力作用下产生塑性变形而不破坏，去掉外力后，仍有保持变形后形状的性质，用延度表示，延度越大，塑性越好。塑性能反应沥青开裂后自愈的能力以及受机械外力作用产生塑性变形而不破坏的能力，与化学组分和温度有关。

（4）沥青温度敏感性：是沥青在高温时变软，低温时变脆，黏滞性和塑性随温度升降而变化的性能。沥青的温度敏感性分高温温度稳定性和低温脆裂性，高温温度稳定性用软化点表示，低温脆裂性用脆点表示，沥青的软化点越高，脆点越低，温度敏感性越好。沥青温度敏感性大，则黏滞性和塑性随温度的变化幅度就大，工程中希望沥青材料具有较高的温度稳定性，一是选用温度敏感性小的沥青，二是通过加入滑石粉、石灰石粉等矿物填料减小温度敏感性。

（5）大气稳定性：是指石油沥青在使用过程中，长期受到环境热、阳光、大气与雨水以及交通等因素作用下抵抗老化的性能，即耐久性。在以上综合因素作用下沥青各组分会不断递变，油分和树脂逐渐减少，沥青质逐渐增多，导致沥青流动性和塑性逐渐变小，硬度和脆性逐渐增加，直至脆裂，这个过程称为沥青的老化，采用质量蒸发损失百分率和蒸发后的针入度表示。

（6）加热稳定性：沥青加热时间过长或过热，其化学组成会发生变化，从而导致沥青的技术性质产生不良变化的性质。通常采用测定沥青加热一定温度、一定时间后，沥青试样的重量损失，以及加热前后针入度和软化点的改变来表示。

（7）施工安全性：施工时，黏稠沥青需要加热使用。在加热至一定温度时，沥青中的部分物质会挥发成为气态，这种气态物质与周围空气混合，遇火焰时会发生闪火现象（初次发生一瞬即灭的火焰），此时温度称为闪点；若温度继续升高，挥发的有机气体继续增加，在遇火焰时会发生燃烧（持续燃烧达5s以上），沥青产生燃烧时的温度，称为燃点。

闪点和燃点的高低表明了沥青引起火灾或爆炸的可能性大小，是保证沥青加热质量和施工安全的一项重要指标，关系到使用、运输、储存等方面的安全。沥青加热温度不能超过闪点，更不能达到燃点。如：建筑石油沥青的闪点约230℃，在加工熬制时温度一般控制在185～200℃。

子任务7.2　沥青的品种、特性与应用

一、其他石油沥青的特性与应用

（一）建筑石油沥青

建筑石油沥青稠度较大，软化点较高，耐热性较好，但是塑性较差，主要用于生产柔性防水卷材、防水涂料和沥青嵌缝材料，绝大部分用于建筑屋面防水、建筑地下防水、沟槽防水和管道防腐等工程部位。其与道路石油沥青在性能上也有所区别。

查阅现行《建筑石油沥青》GB/T 494，录屏上传到学习平台。然后，借助标准回答下列问题：

建筑石油沥青适用范围是什么？其分为哪些类别？

摘录：《建筑石油沥青》GB/T 494—2010

1　范围

本标准规定了以天然原油的减压渣油经氧化或其他工艺而制得的石油沥青的技术条件及试验方法以及包装、标志、贮存、运输及交货验收、采样等要求。

本标准适用于建筑屋面和地下防水的胶结料、制造涂料、油毡和防腐材料等产品。

……

3　产品分类

建筑石油沥青按针入度不同分为10号、30号和40号三个牌号。

4　技术要求及试验方法

本标准的技术要求及试验方法见表1。

表1　建筑石油沥青技术要求

项目		质量指标			试验方法
		10号	30号	40号	
针入度(25℃,100g,5s)(1/10mm)		10～25	26～35	36～50	GB/T 4509
针入度(45℃,100g,5s)(1/10mm)		报告[a]	报告[a]	报告[a]	
针入度(0℃,200g,5s)(1/10mm)	不小于	3	6	6	
延度(25℃,5cm/min)(cm)	不小于	1.5	2.5	3.5	GB/T 4508
软化点(环球法)/℃	不低于	95	75	60	GB/T 4507
溶解度(三氯乙烯)/%	不小于	99.0			GB/T 11148
蒸发后质量变化(163℃,5h)(%)	不大于	1			GB/T 11964
蒸发后25℃针入度比[b](%)		65			GB/T 4509
闪电(开口杯法)/℃	不低于	260			GB/T 267

[a] 报告应为实测值。

[b] 测定蒸发损失后样品的25℃针入度与原25℃针入度之比乘以100后，所得的百分比称为蒸发后针入度比。

知识小链接：

(1) 常用的柔性防水卷材有：纸胎油毡、石油沥青玻璃布油毡、石油沥青玻璃纤维胎油毡、铝箔面油毡、SBS改性沥青防水卷材、APP改性沥青防水卷材以及各种合成高分子防水卷材。

(2) 常用的防水涂料有：沥青冷底子油、沥青胶水乳型沥青防水涂料、改性沥青防水涂料以及有机合成高分子防水涂料。

(3) 常用的建筑密封材料有：沥青嵌缝油膏、聚氨酯密封膏、聚氯乙烯接缝膏、丙烯酸酯密封膏以及硅酮密封膏。

(4) 在应用沥青过程中，为了避免夏季流淌，一般屋面防水选用的沥青材料软化点应该比该地区屋面最高温度高20℃以上，软化点过低，沥青容易产生夏季流淌；软化点过高，则沥青在冬季低温时易产生硬脆、开裂等。

(二) 防水防潮石油沥青

防水防潮石油沥青按针入度指数划分牌号，还增加了低温变形性能的脆点指标。随着牌号增大，防水防潮沥青针入度指数增大，温度敏感性减小，脆点降低，应用温度范围扩大。其主要用作油毡的涂覆材料以及建筑屋面和地下防水的黏结材料。其与道路石油沥青、建筑石油沥青在性能要求上也有所区别。

查阅现行《防水防潮石油沥青》SH/T 0002，录屏上传到学习平台。然后，借助标准回答下列问题：

1. 防水防潮石油沥青适用范围是什么？其分为哪些类别？

摘录：《防水防潮石油沥青》SH/T 0002-90

1　主题内容与适用范围

本标准规定了由不同原油的减压渣油经加工制得的防水防潮石油沥青技术要求。

本标准所属产品适用作油毡的涂覆材料及建筑屋面和地下防水的黏结材料。

……

3　名词术语

针入度指数：表明沥青的温度特性，通称感温性，代号 PI，此值越大，感温性越小，沥青应用温度范围越宽。

4　产品分类

本标准按产品的针入度指数分为4个牌号：

3号，感温性一般，质地较软，用于一般温度下，室内及地下结构部分的防水。

4号感温性较小，用于一般地区可行走的缓坡屋顶防水。

5号感温性小，用于一般地区暴露屋顶或气温较高地区的屋顶。

6号，感温性最小，并且质地较软，除一般地区外，主要用于寒冷地区的屋顶及其他防水防潮工程。

5　技术要求项目

项目		质量指标				试验方法
牌号		3号	4号	5号	6号	
软化点,℃	不低于	85	90	100	95	GB/T 4507
针入度,1/10mm		25～45	20～40	20～40	30～50	GB/T 4509
针入度指数	不小于	3	4	5	6	附录A
蒸发损失,%	不大于	1	1	1	1	GB/T 11964
闪点(开口),℃	不低于	250	270	270	270	GB/T 267
溶解度,%	不小于	98	98	95	92	GB/T 11148
脆点,℃	不高于	−5	−10	−15	−20	GB/T 4510
垂度,mm	不大于	—	—	8	10	SH/T 0424
加热安定性,℃	不大于	5	5	5	5	附录B

2. 防水防潮石油沥青加热安定性是怎样检验的？

摘录：《防水防潮石油沥青》SH/T 0002-90

B1　方法概要

沥青试样在300±5℃电热器上加热5h，通过测定试样在加热前后脆点的变化，来确定沥青试样的加热安定性。

B2　仪器

B2.1　容器：内径约180mm，高约200mm搪瓷烧杯。

B2.2　加热器：自动恒温烘箱和带变压器的1kW电热器。

B3　试验步骤

B3.1　在容器中称取2kg试样。将盛有试样的容器放入恒温100～110℃烘箱中预热，至有部分试样熔化流动，随后将其移置在电热器上边搅拌，边加热至300±5℃。从容器中心取出测定脆点用试样。

B3.2　停止搅拌，在300±5℃条件下，保持5h后，再从容器中心取出测定脆点用试样。将两次所取的试样按GB/T 4510测定脆点，并算出两者的脆点之差。

B4　报告

报告加热前后试样的脆点差值。

二、煤沥青的特性与应用

煤沥青是炼焦厂和煤气厂生产的副产物。烟煤在干馏过程中的挥发物质、经冷凝而成的黑色黏稠液体称为煤焦油，煤焦油再经分馏加工提取出轻油、中油、重油、蒽油后所得残渣即为煤沥青。根据分馏程度不同，煤沥青可分为低温沥青、中沥青、高温沥青三种。土木工程中所采用的煤沥青多为黏稠或半固体的低温沥青。

查阅现行《煤沥青》GB/T 2290，录屏上传到学习平台。然后，借助标准回答下列问题：

1. 煤沥青适用范围是什么？煤沥青的技术要求与石油沥青有哪些区别？

摘录：《煤沥青》GB/T 2290—2012

1　范围

本标准规定了煤沥青的技术要求、试验方法、检验规则、标志、包装、运输、贮存和质量证明书。

本标准适用于高温煤焦油经加工所得的低温、中温及高温煤沥青。

……

3　技术要求

煤沥青的技术要求应符合表1的规定。

表1　煤沥青的技术要求

指标名称	低温沥青		中温沥青		高温沥青	
	1号	2号	1号	2号	1号	2号
软化点/℃	35～45	46～75	80～90	75～95	95～100	95～120
甲苯不溶物含量/%	—	—	15～25	≤25	≥24	—
灰分/%	—	—	≤0.3	≤0.5	≤0.3	—
水分/%	—	—	≤5.0	≤5.0	≤4.0	≤5.0
喹啉不溶物/%	—	—	≤10	—	—	—
结焦值/%	—	—	≥45	—	≥52	—

注1：水分只作生产操作中控制指标，不作质量考核依据。
注2：沥青喹啉不溶物含量每月至少测定一次。

知识小链接：

煤沥青与石油沥青在技术性质、气味、毒性、外观上存在较大差异，具体见表7.2-1。

煤沥青与石油沥青的主要区别　　表7.2-1

项目		石油沥青	煤沥青
技术性质	密度(g/cm^3)	近似于1.0	1.25～1.28
	塑性	较好	低温脆性较大
	温度稳定性	较好	较差
	大气稳定性	较好	较差
	抗腐蚀性	差	强
	与骨料表面黏附性	一般	较强
气味		加热后有松香味	加热后有臭味
毒性		无毒	有刺激性、毒性
外观	烟色	接近白色	呈黄色
	外观	呈黑褐色	呈灰黑色，剖面看似有一层灰
	溶解性	能完全溶解于汽油或煤油，溶液呈黑色	不能完全溶解，且溶液呈黄绿色

2. 复验煤沥青软化点、甲苯不溶物含量、灰分、水分等指标时，分别依据哪些标准进行检测？

摘录：《煤沥青》GB/T 2290—2012

4　试验方法

4.1　软化点的测定按 GB/T 2294—1997 规定进行发生争议时按方法 A 环球法规定进行仲裁。

4.2　甲苯不溶物含量的测定按 GB/T 2292 规定进行。

4.3　灰分的测定按 GB/T 2295 规定进行。

4.4　水分的测定按 GB/T 2288 规定进行。

4.5　喹啉不溶物含量的测定按 GB/T 2293 规定进行。

4.6　结焦值的测定按 GB/T 8727 规定进行。

5　检验规则

5.1　煤沥青的质量检验和验收由质量技术监督部门进行，用户有权按本标准规定验收产品。

5.2　试样的采取和制备按 GB/T 2000 和 GB/T 2291 规定进行。

5.3　数值修约的规则按 GB/T 8170 的规定进行。

3. 煤沥青包装袋上标注了什么？其应该如何存放？

摘录：《煤沥青》GB/T 2290—2012

6　标志、包装、运输、贮存和质量证明书

6.1　煤沥青需装入洁净的槽车、编织袋或其他包装中发给需方，槽车及包装上还应标明：产品名称、产品标准编号、商标、净重、供方名称和地址。

6.2　煤沥青需存放在室外或带有通风口的库房内，液态沥青及低温沥青需存放在贮槽内。

6.3　每批出厂的产品都应附有质量证明书，证明书的内容包括：供方名称、产品名称、批号、毛重、净重、商标、发货日期和本标准规定的各项检验结果、质量等级、本标准编号等。

4. 道路用煤沥青的质量应该符合什么要求？

摘录：《公路沥青路面施工技术规范》JTG F40—2004

4.5.1　道路用煤沥青的标号根据气候条件、施工温度、使用目的选用，其质量应符合表 4.5.1 的规定。

表 4.5.1 道路用煤沥青技术要求

试验项目		T-1	T-2	T-3	T-4	T-5	T-6	T-7	T-8	T-9	试验方法
黏度	$C_{30,5}$	5～25	26～70								T0621
	$C_{30,10}$			5～25	26～50	51～120	121～200				
	$C_{50,10}$							10～75	76～200		
	$C_{60,10}$									35～65	
蒸馏试验，馏出量（%）	170℃前，不大于	3	3	3	2	1.5	1.5	1	1	1	T0641
	270℃前，不大于	20	20	20	15	15	15	10	10	10	
	370℃前，不大于	15～35	15～35	30	15～35	25	25	20	20	15	
300℃蒸馏残留物软化点（环球法）（℃）		30～45	30～45	35～65	35～65	35～65	35～65	40～70	40～70	40～70	T0606
水分，不大于（%）		1.0	1.0	1.0	1.0	1.0	0.5	0.5	0.5	0.5	T0612
甲苯不溶物，不小于（%）		20	20	20	20	20	20	20	20	20	T0646
萘含量，不大于（%）		5	5	5	4	4	3.5	3	2	2	T0645
焦油酸含量，不大于（%）		4	4	3	3	2.5	2.5	1.5	1.5	1.5	T0642

知识小链接：

道路用煤沥青适用于下列情况：

（1）各种等级公路的各种基层上的透层，宜采用 T-1 或 T-2 级，其他等级不符合喷洒要求时可适当稀释使用；

（2）三级及三级以下的公路铺筑表面处治或贯入式沥青路面，宜采用 T-5、T-6 或 T-7 级；

（3）与道路石油沥青、乳化沥青混合使用，以改善渗透性。

三、乳化沥青的特性与应用

乳化沥青是将合理配合比的石油沥青和皂液（水、乳化剂、稳定剂等）经过增压、剪切、研磨等机械作用，使沥青形成均匀、细小的颗粒，稳定均匀地分散在皂液中，形成水包油的沥青乳状液体。可常温储存，不需要加热，可拌合成沥青胶、沥青砂浆等，是一种道路建筑材料。

查阅现行《公路沥青路面施工技术规范》JTG F40，录屏上传到学习平台。然后，借助标准回答下列问题：

1. 乳化沥青适用范围是什么？其可分为哪些类别？

摘录：《公路沥青路面施工技术规范》JTG F40—2004

4.3.1 乳化沥青适用于沥青表面处治路面、沥青贯入式路面、冷拌沥青混合料路面，修补裂缝，喷洒透层、粘层与封层等。乳化沥青的品种和适用范围宜符合表 4.3.1 的规定。

表4.3.1　乳化沥青品种及适用范围

分类	品种及代号	适用范围
阳离子乳化沥青	PC-1	表处、贯入式路面及下封层用
	PC-2	透层油及基层养生用
	PC-3	粘层油用
	BC-1	稀浆封层或冷拌沥青混合料用
阴离子乳化沥青	PA-1	表处、贯入式路面及下封层用
	PA-2	透层油及基层养生用
	PA-3	粘层油用
	BA-1	稀浆封层或冷拌沥青混合料用
非离子乳化沥青	PN-2	透层油用
	BN-1	与水泥稳定集料同时使用(基层路拌或再生)

知识小链接：

乳化沥青是沥青和乳化剂水溶液（有时加稳定剂）在一定温度下，经机械力的作用使沥青微粒均匀而稳定地分散于水中的乳状液。其分为阳离子型、阴离子型、非离子型三种。乳化沥青无毒、无嗅、无污染，稠度小、流动性好，可与湿骨料拌合而黏聚力不降低，但存储稳定性差，暴露在空气中容易发生破乳现象。乳化沥青储存一般不宜超过6个月。

乳化沥青的破乳是指乳化沥青中的沥青微粒由分散到聚结的不可逆变化。按破乳速度可分为快裂、中裂或慢裂三种类型，可通过矿料表面被乳液薄膜裹覆的均匀情况判断乳液的拌合效果，具体见表7.2-2。

乳化沥青的破乳速度分级　　表7.2-2

乳化沥青破乳速度	A组矿料拌合结果	B组矿料拌合结果
快裂	混合料呈松散状态，一部分矿料颗粒未裹覆沥青，沥青分布不够均匀，有些凝聚成固块	乳液中的沥青拌合后立即凝聚成团块，不能拌合
中裂	混合料混合均匀	混合料呈松散状态，沥青分布不均，并可见凝聚的团块
慢裂	—	混合料呈糊状，沥青乳液分布均匀

2. 道路用乳化沥青应满足哪些技术指标要求？如何选用？

摘录：《公路沥青路面施工技术规范》JTG F40—2004

4.3.2　乳化沥青的质量应符合表4.3.2的规定。在高温条件下宜采用粘度较大的乳化沥青，寒冷条件下宜使用粘度较小的乳化沥青。

4.3.3　乳化沥青类型根据集料品种及使用条件选择。阳离子乳化沥青可适用于各种集料品种，阴离子乳化沥青适用于碱性石料。乳化沥青的破乳速度、粘度宜根据用途与施工方法选择。

4.3.4　制备乳化沥青用的基质沥青，对高速公路和一级公路，符合表4.2.1-1道路石油沥青A、B级沥青的要求，其他情况可采用C级沥青。

表 4.3.2　道路用乳化沥青技术要求

试验项目		单位	品种及代号										试验方法
			阳离子				阴离子				非离子		
			喷洒用			拌合用	喷洒用			拌合用	喷洒用	拌合用	
			PC-1	PC-2	PC-3	BC-1	PA-1	PA-2	PA-3	BA-1	PN-2	BN-1	
破乳速度			快裂	慢裂	快裂或中裂	慢裂或中裂	快裂	慢裂	快裂或中裂	慢裂或中裂	慢裂	慢裂	T 0658
粒子电荷			阳离子(+)				阴离子(−)				非离子		T 0653
筛上(1.18mm 筛),不大于		%	0.1				0.1				0.1		T 0652
粘度	恩格拉粘度计 E_{25}		2～10	1～6	1～6	2～30	2～10	1～6	1～6	2～30	1～6	2～30	T 0622
	道路标准粘度计 $C_{25,3}$	s	10～25	8～20	8～20	10～60	10～25	8～20	8～20	10～60	8～20	10～60	T 0621
蒸发残留物	残留分含量,不小于	%	50	50	50	55	50	50	50	55	50	55	T 0651
	溶解度,不小于	%	97.5				97.5				97.5		T 0607
	针入度(25℃)	0.1mm	50～200	50～300	45～150		50～200	50～300	45～150		50～300	60～300	T 0604
	延度(15℃),不小于	cm	40				40				40		T 0605
与粗集料的黏附性,裹覆面积,不小于			2/3			—	2/3			—	2/3	—	T 0654
与粗、细粒式集料拌合试验			—			均匀	—			均匀	—	均匀	T 0659
水泥拌合试验的筛上剩余,不大于		%	—				—				—	3	T 0657
常温存储稳定性: 1d,不大于 5d,不大于		%	1 5				1 5				1 5		T 0655

注：1. P 为喷洒型，B 为拌合型，C、A、N 分别表示阳离子、阴离子、非离子乳化沥青。

2. 粘度可选用恩格拉粘度计或沥青标准粘度计之一测定。

3. 表中的破乳速度与集料的黏附性、拌合试验的要求、所使用的石料品种有关，质量检验时应采用工程上实际的石料进行试验，仅进行乳化沥青产品质量评定时可不要求此三项。

4. 贮存稳定性根据施工实际情况选用试验时间，通常采用 5d，乳液生产后能在当天使用也可用 1d 稳定性。

5. 当乳化沥青需要在低温冰冻条件下贮存或使用时，尚需按 T0656 进行－5℃低温贮存稳定性试验，要求没有粗颗粒。

6. 如果乳化沥青是将高浓度产品运到现场经稀释后使用时，表中的蒸发残留物等各项指标指稀释前乳化沥青的要求。

3. 乳化沥青如何存储?

摘录:《公路沥青路面施工技术规范》JTG F40-2004
4.3.5 乳化沥青,宜存放在立式罐中,并保持适当搅拌。存储期以不离析、不冻结、不破乳为度。

四、改性沥青的特性与应用

改性沥青是掺加橡胶、树脂、高分子聚合物、天然沥青、磨细的橡胶粉,或者其他材料等外掺剂(改性剂)制成的沥青结合料,从而使沥青或沥青混合料的性能得以改善,即良好的低温柔韧性,足够的高温稳定性,一定的抗老化能力,较强的黏附力和抗疲劳性能,从而满足土木工程对沥青的性能要求。

查阅现行《公路沥青路面施工技术规范》JTG F40,录屏上传到学习平台。然后,借助标准回答下列问题:

1. 改性沥青有哪些类别?

知识小链接:

改性沥青可采用不同生产工艺改性和掺入某种材料进行改性,可单独或复合采用高分子聚合物、天然沥青及其他改性材料制作。改性沥青分为橡胶改性沥青、树脂改性沥青、橡胶-树脂改性沥青、矿物改性沥青(表7.2-3)。

不同改性沥青特性 表7.2-3

改性沥青类别	掺入料	改善性能	应用
橡胶改性沥青	氯丁橡胶改性	改善气密性、低温抗裂性、耐化学腐蚀性、耐老化、耐燃性	防水材料、防水涂料
	丁基橡胶沥青	改善耐分解性、低温抗裂性、耐热性	道路路面、密封材料及涂料
	热塑性丁苯橡胶	改善耐高、低温性能、弹性、耐疲劳性	防水卷材、防水涂料
	再生橡胶	改善弹性、塑性、黏结力、低温柔性、耐火性、耐热性、不透水性	卷材、密封材料、防水涂料
树脂改性沥青	树脂	改善耐寒性、黏结性和不透气性	防水卷材、防水涂料
橡胶-树脂改性沥青	橡胶、树脂	兼具两者优点	道路路面
矿物改性沥青	矿物粉料或纤维	改善黏性、耐热性、温度敏感性、韧性	沥青胶

2. 改性沥青使用和存储有哪些要求?

知识小链接:

(1)现场制造的改性沥青宜随配随用,需作短时间保存,或运送到附近的工地时,使用前必须搅拌均匀,在不发生离析的状态下使用。

(2)工厂制作的成品改性沥青到达施工现场后存贮在改性沥青罐中,改性沥青罐中必须加设搅拌设备并进行搅拌,使用前改性沥青必须搅拌均匀。在施工过程中应定期取样检验产品质量,发现离析等质量不符要求的改性沥青不得使用。

3. 聚合物改性沥青技术要求与石油沥青有何区别?

摘录：《公路沥青路面施工技术规范》JTG F40—2004

表 4.6.2　聚合物改性沥青技术要求

试验项目	单位	SBS类(Ⅰ类)				SBR类(Ⅱ类)			EVA、PE类(Ⅲ类)				试验方法
		Ⅰ-A	Ⅰ-B	Ⅰ-C	Ⅰ-D	Ⅱ-A	Ⅱ-B	Ⅱ-C	Ⅲ-A	Ⅲ-B	Ⅲ-C	Ⅲ-D	
针入度25℃,100g,5s	0.1mm	>100	80～100	60～80	40～60	>100	80～100	60～80	>80	60～80	40～60	30～40	T 0604
针入度指数 PI,不小于		−1.2	−0.8	−0.4	0	−1.0	−0.8	−0.6	−1.0	−0.8	−0.6	−0.4	T 0604
延度5℃,5cm/min,不小于	cm	50	40	30	20	60	50	40	—				T 0605
软化点 $T_{R\&B}$,不小于	℃	45	50	55	60	45	48	50	48	52	56	60	T 0606
运动粘度[1] 135℃,不大于	Pa·s	3											T 0625 T 0619
闪点,不小于	℃	230				230			230				T 0611
溶解度,不小于	%	99				99			—				T 0607
弹性恢复25℃,不小于	%	55	60	65	75	—			—				T 0662
黏韧性,不小于	N·m	—				5			—				T 0624
韧性,不小于	N·m	—				2.5			—				T 0624
存储稳定性[2]离析,48h软化点差,不大于	℃	2.5				—			无改性剂明显析出、凝聚				T 0661
TFOT(或RTFOT)后残留物													
质量变化,不大于	%	±1.0											T0610/09
针入度比25℃,不小于	%	50	55	60	65	50	55	60	50	55	58	60	T 0604
延度5℃,不小于	cm	30	25	20	15	30	20	10	—				T 0605

注：1. 表中135℃运动粘度可采用《公路工程沥青及沥青混合料试验规程》JTJ 052—2000中的“沥青布氏旋转粘度试验方法（布洛克菲尔德粘度计法）”进行测定。若在不改变改性沥青物理力学性能并符合安全条件的温度下易于泵送和拌合，或经证明适当提高泵送和拌合温度时能保证改性沥青的质量，容易施工，可不要求测定。

2. 贮存稳定性指标适用于工厂生产的成品改性沥青。现场制作的改性沥青对贮存稳定性指标可不作要求，但必须在制作后，保持不间断的搅拌或泵送循环，保证使用前没有明显的离析。

五、改性乳化沥青的特性与应用

在制作改性乳化沥青的过程中同时加入聚合物胶乳，或将聚合物胶乳与乳化沥青成品混合，或对聚合物改性沥青进行乳化加工得到的乳化沥青产品，可应用于土木工程领域。

查阅现行《公路沥青路面施工技术规范》JTG F40，录屏上传到学习平台。然后，借助规范回答下列问题：

改性乳化沥青有哪些品种？适用范围如何？有哪些技术要求？

摘录：《公路沥青路面施工技术规范》JTG F40—2004

4.7.1　改性乳化沥青宜按表4.7.1-1选用，质量应符合表4.7.1-2的技术要求。

表4.7.1-1　改性乳化沥青的品种和适用范围

品种		代号	适用范围
改性乳化沥青	喷洒型改性乳化沥青	PCR	粘层、封层、桥面防水粘结层用
	拌合用乳化沥青	BCR	改性稀浆封层和微表处用

表4.7.1-2　改性乳化沥青技术要求

试验项目		单位	品种及代号		试验方法
			PCR	BCR	
破乳速度		—	快裂或中裂	慢裂	T 0658
粒子电荷		—	阳离子(+)	阳离子(+)	T 0653
筛上剩余量(1.18mm)，不大于		%	0.1	0.1	T 0652
粘度	恩格拉粘度计E_{25}	—	1～10	3～30	T 0622
	道路标准粘度计$C_{25,3}$	s	8～25	12～60	T 0621
蒸发残留物	含量，不小于	%	50	60	T 0651
	针入度(100g，25℃，5s)	0.1mm	40～120	40～100	T 0604
	软化点，不小于	℃	50	53	T 0606
	延度(5℃)，不小于	cm	20	20	T 0605
	溶解度(三氯乙烯)，不小于	%	97.5	97.5	T 0607
与矿料的黏附性，裹覆面积，不小于		—	2/3	—	T 0654
贮存稳定性	1d，不大于	%	1	1	T 0655
	5d，不大于	%	5	5	T 0655

注：1. 破乳速度与集料黏附性、拌合试验、所使用的石料品种有关。工程上施工质量检验时应采用实际的石料试验，仅进行产品质量评定时可不对这些指标提出要求。

2. 当用于填补车辙时，BCR蒸发残留物的软化点宜提高至不低于55℃。

3. 贮存稳定性根据施工实际情况选用试验天数，通常采用5d，乳液生产后能在第二天使用完时也可用1d。个别情况下改性乳化沥青5d贮存稳定性难以满足要求，如果经搅拌后能够达到均匀一致并不影响正常使用，此时要求改性乳化沥青运至工地后存放在附有搅拌装置的贮存罐内，并不断地进行搅拌，否则不准使用。

4. 当改性乳化沥青或特种改性乳化沥青需要在低温冰冻条件下贮存或使用时，尚需按T0656进行−5℃低温贮存稳定性试验，要求没有粗颗粒，不结块。

学习任务8　沥青混合料的性能检测及其应用

子任务8.1　热拌沥青混合料的性能检测

一、学习准备

沥青混合料是一种典型的流变性材料，是由矿料与沥青结合料拌合而成的混合料的总称，在土木工程中应用极为广泛。沥青混合料是以沥青、粗骨料、细骨料、填料以及必要时掺加的外加剂组成，在一定温度下经拌合而成的高级路面材料，是沥青混凝土混合料和沥青碎石混合料的总称。沥青混合料广泛应用于各级道路、桥梁工程。为确保工程质量，应对沥青混合料的质量进行严格把关，做到“一查、二看、三抽检”。

（一）上网查阅：沥青混合料合格证和试验检验报告（图8.1-1），并截屏上传学习平台。

请同学们查看沥青混合料质量检验报告，沥青混合料一般由哪些材料混合而成？要满足哪些技术要求？

沥青混合料试验检测报告

试验室名称：　××市忠信工程质量检测有限公司　　报告编号：　201406-16-03

委托单位/施工单位	××久泰工程质量检测有限公司	委托编号	201406-16
工程名称	实验室间比对试验	样品编号	201406-16-LH-01
工程部位/用途	沥青混凝土面层	样品名称	热拌沥青混合料
试验依据	JTG E20-2011	判定依据	JTG F40-2004、设计文件
主要仪器设备及编号	沥青混合料理论最大相对密度仪（ZXJC-LQ-10）、数控马歇尔自动击实仪（ZXJC-LQ-01）、微电脑马歇尔沥青混合料稳定度测定仪（ZXJC-LQ-07）、电子天平（ZXJC-TP-05-01）、标准方孔筛（ZXJC-JL-03）、振击式标准振筛机（ZXJC-JL-05）	样品描述	试样均匀、无花白、无离析
沥青混合料类型	AC-16	级配类型	连续级配

检测项目	技术指标	检测结果	结果评定
沥青含量（%）	-	4.8	-
理论最大密度（g/cm^3）	-	2.489	-
空隙率VV（%）	3~5	4.4	合格
矿料间隙率VMA(%)	≥13.5	16.2	合格
沥青饱和度VFA(%)	65~75	73.0	合格
稳定度（kN）	≥8.0	10.68	合格
流值（0.1mm）	20~40	31.0	合格

矿料级配	筛孔尺寸(mm)	26.5	19	16	13.2	9.5	4.75	2.36	1.18	0.6	0.3	0.15	0.075
	通过率(%)	100	100	97.2	82.1	69.4	54.2	38.5	24.7	11.7	8.2	5.3	4.0
	标准级配范围(%)	100	100	90-100	76-92	60-80	34-62	20-48	13-36	9-26	7-18	5-14	4-8

检测结论：依据JTG E20-2011规程检测，该沥青混合料所检指标符合《公路沥青路面施工技术规范》JTG F40-2004要求。

备注：

检测：　　审核：　　签发：　　日期：

图8.1-1　沥青混合料试验检测报告

（二）道路桥梁工程应用最广泛的路面材料是热拌沥青混合料，本书以热拌沥青混合料的性能检测作为主要学习内容，查阅现行《公路沥青路面施工技术规范》JTG F40、《公路工程沥青及沥青混合料试验规程》JTG E20、《沥青路面施工及验收规范》GB 50092，录屏上传到学习平台。然后，借助标准查找下列问题：

1. 热拌沥青混合料有哪些类别？其适用范围是什么？

摘录：《公路沥青路面施工技术规范》JTG F40—2004

2.1.12　沥青混合料　Bituminous mixtures（英），Asphalt mixtures（美）

由矿料与沥青结合料拌合而成的混合料的总称。按材料组成及结构分为连续级配、间断级配混合料，按矿料级配组成及空隙率大小分为密级配、半开级配、开级配混合料。按公称最大粒径的大小可分为特粗式（公称最大粒径大于31.5mm）、粗粒式（公称最大粒径等于或大于26.5mm）、中粒式（公称最大粒径16mm或19mm）、细粒式（公称最大粒径9.5mm或13.2mm）、砂粒式（公称最大粒径小于9.5mm）沥青混合料。按制造工艺分热拌沥青混合料、冷拌沥青混合料、再生沥青混合料等。

2.1.13　密级配沥青混合料　Dense-graded bituminous mixtures（英），Dense-graded asphalt mixtures（美）

按密实级配原理设计组成的各种粒径颗粒的矿料，与沥青结合料拌合而成，设计空隙率较小（对不同交通及气候情况、层位可作适当调整）的密实式沥青混凝土混合料（以AC表示）和密实式沥青稳定碎石混合料（以ATB表示）。按关键性筛孔通过率的不同又可分为细型、粗型密级配沥青混合料等。粗集料嵌挤作用较好的也称嵌挤密实型沥青混合料。

2.1.14　开级配沥青混合料　Open-graded bituminous paving mixtures（英），Open-graded asphalt mixtures（美）

矿料级配主要由粗集料嵌挤组成，细集料及填料较少，设计空隙率18%的混合料。

2.1.15　半开级配沥青碎石混合料　Half（Semi）-open-graded bituminous paving mixtures（英）

由适当比例的粗集料、细集料及少量填料（或不加填料）与沥青结合料拌合而成，经马歇尔标准击实成型试件的剩余空隙率在6%～12%的半开式沥青碎石混合料（以AM表示）。

2.1.16　间断级配沥青混合料　Gap-graded bituminous paving mixtures（英），Gap-graded asphalt mixtures（美）

矿料级配组成中缺少1个或几个档次（或用量很少）而形成的沥青混合料。

2.1.17　沥青稳定碎石混合料（简称沥青碎石）　Bituminous stabilization aggregate paving mixtures（英），Asphalt-treated permeable base（美）

由矿料和沥青组成具有一定级配要求的混合料，按空隙率、集料最大粒径、添加矿粉数量的多少，分为密级配沥青碎石（ATB）、开级配沥青碎石（OGFC 表面层及 ATPB 基层）、半开级配沥青碎石（AM）。

2.1.18　沥青玛蹄脂碎石混合料　Stone mastic asphalt（英），Stone matrix asphalt（美）

由沥青结合料与少量的纤维稳定剂、细集料以及较多量的填料（矿粉）组成的沥青玛蹄脂填充于间断级配的粗集料骨架的间隙，组成一体形成的沥青混合料，简称 SMA。

……

5.1　一般规定

5.1.1　热拌沥青混合料（HMA）适用于各种等级公路的沥青路面。其种类按集料公称最大粒径、矿料级配、空隙率划分，分类见表 5.1.1。

表 5.1.1　热拌沥青混合料种类

混合料类型	密级配			开级配		半开级配	公称最大粒径（mm）	最大粒径（mm）
	连续级配		间断级配	间断级配				
	沥青混凝土	沥青稳定碎石	沥青玛蹄脂碎石	排水式沥青磨耗层	排水式沥青碎石基层	沥青碎石		
特粗式	—	ATB-40	—	—	ATPB-40	—	37.5	53.0
粗粒式	—	ATB-30	—	—	ATPB-30	—	31.5	37.5
	AC-25	ATB-25	—	—	ATPB-25	—	26.5	31.5
中粒式	AC-20	—	SMA-20	—	—	AM-20	19.0	26.5
	AC-16	—	SMA-16	OGFC-16	—	AM-16	16.0	19.0
细粒式	AC-13	—	SMA-13	OGFC-13	—	AM-13	13.2	16.0
	AC-10	—	SMA-10	OGFC-10	—	AM-10	9.5	13.2
砂粒式	AC-5	—	—	—	—	—	4.75	9.5
设计空隙率[注]（%）	3～5	3～6	3～4	＞18	＞18	6～12	—	—

注：空隙率可按配合比设计要求适当调整。

摘录：《沥青路面施工及验收规范》GB 50092—96

7.1　一般要求

7.1.1　热拌沥青混合料适用于各种等级道路的沥青面层。高速公路、一级公路和城市快速路、主干路的沥青面层的上面层、中面层及下面层应采用沥青混凝土混合料铺筑，沥青碎石混合料仅适用于过渡层及整平层。其他等级道路的沥青面层上面层宜采用沥青混凝土混合料铺筑。

7.1.2　热拌沥青混合料的种类应按表 7.1.2 选用，其规格应以方孔筛为准，集料最大粒径不宜超过 31.5mm。当采用圆孔筛作为过渡时，集料最大粒径不宜超过 40mm。

表 7.1.2 热拌沥青混合种类表

混合料类别	方孔筛系列			对应圆孔筛系列		
	沥青混凝土	沥青碎石	最大集料粒径(mm)	沥青混凝土	沥青碎石	最大集料粒径(mm)
特粗式	—	AM-40	37.5	—	LS-50	50
粗粒式	AC-40	AM-40	31.5	LH-40 或 LH-35	LS-40 LS-35	40 35
	AC-25	AM-25	26.5	LH-30	LS-30	30
中粒式	AC-20	AM-20	19.0	LH-25	LS-25	25
	AC-16	AM-16	16.0	LH-20	LS-20	20
细粒式	AC-13	AM-13	13.2	LH-15	LS-15	15
	AC-10	AM-10	9.5	LH-10	LS-10	10
砂粒式	AC-5	AM-5	4.75	LH-5	LS-5	5
抗滑表面	AK-13	—	13.2	LK-15	—	15
	AK-16	—	16.0	LK-20	—	20

7.1.3 沥青路面各层的混合料类型应根据道路等级及所处的层次，按表7.1.3确定，并应符合以下要求：

表 7.1.3 热拌沥青混合料种类

筛孔系列	结构层次	高速公路、一级公路 城市主干路、次干路		其他等级公路		一般城市道路 及其他道路工程	
		三层式沥青混凝土路面	两层式沥青混凝土路面	沥青混凝土路面	沥青碎石路面	沥青混凝土路面	沥青碎石路面
方孔筛系列	上面层	AC-13 AC-16 AC-20	AC-13 AC-16	AC-13 AC-16	AM-13	AC-5 AC-10 AC-13	AM-5 AM-10
	中面层	AC-20 AC-25					
	下面层	AC-25 AC-30	AC-20 AC-25 AC-30	AC-20 AC-25 AC-30 AM-25 AM-30	AM-25 AM-30	AC-20 AC-25 AM-25 AM-30	AM-25 AM-30 AM-40
圆孔筛系列	上面层	LH-15 LH-20 LH-25	LH-15 LH-20	LH-15 LH-20	LS-15	LH-5 LH-10 LH-15	LS-5 LS-10
	中面层	LH-25 LH-30					
	下面层	LH-30 LH-35 LH-40	LH-30 LH-35 LH-40	LH-25 LH-30 LH-35 AM-30 AM-35	LS-30 LS-35 LS-40	LH-25 LH-30 LS-30 LS-35 LS-40	LS-30 LS-35 LS-40 LS-50

注：当铺筑抗滑表面层时，可采用 AK-13 或 AK-16 型热拌沥青混合料，也可在 AC-10（LH-15）型细粒式沥青混凝土上嵌压沥青预拌单粒径碎石 S-10 铺筑而成。

7.1.3.1 应满足耐久性、抗车辙、抗裂、抗水损害能力、抗滑性能等多方面要求，并应根据施工机械、工程造价等实际情况选择沥青混合料的种类。
7.1.3.2 沥青混凝土混合料面层宜采用双层或三层式结构，其中应有一层及一层以上是Ⅰ型密级配沥青混凝土混合料。当各层均采用沥青碎石混合料时，沥青面层下必须做下封层。
7.1.3.3 多雨潮湿地区的高速公路、一级公路和城市快速路、主干路的上面层宜采用抗滑表层混合料，一般道路及少雨干燥地区的高速公路、一级公路和城市快速路、主干路宜采用Ⅰ型沥青混凝土混合料作表层。
7.1.3.4 沥青面层集料的最大粒径宜从上至下逐渐增大。上层宜使用中粒式及细粒式，不应使用粗粒式混合料。砂粒式仅适用于城市一般道路、市镇街道及非机动车道、行人道路等工程。
7.1.3.5 上面层沥青混合料集料的最大粒径不宜超过层厚的1/2，中下面层及联结层集料的最大粒径不宜超过层厚的2/3。
7.1.3.6 高速公路的硬路肩沥青面层宜采用Ⅰ型沥青混凝土混合料作表层。
7.1.4 热拌热铺沥青混合料路面应采用机械化连续施工。

知识小链接：

（1）沥青混合料的种类很多，主要有五种分类方式，详见表8.1-1。

沥青混合料种类 **表8.1-1**

分类方式	沥青混合料种类	说明
按沥青胶结料	石油沥青混合料	以石油沥青为胶凝材料
	煤沥青混合料	以煤沥青为胶凝材料
按沥青混合料拌制和摊铺温度	热拌热铺沥青混合料	沥青和矿料在加热状态下拌制、摊铺、压实
	常温沥青混合料	以乳化沥青或稀释沥青为胶凝材料，与矿料在常温状态下拌制、摊铺、压实
按矿质骨料的级配类型	连续级配沥青混合料	采用的矿质混合料为由大到小各粒级的颗粒
	间断级配沥青混合料	采用间断级配的矿质混合料
按沥青混合料密实度	密级配沥青混合料	按密实级配原则设计的连续型密级配沥青混合料，压实后空隙率小于10%，空隙率在3%～6%的为Ⅰ型，空隙率在4%～10%的为Ⅱ型
	开级配沥青混合料	原料主要由粗骨料组成，细骨料较少，压实后空隙率大于15%
按最大粒径	粗粒式沥青混合料	骨料最大粒径等于或大于26.5mm
	中粒式沥青混合料	骨料最大粒径为16mm或19mm
	细粒式沥青混合料	骨料最大粒径为9.5mm或13.2mm
	砂粒式沥青混合料	骨料最大粒径等于或小于4.75mm（圆孔筛5mm）

（2）热拌沥青混合料主要由沥青、粗骨料、细骨料和矿粉与填料按一定比例加热拌合而成。热拌沥青混合料的技术性质取决于各材料的性质及配合比、生产因素等。

1）沥青应根据当地气候条件、交通情况、混合料类型及施工条件进行选择，技术指标应符合规范要求。

2）粗骨料尽可能选择碱性高强岩石轧制而成的近似立方体、表面粗糙、棱角分明、级配合格的碎石、砾石、矿渣等，质量应符合表 8.1-2 的要求。当单一规格集料的质量指标达不到表中要求，而按照集料配比计算的质量指标符合要求时，工程上允许使用。对受热易变质的集料，宜采用经拌合机烘干后的集料进行检验。

沥青混合料用粗集料质量技术要求（JTG F40—2004） 表 8.1-2

指标		单位	高速公路及一级公路		其他等级公路	试验方法
			表面层	其他层次		
石料压碎值	不大于	%	26	28	30	T 0316
洛杉矶磨耗损失	不大于	%	28	30	35	T 0317
表观相对密度	不小于	t/m³	2.60	2.50	2.45	T 0304
吸水率	不大于	%	2.0	3.0	3.0	T 0304
坚固性	不大于	%	12	12	—	T 0314
针片状颗粒含量(混合料)	不大于	%	15	18	20	T 0312
其中粒径大于 9.5mm	不大于	%	12	15	—	
其中粒径小于 9.5mm	不大于	%	18	20	—	
水洗法<0.075mm 颗粒含量	不大于	%	1	1	1	T 0310
软石含量	不大于	%	3	5	5	T 0320

当粗集料与沥青的黏附性应不符要求时，宜掺加消石灰、水泥或用饱和石灰水处理后使用，必要时可同时在沥青中掺加耐热、耐水、长期性能好的抗剥落剂，也可采用改性沥青的措施，使沥青混合料的水稳定性检验达到要求。掺加外加剂的剂量由沥青混合料的水稳定性检验确定。

3）细骨料包括天然砂、机制砂、石屑。细集料必须由具有生产许可证的采石场、采砂场生产。细集料应洁净、干燥、无风化、无杂质，并有适当的颗粒级配，其质量应符合表 8.1-3 的要求。用于高速公路、一级公路、城市快速路、主干路的沥青混凝土面层和抗滑层时，石屑的用量不宜超过砂的用量。热拌密级配沥青混合料中天然砂的用量通常不宜超过集料总量的 20%，SMA 和 OGFC 混合料不宜使用天然砂。

沥青混合料用细集料质量要求（JTG F40—2004） 表 8.1-3

项目		单位	高速公路、一级公路	其他等级公路	试验方法
表观相对密度	不小于	t/m³	2.50	2.45	T 0328
坚固性(大于 0.3mm 部分)	不小于	%	12	—	T 0350
含泥量(小于 0.075mm 的含量)	不大于	%	3	5	T 0333
砂当量	不小于	%	60	50	T 0334
亚甲蓝值	不大于	g/kg	25	—	T 0346
棱角性(流动时间)	不小于	s	30	—	T 0345

4）填料：沥青混合料的矿粉必须采用石灰岩或岩浆岩中的强基性岩石等憎水性石料经磨细得到的矿粉，原石料中的泥土杂质应除净。矿粉应干燥、洁净，能自由地从矿粉仓流出，其质量应符合表 8.1-4 的技术要求。

沥青混合料用细集料质量要求（JTG F40—2004） **表 8.1-4**

项目	单位	高速公路、一级公路	其他等级公路	试验方法
表观相对密度 不小于	t/m^3	2.50	2.45	T 0352
含水量 不大于	%	1	1	T 0103 烘干法
粒度范围 <0.6mm	%	100	100	T 0351
<0.15mm	%	90～100	90～100	
<0.075mm	%	75～100	70～100	
外观	—	无团粒结块	—	
亲水系数	—	<1		T 0353
塑性指数	%	<4		T 0354
加热安定性	—	实测记录		T 0355

若采用水泥、石灰、粉煤灰作填料，用量不宜超过矿质混合料总量的 2%，粉煤灰作为填料使用时，用量不得超过填料总量的 50%，粉煤灰的烧失量应小于 12%，与矿粉混合后的塑性指数应小于 4%，其余质量要求与矿粉相同。高速公路、一级公路的沥青面层不宜采用粉煤灰作填料。

（3）热拌沥青混合料结构类型（表 8.1-5）

沥青混合料结构类型 **表 8.1-5**

分类	结构特点	组成示意图
悬浮-密实结构	由次级骨料填充前级骨料（较次级骨料粒径稍大）空隙的沥青混凝土具有很大的密度，但由于前级骨料被次级骨料和沥青胶浆分隔，不能直接互相嵌锁形成骨架，因此该结构具有较大的黏聚力 c，但内摩擦角较小，高温稳定性较差。通常按最佳级配原理进行设计。AC 型沥青混合料是这种结构的典型代表	
骨架-空隙结构	粗骨料所占比例大，细骨料很少甚至没有。粗骨料可互相嵌锁形成骨架，嵌挤能力强；但细骨料过少不易填充粗骨料之间形成的较大的空隙。该结构内摩擦角较高，但黏聚力 c 也较低。沥青碎石混合料（AM）和 OGFC 排水沥青混合料是这种结构的典型代表	
骨架-密实结构	较多数量的断级配粗骨料形成空间骨架，发挥嵌挤锁结作用，同时由适当数量的细骨料和沥青填充骨架间的空隙形成既嵌紧又密实的结构。该结构不仅内摩擦角较高，黏聚力 c 也较高，是综合以上两种结构优点的结构。沥青玛蹄脂混合料（简称 SMA）是这种结构的典型代表	

2. 复验热拌沥青混合料需检验哪些项目？高、低温稳定性、耐久性是依据哪些标准进行检测？

摘录：《沥青路面施工及验收规范》GB 50092—96

11.4.6　沥青混合料拌合厂应对拌合均匀性、拌合温度、出厂温度及各个料仓的用量进行检查，并应取样进行马歇尔试验，检测混合料的矿料级配和沥青用量。

摘录：《公路沥青路面施工技术规范》JTG F40—2004

5.3.3　本规范采用马歇尔试验配合比设计方法，沥青混合料技术要求应符合表 5.3.3-1～表 5.3.3-4 的规定，并有良好的施工性能。当采用其他方法设计沥青混合料时，应按本规范规定进行马歇尔试验及各项配合比设计检验，并报告不同设计方法各自的试验结果。二级公路宜参照一级公路的技术标准执行。表中气候分区按附录 A 执行。重载交通是指设计交通量在 1000 万辆以上的路段，长大坡度的路段按重载交通路段考虑。

5.3.4　对用于高速公路和一级公路的公称最大粒径等于或小于 19mm 的密级配沥青混合料（AC），及 SMA、OGFC 混合料，需在配合比设计的基础上按下列步骤进行各种使用性能检验，不符合要求的沥青混合料，必须更换材料或重新进行配合比设计。二级公路参照此要求执行。

5.3.4.1　必须在规定的试验条件下进行车辙试验，并符合表 5.3.4-1 的要求。

5.3.4.2　必须在规定的试验条件下进行浸水马歇尔试验和冻融劈裂试验检验沥青混合料的水稳定性，并同时符合表 5.3.4-2 中的两个要求。达不到要求时必须按 4.8.6 的要求采取抗剥落措施，调整最佳沥青用量后再次试验。

5.3.4.3　宜对密级配沥青混合料在温度－10℃、加载速率 50mm/min 的条件下进行弯曲试验，测定破坏强度、破坏应变、破坏劲度模量，并根据应力应变曲线的形状，综合评价沥青混合料的低温抗裂性能。其中沥青混合料的破坏应变宜不小于表 5.3.4-3 的要求。

5.3.4.4　宜利用轮碾机成型的车辙试验试件，脱模架起进行渗水试验，并符合表 5.3.4-4 的要求。

5.3.4.5　对使用钢渣作为集料的沥青混合料，应按现行试验规程（T 0363）进行活性和膨胀性试验，钢渣沥青混凝土的膨胀量不得超过 1.5%。

5.3.4.6　对改性沥青混合料的性能检验，应针对改性目的进行。以提高高温抗车辙性能为主要目的时，低温性能可按普通沥青混合料的要求执行；以提高低温抗裂性能为主要目的时，高温稳定性可按普通沥青混合料的要求执行。

知识小链接：

沥青混合料的主要技术性能

热拌沥青混合料作为路面材料，要直接承受车辆荷载及各种自然因素长期作用，必须具备一定的强度、良好的高温稳定性和低温抗裂性、良好的耐久性和抗滑性能、施工和易性。沥青混合料的水稳定性采用浸水马歇尔稳定度进行测定。

（1）热拌沥青混合料的高温稳定性是指在夏季高温（通常为60℃）条件下，经车辆荷载长期重复作用下不产生车辙和波浪等病害。《沥青路面施工及验收规范》GB 50092—96规定，沥青混合料的高温稳定性采用马歇尔稳定度试验来测定；对于高速公路、一级公路、城市快速路、主干路用沥青混合料，还应通过动稳定度试验来检验抗车辙能力。

马歇尔稳定度项目检测指标有马歇尔稳定度（*MS*）、流值（*FL*）、马歇尔模数（T）。马歇尔稳定度是指沥青混合料标准试件在规定温度和加载速度下，在马歇尔仪中的最大破坏荷载，单位为“kN”；流值是指试件达到最大破坏荷载时的垂直变形，以0.1mm计；马歇尔模数为马歇尔稳定度与流值的比值。

（2）沥青混合料低温抗裂性：沥青混合料随温度的降低变形能力下降，作为典型路面材料既要具有良好的高温稳定性，也要具有良好的低温抗裂性。沥青混合料的低温裂缝主要由于低温脆化、低温缩裂和温度疲劳引起。《沥青路面施工及验收规范》GB 50092—96规定，沥青混合料的低温抗裂性采用小梁弯曲试验进行测定。

（3）沥青混合料耐久性通常是指沥青混合料中空隙率和沥青填隙率对耐久性的影响，采用沥青混合料的空隙率、沥青饱和度（又称沥青填隙率）和残留稳定度来表征。一般沥青混合料中都应有3%～6%的空隙率，以备夏季沥青材料膨胀。另外，沥青用量的多少与沥青路面的使用寿命也有很大关系。当沥青用量较少时，沥青膜变薄，混合料的延伸能力降低，脆性增加；同时会使得沥青混合料的空隙率增大，沥青膜暴露较多，加速老化，并增大了水对沥青的剥落作用。《沥青路面施工及验收规范》GB 50092—96规定，沥青混合料的水稳定性用浸水马歇尔试验和冻融劈裂试验检验。

（4）沥青混合料抗滑性：沥青混合料路面的抗滑性与矿质骨料的微表面性质、矿质混合料的级配情况以及沥青用量等因素有关。沥青用量对抗滑性的影响非常敏感，当沥青用量超过最佳用量的0.5%时，混合料的抗滑性能明显降低。

摘录：《公路工程沥青及沥青混合料试验规程》JTG E20—2011

2.1.13　沥青混合料密度

压实沥青混合料常温条件下单位体积的干燥质量，以“g/cm^3”计。

2.1.14　沥青混合料的相对密度

同一温度条件下压实沥青混合料试件密度与水密度的比值，无量纲。

2.1.15　沥青混合料的理论最大密度

假设压实沥青混合料试件全部为矿料（包括矿料自身内部的孔隙）及沥青所占有、空隙率为零的理想状态下的最大密度，以“g/cm^3”计。

2.1.16　沥青混合料的理论最大相对密度

同一温度条件下沥青混合料理论最大密度与水密度的比值，无量纲。

2.1.17　沥青混合料的表观密度

沥青混合料单位体积（含混合料实体体积与不吸收水分的内部闭口孔隙体积之和）的干质量，又称视密度，由水中重法测定（仅适用于吸水率小于0.5%的沥青混合料试件），以“g/cm^3”计。

2.1.18　沥青混合料的表观相对密度

沥青混合料表观密度与同温度水密度的比值，无量纲。

2.1.19　沥青混合料的毛体积密度

压实沥青混合料单位体积（含混合料的实体矿物成分及不吸收水分的闭口孔隙、能吸收水分的开口孔隙等颗粒表面轮廓线所包围的全部毛体积）的干质量，以“g/cm^3”计。

2.1.20　沥青混合料的毛体积相对密度

压实沥青混合料毛体积密度与同温度水密度的比值，无量纲。

2.1.21　沥青混合料试件的空隙率

压实沥青混合料内矿料及沥青以外的空隙（不包括矿料自身内部已被沥青封闭的孔隙）的体积占混合料总体积的百分率，简称VV，以百分率表示。

2.1.22　沥青混合料试件的沥青体积百分率

压实沥青混合料试件内沥青部分的体积占混合料总体积的百分率，简称VA，以百分率表示。

2.1.23　沥青混合料试件的矿料间隙率

压实沥青混合料试件中矿料部分以外的体积占混合料总体积的百分率，简称VMA，以百分率表示。

2.1.24　沥青混合料试件的沥青饱和度

沥青混合料试件内沥青部分的体积占矿料部分以外的体积（VMA）百分率，简称VFA，以百分率表示。沥青混合料内有效沥青部分（即扣除被集料吸收的沥青以外的沥青）的体积占矿料部分以外的体积（VMA）的百分率，称为有效沥青饱和度。

2.1.25　粗集料松装间隙率

干燥粗集料（通常指4.75mm以上的集料）在标准容量筒中经捣实形成的粗集料部分以外的体积占粗集料总体积的百分率，简称VCA_{DRC}，以百分率表示。

2.1.26　沥青混合料件的粗集料间隙率

沥青混合料试件内粗集料部分以外的体积占混合料试件总体积的百分率，简称VCA_{mix}，以百分率表示。

2.1.27　马歇尔稳定度

按规定条件采用马歇尔试验仪测定的沥青混合料所能承受的最大荷载，以“kN”计。

2.1.28　流值

沥青混合料在马歇尔试验时相应于最大荷载时试件的竖向变形，以“mm”计。

2.1.29　动稳定度

按规定条件进行沥青混合料车辙试验时混合料试件变形进入稳定期后，每产生1mm轮辙变形试验轮所行走的次数，以“次/mm”计。

2.1.30　沥青材料的劲度模量

沥青或沥青混合料在温度和加载时间一定的条件下，应力与应变的比值，是温度和荷载作用时间的函数，以“MPa”计。

2.1.31　沥青含量

沥青混合料中沥青结合料质量与沥青混合料总质量的比值，以百分率表示。

2.1.32　油石比

沥青混合料中沥青结合料质量与矿料总质量的比值，以百分率表示。

2.1.33　有效沥青含量

沥青混合料中总的沥青含量减去被集料吸收入内部孔隙的部分后，有效填充矿料间隙的沥青质量与沥青混合料总质量之比，以百分率表示。

3. 沥青混合料有哪些取样数量？其取样方法有哪些规定？如何取样以保证试样具有代表性？

摘录：《公路工程沥青及沥青混合料试验规程》JTG E20—2011

T 0701—2011 沥青混合料取样法

3　取样方法

3.1　取样数量

取样数量应符合下列要求：

3.1.1　试样数量由试验目的决定，宜不少于试验用量的2倍。一般情况下可按表T0701-1取样。

表 T 0701-1　常用沥青混合料试验项目的样品数量

试验项目	目的	最少试样量(kg)	取样量(kg)
马歇尔试验、抽提筛分	施工质量检验	12	20
车辙试验	高温稳定性检验	40	60
浸水马歇尔试验	水稳定性检验	12	20
冻融劈裂试验	水稳定性检验	12	20
弯曲试验	低温性能检验	15	25

平行试验应加倍取样。在现场取样直接装入试模成型时，也可等量取样。

3.1.2　取样材料用于仲裁试验时，取样数量除应满足本取样方法规定外，还应多取一份备用样，保留到仲裁结束。

3.2　取样方法

3.2.1　沥青混合料应随机取样，并具有充分的代表性。用以检查拌合质量（如油石比、矿料级配）时，应从拌合机一次放料的下方或提升斗中取样，不得多次取样混合后使用。用以评定混合料质量时，必须分几次取样，拌合均匀后作为代表性试样。

3.2.2　热拌沥青混合料在不同地方取样的要求如下：

1）在沥青混合料拌合厂取样。

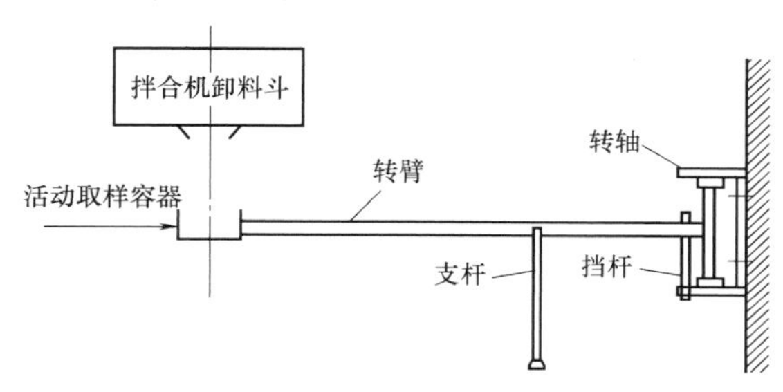

图 T 0701-1　装在拌合机上的沥青混合料取样装置

在拌合厂取样时宜用专用的容器（一次可装 5～8kg）装在拌合机卸料斗下方（图 T0701-1），每放一次料取一次样，顺次装入试样容器中，每次倒在清扫干净的平板上，连续几次取样，混合均匀，按四分法取样至足够数量。

2）在沥青混合料运料车上取样。

在运料汽车上取沥青混合料样品时，宜在汽车装料一半后，分别用铁锹从不同方向的 3 个不同高度处取样；然后混在一起用手铲适当拌合均匀，取出规定数量。在施工现场的运料车上取样时，应在卸料一半后从不同方向取样，样品宜从 3 辆不同的车上取样混合使用。

注意：在运料车上取样时不得仅从满载的运料车车顶上取样，且不允许只在一辆车上取样。

3）在道路施工现场取样。

在施工现场取样时，应在摊铺后未碾压前，摊铺宽度两侧的 1/3～1/2 位置处取样，用铁锹取该摊铺层的料。每摊铺一车料取一次样，连续 3 车取样后，混合均匀按四分法取样至足够数量。

3.2.3　热拌沥青混合料每次取样时，都必须用温度计测量温度，准确至 1℃。

3.2.4　乳化沥青常温混合料试样的取样方法与热拌沥青混合料相同，但宜在乳化沥青破乳水分蒸发后装袋，对袋装常温沥青混合料亦可直接从储存的混合料中随机取样。取样袋数不少于 3 袋，使用时将 3 袋混合料倒出作适当拌合，按四分法取出规定数量试样。

3.2.5　液体沥青常温沥青混合料的取样方法同上。当用汽油稀释时，必须在溶剂挥发后方可封袋保存；当用煤油或柴油稀释时，可在取样后即装袋保存，保存时应特别注意防火安全。
3.2.6　从碾压成型的路面上取样时，应随机选取3个以上不同地点，钻孔、切割或刨取该层混合料。需重新制作试件时，应加热拌匀按四分法取样至足够数量。

4. 沥青混合料试样如何保存与处理？样品上应该如何标记？

摘录：《公路工程沥青及沥青混合料试验规程》JTG E20—2011

T 0701—2011 沥青混合料取样法

3.3　试样的保存与处理
3.3.1　热拌热铺的沥青混合试样需送至中心试验室或质量检测机构作质量评定时（如车辙试验），由于二次加热会影响试验结果，必须在取样后趁高温立即装入保温桶内，送到试验室后立即成型试件，试件成型温度不得低于规定要求。
3.3.2　热混合料需要存放时可在温度下降至60℃后装入塑料编织袋内，扎紧袋口，并宜低温保存，应防止潮湿、淋雨等，且时间不宜太长。
3.3.3　在进行沥青混合料质量检验或进行物理力学性质试验时，当采集的试样温度下降或结成硬块不符合温度要求时，宜用微波炉或烘箱加热至符合压实的温度，通常加热时间不宜超过4h，且只容许加热一次，不得重复加热。不得用电炉或燃气炉明火局部加热。
4　样品的标记
4.1　取样后当场试验时可将必要的项目一并记录在试验记录报告上。此时，试验报告必须包括取样时间、地点、混合料温度、取样数量、取样人等栏目。
4.2　取样后转送试验室试验或存放后用于其他项目试验时，应附有样品标签。标签应记载下列内容：
4.2.1　工程名称、拌合厂名称。
4.2.2　沥青混合料种类及摊铺层次、沥青品种、标号、矿料种类、取样时混合料温度及取样位置或用以摊铺的路段桩号等。
4.2.3　试样数量及试样单位。
4.2.4　取样人、取样日期。
4.2.5　取样目的或用途。

二、任务实施

上网查阅现行《公路工程沥青及沥青混合料试验规程》JTG E052、《公路沥青路面施工技术规范》JTG F40，依次录屏后，上传到学习平台。然后，依据这些标准分别对热拌沥青混合料马歇尔稳定度、高温车辙进行检测。

本学习任务可以采用下一个任务的沥青混合料配合比或其他配合比的沥青混合料（表 8.1-6）；也可并入下一个学习任务，与沥青混合料性能检验同时进行。

沥青混合料用量表　　**表 8.1-6**

原材料	沥青(kg)	碎石(kg)	砂(kg)	矿粉(kg)
$1m^3$				
试验用量：　　L				

（一）沥青混合料马歇尔稳定度的检测

1. 前期准备

查阅现行《公路工程沥青及沥青混合料试验规程》JTG 052，找到马歇尔稳定度的试验方法，以小组为单位，搜索并优选相关检测视频，提前做好检测步骤与视频截屏一一对应的“图文作业”，以确保本组自主试验顺利进行。同时，请将视频链接及截屏上传到学习平台。

（1）马歇尔试件制作

（2）马歇尔试验检测

摘录：《公路工程沥青及沥青混合料试验规程》JTG E20—2011

T 0702—2011 沥青混合料试件制作方法（击实法）

3　准备工作

3.1　确定制作沥青混合料试件的拌合温度与压实温度。

3.1.1　按本规程测定沥青的黏度，绘制黏温曲线。按表 T 0702-1 的要求确定适宜于沥青混合料拌合及压实的等黏温度。

表 T 0702-1　沥青混合料拌合及压实的沥青等黏温度

沥青结合料种类	黏度与测定方法	适宜于拌合的沥青结合料黏度	适宜于压实的沥青结合料黏度
石油沥青	表观黏度，T0625	0.17±0.02Pa·s	0.28±0.03Pa·s

注：液体沥青混合料的压实成型温度按石油沥青要求执行。

3.1.2　当缺乏沥青黏度测定条件时，试件的拌合与压实温度可按表 T 0702-2 选用，并根据沥青品种和标号作适当调整。针入度小、稠度大的沥青取高限；针入度、大稠度小的沥青取低限；一般取中值。

表 T 0702-2　沥青混合料拌合及压实温度参考表

沥青结合料种类	拌合温度(℃)	压实温度(℃)
石油沥青	140～160	120～150
改性沥青	160～175	140～170

3.1.3　对改性沥青应根据实践经验、改性剂的品种和用量，适当提高混合料的拌合和压实温度；对大部分聚合物改性沥青，通常在普通沥青的基础上提高10～20℃；掺加纤维时，尚需再提高10℃左右。

3.1.4　常温沥青混合料的拌合及压实在常温下进行。

3.2　沥青混合料试件的制作条件

3.2.1　在拌合厂或施工现场采取沥青混合料制作试样时，按本规程T0701的方法取样，将试样置于烘箱中加热或保温，在混合料中插入温度计测量温度，待混合料温度符合要求后成型：需要拌合时可倒入已加热的室内沥青混合料拌合机中适当拌合，时间不超过1min。不得在电炉或明火上加热炒拌。

3.2.2　在试验室人工配制沥青混合料时试件的制作按下列步骤进行：

1）将各种规格的矿料置105±5℃的烘箱中烘干至恒重（一般不少于4～6h）。

2）将烘干分级的粗、细集料，按每个试件设计级配要求称其质量，在一金属盘中混合均匀，矿粉单独放入小盆里；然后置烘箱中加热至沥青拌合温度以上约15℃（采用石油沥青时通常为163℃；采用改性沥青时通常需180℃）备用，一般按一组试件（每组4～6个）备料，但进行配合比设计时宜对每个试件分别备料。常温沥青混合料的矿料不应加热。

3）将按本规程T0601采取的沥青试样，用烘箱加热至规定的沥青混合料拌合温度，但不得超过175℃。当不得已采用燃气炉或电炉直接加热进行脱水时，必须使用石棉垫隔开。

4　拌制沥青混合料

4.1　黏稠石油沥青混合料：

4.1.1　用蘸有少许黄油的棉纱擦净试模、套筒及击实座等，置100℃左右烘箱中加热1h备用。常温沥青混合料用试模不加热。

4.1.2　将沥青混合料拌合机提前预热至拌合温度10℃左右。

4.1.3　将加热的粗细集料置于拌合机中，用小铲子适当混合；然后加入需要数量的沥青（如沥青已称量在一专用容器内时，可在倒掉沥青后用一部分热矿粉将粘在容器壁上的沥青擦拭掉并一起倒入拌合锅中），开动拌合机一边搅拌一边使拌合叶片插入混合料中拌合1～1.5min；暂停拌合，加入加热的矿粉，继续拌合至均匀为止，并使沥青混合料保持在要求的拌合温度范围内。标准的总拌和时间为3min。

4.2　液体石油沥青混合料：将每组（或每个）试件的矿料置已加热至55～100℃的沥青混合料拌合机中，注入要求数量的液体沥青，并将混合料边加热边拌合，使液体沥青中的溶剂挥发至50%以下。拌合时间应事先试拌决定。

4.3 乳化沥青混合料：将每个试件的粗、细集料，置于沥青混合料拌合机（不加热，也可用人工炒拌）中；注入计算的用水量（阴离子乳化沥青不加水）后，拌合均匀并使矿料表面完全湿润；再注入设计的沥青乳液用量，在1min内使混合料拌匀；然后加入矿粉后迅速拌合、使混合料拌成褐色为止。

5 成型方法

5.1 击实法的成型步骤如下：

5.1.1 将拌好的沥青混合料，用小铲适当拌合均匀，称取一个试件所需的用量（标准马歇尔试件约1200g，大型马歇尔试件约4050g）。当已知沥青混合料的密度时，可根据试件的标准尺寸计算并乘以1.03得到要求的混合料数量。当一次拌合几个试件时，宜将其倒入经预热的金属盘中，用小铲适当拌合均匀分成几份，分别取用。在试件制作过程中为防止混合料温度下降，应连盘放在烘箱中保温。

5.1.2 从烘箱中取出预热的试模及套筒，用蘸有少许黄油的棉纱擦拭套筒、底座及击实锤底面。将试模装在底座上，放一张圆形的吸油性小的纸，用小铲将混合料铲入试模中，用插刀或大螺丝刀沿周边插捣15次，中间捣10次。插捣后将沥青混合料表面整平。对大型击实法的试件，混合料分两次加入，每次插捣次数同上。

5.1.3 插入温度计至混合料中心附近，检查混合料温度。

5.1.4 待混合料温度符合要求的压实温度后，将试模连同底座一起放在击实台上固定。在装好的混合料上面垫一张吸油性小的圆纸，再将装有击实锤及导向棒的压实头放入试模中。开启电机，使击实锤从457mm的高度自由落下到击实规定的次数（75次或50次）。对大型试件，击实次数为75次（相应于标准击实的50次）或112次（相应于标准击实75次）。

5.1.5 试件击实一面后，取下套筒，将试模翻面，装上套筒；然后以同样的方法和次数击实另一面。

乳化沥青混合料试件在两面击实后，将一组试件在室温下横向放置24h；另一组试件置温度为105±5℃的烘箱中养生24h。将养生试件取出后再立即两面锤击各25次。

5.1.6 试件击实结束后，立即用镊子取掉上下面的纸，用卡尺量取试件离试模上口的高度并由此计算试件高度。高度不符合要求时，试件应作废，并按式（T0702-1）调整试件的混合料质量，以保证高度符合63.5±1.3mm（标准试件）或95.3±2.5mm（大型试件）的要求。

$$\text{调整后混合料质量}=\frac{\text{要求试件高度}\times\text{原用混合料质量}}{\text{所得试件的高度}} \tag{T 0702-1}$$

5.2 卸去套筒和底座，将装有试件的试模横向放置冷却至室温后（不少于12h），置脱模机上脱出试件。用于本规程T0709现场马歇尔指标检验的试件，在施工质量检验过程中如急需试验，允许采用电风扇吹冷1h或浸水冷却3min以上的方法脱模；但浸水脱模法不能用于测量密度、空隙率等各项物理指标。

5.3　将试件仔细置于干燥洁净的平面上，供试验用。

……

T 0709—2011 沥青混合料马歇尔稳定度试验

3　标准马歇尔试验方法

3.1　准备工作

3.1.1　按T0702标准击实法成型马歇尔试件，标准马歇尔试件尺寸应符合直径101.6±0.2mm、高63.5±1.3mm的要求。对大型马歇尔试件，尺寸应符合直径152.4±0.2mm、高95.3±2.5mm的要求。一组试件的数量不得少于4个，并符合T 0702的规定。

3.1.2　量测试件的直径及高度：用卡尺测量试件中部的直径，用马歇尔试件高度测定器或用卡尺在十字对称的4个方向量测离试件边缘10mm处的高度，准确至0.1mm，并以其平均值作为试件的高度。如试件高度不符合63.5±1.3mm或95.3±2.5mm要求或两侧高度差大于2mm，此试件应作废。

3.1.3　按本规程规定的方法测定试件的密度，并计算空隙率、沥青体积百分率、沥青饱和度、矿料间隙率等体积指标。

3.1.4　将恒温水槽调节至要求的试验温度，对黏稠石油沥青或烘箱养生过的乳化沥青混合料为60±1℃，对煤沥青混合料为33.8±1℃，对空气养生的乳化沥青或液体沥青混合料为25±1℃。

3.2　试验步骤

3.2.1　将试件置于已达规定温度的恒温水槽中保温，保温时间对标准马歇尔试件需30～40min，对大型马歇尔试件需45～60min，试件之间应有间隔，底下应垫起，距水槽底部不小于5cm。

3.2.2　将马歇尔试验仪的上下压头放入水槽或烘箱中达到同样温度。将上下压头从水槽或烘箱中取出擦拭干净内面。为使上下压头滑动自如，可在下压头的导棒上涂少量黄油。再将试件取出置于下压头上，盖上上压头，然后装在加载设备上。

3.2.3　在上压头的球座上放妥钢球，并对准荷载测定装置的压头。

3.2.4　当采用自动马歇尔试验仪时，将自动马歇尔试验仪的压力传感器、位移传感器与计算机或X-Y记录仪正确连接，调整好适宜的放大比例，压力和位移传感器调零。

3.2.5　当采用压力环和流值计时，将流值计安装在导棒上，使导向套管轻轻地压住上压头，同时将流值计读数调零。调整压力环中百分表，对零。

3.2.6　启动加载设备，使试件承受荷载，加载速度为50±5mm/min，计算机或X-Y记录仪自动记录传感器压力和试件变形曲线并将数据自动存入计算机。

3.2.7　当试验荷载达到最大值的瞬间，取下流值计，同时读取压力环中百分表读数及流值计的流值读数。

3.2.8　从恒温水槽中取出试件至测出最大荷载值的时间，不得超过30s。

4　浸水马歇尔试验方法

浸水马歇尔试验方法与标准马歇尔试验方法的不同之处在于试件在已达规定温度恒温水槽中的保温时间为 48h，其余步骤均与标准马歇尔试验方法相同。

5　真空饱水马歇尔试验方法

试件先放入真空干燥器中，关闭进水胶管，开动真空泵，使干燥器的真空度达到 97.3kPa（730mmHg）以上维持 15min；然后打开进水胶管，靠负压进入冷水流使试件全部浸入水中，浸水 15min 后恢复常压，取出试件，再放入已达规定温度的恒温水槽中保温 48h，其余均与标准马歇尔试验方法相同。

6　计算

6.1　试件的稳定度及流值

6.1.1　当采用自动马歇尔试验仪时，将计算机采集的数据绘制成压力和试件变形曲线，或由 *X-Y* 记录仪自动记录的荷载-变形曲线，按图 T 0709-2 所示的方法在切线方向延长曲线与横坐标相交于 O_1，将 O_1 作为修正原点，从 O_1 起量取相应于荷载最大值时的变形作为流值（*FL*），以“mm”计，准确至 0.1mm。最大荷载即为稳定度（*MS*），以“kN”计，准确至 0.01kN。

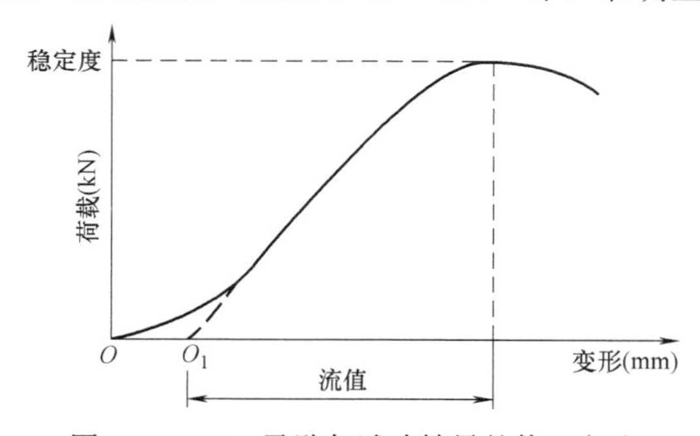

图 T 0709-2　马歇尔试验结果的修正方法

6.1.2　采用压力环和流值计测定时，根据压力环标定曲线，将压力环中百分表的读数换算为荷载值，或者由荷载测定装置读取的最大值即为试样的稳定度（*MS*），以“kN”计，准确至 0.01kN。由流值计及位移传感器测定装置读取的试件垂直变形，即为试件的流值（*FL*），以“mm”计，准确至 0.1mm。

6.2　试件的马歇尔模数按式（T 0709-1）计算。

$$T=\frac{MS}{FL} \qquad \text{(T 0709-1)}$$

式中　*T*——试件的马歇尔模数（kN/mm）；

MS——试件的稳定度（kN）；

FL——试件的流值（mm）。

6.3　试件的浸水残留稳定度按式（T 0709-2）计算。

$$MS_0=\frac{MS_1}{MS}\times 100\% \qquad \text{(T 0709-2)}$$

式中　MS_0——试件的浸水残留稳定度（%）；

MS_1——试件浸水 48h 后的稳定度（kN）。

6.4　试件的真空饱水残留稳定度按式（T 0709-3）计算。

$$MS'_0=\frac{MS_2}{MS}\times 100\% \qquad (\text{T 0709-3})$$

式中　MS'_0——试件的真空饱水残留稳定度（%）；

MS_2——试件真空饱水后浸水 48h 后的稳定度（kN）。

7　报告

7.1　当一组测定值中某个测定值与平均值之差大于标准差的 k 倍时，该测定值应予舍弃，并以其余测定值的平均值作为试验结果，当试件数目 n 为 3、4、5、6 个时，k 值分别为 1.15、1.46、1.67、1.82。

7.2　报告中需列出马歇尔稳定度、流值、马歇尔模数，以及试件尺寸、密度、空隙率、沥青用量、沥青体积百分率、沥青饱和度、矿料间隙率等各项物理指标，当采用自动马歇尔试验时，试验结果应附上荷载-变形曲线原件或自动打印结果。

2. 自主试验

请各小组参考规范的检测视频，在老师的引导、帮助下，自行组织、分工协作完成试验。同时，做好数据记录（表 8.1-7），拍摄本组试验视频，以备老师复查。

（1）数据记录及处理

马歇尔稳定度试验记录表　　　　**表 8.1-7**

试件编号	沥青用量（%）	试件高度（mm）					空中质量（g）	水中质量（g）	表干质量（g）	密度		空隙率（%）	矿料间隙率（%）	饱和度（%）	稳定度（kN）	流值（mm）	马歇尔模数（kN/mm）	浸水稳定度	残留稳定度
		1	2	3	4	平均				毛体积相对密度	最大理论相对密度								
1																			
2																			
3																			
4																			
5																			
6																			

（2）质量评定

沥青混合料稳定度要求：________________（kN）

单项评定：

该批沥青混合料马歇尔稳定度是否合格？　合格____　不合格____

提醒：①沥青混合料拌制过程中严格控制加热温度。

②试验结束后，必须及时清理，确保仪器及工作面洁净、整齐。

3. 反思探讨

检测结束后，教师进行点评、归纳、分析，同时引入相关理论知识。对于测定值偏离较大的小组，则引导学生深入探讨，反思误差来源与结果偏差之间的关联，明确标准制定的意义及规范操作的重要性。

（1）回顾检测各环节，试验室条件是否满足检测要求？本组试验是否存在不规范操作？会带来什么误差？请相关小组提交整改意见或建议。

（2）不同道路等级和类型对马歇尔试验要求是否一致？

摘录：《公路沥青路面施工技术规范》JTG F40—2004

表 5.3.3-1 密级配沥青混凝土混合料马歇尔试验技术标准

（本表适用于公称最大粒径≤26.5mm 的密级配沥青混凝土混合料）

试验指标		单位	高速公路、一级公路				其他等级公路	行人道路
			夏炎热区（1-1、1-2、1-3、1-4 区）		夏热区及夏凉区（2-1、2-2、2-3、2-4、3-2 区）			
			中轻交通	重载交通	中轻交通	重载交通		
击实次数（双面）		次	75				50	50
试件尺寸		mm	ϕ101.6mm×63.5mm					
空隙率 *VV*	深约 90mm 以内	%	3～5	4～6	2～4	3～5	3～6	2～4
	深约 90mm 以下	%	3～6		2～4	3～6	3～6	—
稳定度 *MS* 不小于		kN	8				5	3
流值 *FL*		mm	2～4	1.5～4	2～4.5	2～4	2～4.5	2～5

矿料间隙率 *VMA*（%）不小于	设计空隙率（%）	相应于以下公称最大粒径(mm)的最小 *VMA* 及 *VFA* 技术要求(%)					
		26.5	19	16	13.2	9.5	4.75
	2	10	11	11.5	12	13	15
	3	11	12	12.5	13	14	16
	4	12	13	13.5	14	15	17
	5	13	14	14.5	15	16	18
	6	14	15	15.5	16	17	19
沥青饱和度 *VFA*（%）		55～70		65～75		70～85	

注：1. 对空隙率大于 5%的夏炎热区重载交通路段，施工时应至少提高压实度 1 个百分点。

2. 当设计的空隙率不是整数时，由内插确定要求的 *VMA* 最小值。

3. 对改性沥青混合料，马歇尔试验的流值可适当放宽。

（二）沥青混合料动稳定度检测

1. 前期准备

查阅现行《公路工程沥青及沥青混合料试验规程》JTG E052，找到车辙试验试件成型方法、试验方法。以小组为单位，搜索并优选相关检测视频，提前做好检测步骤与视频截屏一一对应的“图文作业”，以确保本组自主试验顺利进行。同时，请将视频链接及截屏上传到学习平台。

（1）车辙试件成型

（2）沥青混合料动稳定度测定

摘录：《公路工程沥青及沥青混合料试验规程》JTG E20—2011

T 0703—2011 沥青混合料试件制作方法（轮碾法）

3　准备工作

3.1　按本规程 T 0702 的方法决定制作沥青混合料试件的拌合与压实温度。常温沥青混合料的拌合及压实在常温下进行。

3.2　按本规程 T 0701 在拌合厂或施工现场采取代表性的沥青混合料，如混合料温度符合要求，可直接用于成型。在试验室人工配制沥青混合料时，按本规程 T 0702 的方法准备矿料及沥青。常温沥青混合料的矿料不加热。

3.3　将金属试模及小型击实锤等置 100℃左右烘箱中加热 1h 备用。常温沥青混合料用试模不加热。

3.4　按本规程 T 0702 的方法拌制沥青混合料。当采用大容量沥青混合料拌合机时，宜一次拌合；当采用小型混合料拌合机时，可分两次拌合。混合料质量及各种材料数量由试件的体积按马歇尔标准密度乘以 1.03 的系数求得。常温沥青混合料的矿料不加热。

4　轮碾成型方法

4.1　在试验室用轮碾成型机制备试件

试件尺寸可为长 300mm×宽 300mm×厚 50～100mm。试件的厚度可根据集料粒径大小选择，同时根据需要厚度也可以采用其他尺寸，但混合料一层碾压的厚度不得超过 100mm。

4.1.1　将预热的试模从烘箱中取出，装上试模框架；在试模中铺一张裁好的普通纸（可用报纸），使底面及侧面均被纸隔离；将拌合好的全部沥青混合料（注意不得散失，分两次拌合的应倒在一起）用小铲稍加拌合后均匀地沿试模由边至中按顺序转圈装入试模，中部要略高于四周。

4.1.2　取下试模框架，用预热的小型击实锤由边至中转圈夯实一遍，整平成凸圆弧形。
4.1.3　插入温度计，待混合料达到本规程 T 0702 规定的压实温度（为使冷却均匀，试模底下可用垫木支起）时，在表面铺一张裁好尺寸的普通纸。
4.1.4　成型前将碾压轮预热至 100℃左右；然后，将盛有沥青混合料的试模置于轮碾机的平台上，轻轻放下碾压轮，调整总荷载为 9kN（线荷载 300N/cm）。
4.1.5　启动轮碾机，先在一个方向碾压 2 个往返（4 次）；卸荷；再抬起碾压轮，将试件调转方向；再加相同荷载碾压至马歇尔标准密实度 100%±1%为止。试件正式压实前，应经试压，测定密度后，确定试件的碾压次数。对普通沥青混合料。一般 12 个往返（24 次）左右可达要求（试件厚为 50mm）。
4.1.6　压实成型后揭去表面的纸，用粉笔在试件表面标明碾压方向。
4.1.7　盛有压实试件的试模，置室温下冷却，至少 12h 后方可脱模。

……

T 0719—2011 沥青混合料车辙试验

3　方法与步骤
3.1　准备工作
3.1.1　试验轮接地压强测定：测定在 60℃时进行，在试验台主放置一块 50mm 厚的钢板，其上铺一张毫米方格纸，上铺一张新的复写纸，以规定的 700N 荷载后试验轮静压复写纸，即可在方格纸上得出轮压面积，并由此求得接地压强。当压强不符合 0.7±0.05MPa 时，荷载应予适当调整。
3.1.2　按本规程 T 0703 用轮碾成型法制作车辙试验试块。在试验室或工地制备成型的车辙试件，板块状试件尺寸为长 300mm×宽 300mm×厚 50～100mm（厚度根据需要确定）。也可从路面切割得到需要尺寸的试件。
3.1.3　当直接在拌合厂取拌合好的沥青混合料样品制作车辙试验试件检验生产配合比设计或混合料生产质量时，必须将混合料装入保温桶中，在温度下降至成型温度之前迅速送达试验室制作试件，如果温度稍有不足，可放在烘箱中稍事加热（时间不超过 30min）后成型，但不得将混合料放冷却后二次加热重塑制作试件。重塑制件的试验结果仅供参考，不得用于评定配合比设计检验是否合格的标准。
3.1.4　如需要，将试件脱模按本规程规定的方法测定密度及空隙率等各项物理指标。
3.1.5　试件成型后，连同试模一起在常温条件下放置的时间不得少于 12h。对聚合物改性沥青混合料，放置的时间以 48h 为宜，使聚合物改性沥青充分固化后方可进行车辙试验，室温放置时间不得长于一周。
3.2　试验步骤
3.2.1　将试件连同试模一起，置于已达到试验温度 60±1℃的恒温室中，保温不少于 5h，也不得超过 12h。在试件的试验轮不行走的部位上，粘贴一个热电偶温度计（也可在试件制作时预先将热电偶导线埋入试件一角），控制试件温度稳定在 60±0.5℃。

3.2.2　将试件连同试模移置于轮辙试验机的试验台上，试验轮在试件的中央部位，其行走方向须与试件碾压或行车方向一致。开动车辙变形自动记录仪，然后启动试验机，使试验轮往返行走，时间约1h，或最大变形达到25mm时为止。试验时，记录仪自动记录变形曲线（图T 0719-2）及试件温度。

注：对试验变形较小的试件，也可对一块试件在两侧1/3位置上进行两次试验，然后取平均值。

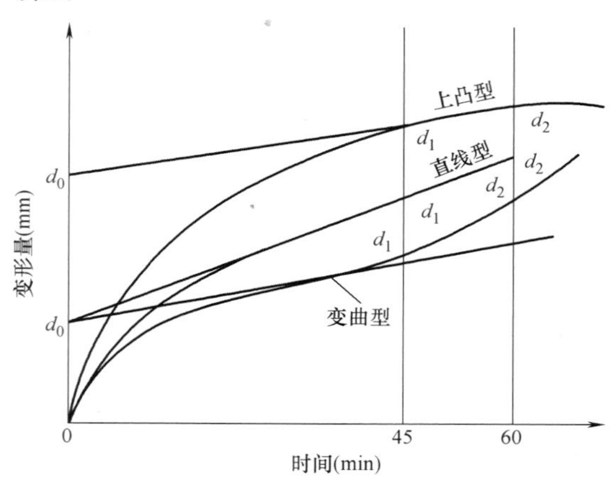

图T 0719-2　车辙试验自动记录的变形曲线

4　计算

4.1　从图T 0719-2上读取45min（t_1）及60min（t_2）时的车辙变形d_1及d_2，准确至0.01mm。

当变形过大，在未到60min变形已达25mm时，则以达到25mm（d_2）的时间为t_2，将其前15min为t_1，此时的变形量为d_1。

4.2　沥青混合料试件的动稳定度按式（T 0719-1）计算。

$$DS=\frac{(t_2-t_1)\times N}{d_2-d_1}\times C_1\times C_2 \qquad (\text{T 0719-1})$$

式中　DS——沥青混合料的动稳定度（次/mm）；

d_1——对应于时间t_1的变形量（mm）；

d_2——对应于时间t_2的变形量（mm）；

C_1——试验机类型系数，曲柄连杆驱动加载轮往返运行方式为1.0；

C_2——试件系数，试验室制备宽300mm的试件为1.0；

N——试验轮往返碾压速度通常为42次/min。

5　报告

5.1　同一沥青混合料或同一路段路面，至少平行试验3个试件，当3个试件动稳定度变异系数不大于20%时，取其平均值作为试验结果；变异系数大于20%时应分析原因，并追加试验。如计算动稳定度值大于6000次/mm，记作：>6000次/mm。

5.2　试验报告应注明试验温度、试验轮接地压强、试件密度、空隙率及试件制作方法等。
6　允许误差
重复性试验动稳定度变异系数不大于20%。

2. 自主试验

请各小组参考规范的检测视频，在老师的引导、帮助下，自行组织、分工协作完成试验。同时，做好数据记录（表8.1-8），拍摄本组试验视频，以备老师复查。

（1）数据记录及处理

数据记录及处理　　**表8.1-8**

工程部位/用途			任务编号	
样品名称			样品编号	
试样依据			样品描述	
试验条件			试验日期	
主要仪器设备及编号				
时间制作方法：	试验温度(℃)：		毛体积表观相对密度：	
试验轮接地压强(MPa)：	时间尺寸(mm)：		空隙率(%)：	
试验机修正系数：	试件系数：		往返碾压速度(次/min)：	
试样编号	1	2	3	
时间 t_1(min)				
时间 t_2(min)				
对应时间 t_1 的变形量 d_1(mm)				
对应时间 t_2 的变形量 d_2(mm)				
动稳定度(次/mm)				
变异系数(%)				
平均动稳定度(次/mm)				
备注				

（2）误差判断

（3）质量评定

设计要求：____________（次/mm）

单项评定：该沥青混合料动稳定是否达到设计要求？是____　否____

提醒：试验结束后，必须及时清理，确保仪器及工作面洁净、整齐。

3. 反思探讨

检测结束后，教师进行点评、归纳、分析，同时引入相关理论知识。对于测定值偏离较大的小组，引导学生深入探讨，反思误差来源与结果偏差之间的关联，明确标准制定的意义及规范操作的重要性。

（1）回顾检测各环节，试验室条件是否满足检测要求？本组试验是否存在不规范操作？会带来什么误差？请相关小组提交整改意见或建议。

（2）为什么在实际生产过程中，沥青混合料车辙试验必须符合《混凝土强度检验评定标准》GB/T 50107—2010的规定？

摘录：《公路沥青路面施工技术规范》JTG F40—2004

表 5.3.4-1 沥青混合料车辙试验动稳定度技术要求

<table>
<tr><td colspan="2">气候条件与技术指标</td><td colspan="9">相应于下列气候分区所要求的动稳定度(次/mm)</td><td rowspan="4">试验方法</td></tr>
<tr><td colspan="2" rowspan="3">七月平均最高气温(℃)
及气候分区</td><td colspan="4">>30</td><td colspan="4">20～30</td><td><20</td></tr>
<tr><td colspan="4">1. 夏炎热区</td><td colspan="4">2. 夏热区</td><td>3. 夏凉区</td></tr>
<tr><td>1-1</td><td>1-2</td><td>1-3</td><td>1-4</td><td>2-1</td><td>2-2</td><td>2-3</td><td>2-4</td><td>3-2</td></tr>
<tr><td colspan="2">普通沥青混合料,不小于</td><td colspan="2">800</td><td colspan="2">1000</td><td colspan="2">600</td><td colspan="2">800</td><td>600</td><td rowspan="5">T 0719</td></tr>
<tr><td colspan="2">改性沥青混合料,不小于</td><td colspan="2">2400</td><td colspan="2">2800</td><td colspan="2">2000</td><td colspan="2">2400</td><td>1800</td></tr>
<tr><td rowspan="2">SMA
混合料</td><td>非改性,不小于</td><td colspan="9">1500</td></tr>
<tr><td>改性,不小于</td><td colspan="9">3000</td></tr>
<tr><td colspan="2">OGFC 混合料</td><td colspan="9">1500(一般交通路段)、3000(重交通量路段)</td></tr>
</table>

注：1. 如果其他月份的平均最高气温高于7月时，可使用该月平均最高气温。
2. 在特殊情况下，如钢桥面铺装、重载车特别多或纵坡较大的长距离上坡路段、厂矿专用道路，可酌情提高动稳定度的要求。
3. 对因气候寒冷确需使用针入度很大的沥青（如大于100），动稳定度难以达到要求，或因采用石灰岩等不很坚硬的石料，改性沥青混合料的动稳定度难以达到要求等特殊情况，可酌情降低要求。
4. 为满足炎热地区及重载车要求，在配合比设计时采取减少最佳沥青用量的技术措施时，可适当提高试验温度或增加试验荷载进行试验，同时增加试件的碾压成型密度和施工压实度要求。
5. 车辙试验不得采用二次加热的混合料，试验必须检验其密度是否符合试验规程的要求。
6. 如需要对公称最大粒径等于和大于26.5mm的混合料进行车辙试验，可适当增加试件的厚度，但不宜作为评定合格与否的依据。

三、报告填写

1. 查阅现行《沥青路面施工及验收规范》GB 50029，填写该品种沥青混合料的技术要求。

2. 把任务实施的检验结果填入表8.1-9，未检测项目标示横线。

3. 对比检验结果和技术要求，评定该热拌沥青混合料的质量。

热拌沥青混合料试验检测报告 **表 8.1-9**

委托/施工单位		委托编号	
工程名称		样品编号	
工程部位/用途		样品名称	
试验依据		判断依据	
主要仪器设备及编号			
沥青混合料类型		级配类型	

序号	检测项目	技术指标	检测结果	判断依据
1	沥青含量(%)			
2	粗集料骨架空隙率 VCA_{max}(%)			
3	空隙率 VV(%)			
4	马歇尔稳定度 MS(kN)			
5	流值 FL(0.1mm)			
6	矿料间隙率 VMA(%)			
7	饱和度(%)			
8	动稳定度(次/mm)			
9	浸水马歇尔残留稳定度(%)			
10	冻融劈裂试验残留稳定度(%)			
11	破坏时的最大弯拉应变			
12	破裂抗拉强度(MPa)			
13	渗水试验(mL/min)			
14	析漏试验的结合料损失(%)			
15	肯特堡飞散试验(%)			

矿料级配	筛孔尺寸(mm)															
	通过百分率(%)															
	标准级配范围(%)															

检测结论	
备注	

摘录：《沥青路面施工及验收规范》GB 50092—96

热拌沥青混合料马歇尔试验技术指标　　表 7.3.3

试验项目	沥青混合料类型	高速公路、一级公路、城市快速路、主干路	其他等级公路与城市道路	行人道路
击实次数（次）	沥青混凝土 沥青碎石、抗滑表层	两面各 75 两面各 50	两面各 50 两面各 50	两面各 35 两面各 35
稳定度[①]（kN）	Ⅰ型沥青混凝土 Ⅱ型沥青混凝土、抗滑表层	>7.5 >5.0	>5.0 >4.0	>3.0 —
流值（0.1mm）	Ⅰ型沥青混凝土 Ⅱ型沥青混凝土、抗滑表层	20～40 20～40	20～45 20～45	20～50 —
空隙率[②]（%）	Ⅰ型沥青混凝土 Ⅱ型沥青混凝土、抗滑表层 沥青碎石	3～6 4～10 >10	3～6 4～10 >10	2～5 — —
沥青饱和度（%）	Ⅰ型沥青混凝土 Ⅱ型沥青混凝土、抗滑表层 沥青碎石	70～85 60～75 40～60	70～85 60～75 40～60	75～90 — —
残留稳定度（%）	Ⅰ型沥青混凝土 Ⅱ型沥青混凝土、抗滑表层	>75 >70	>75 >70	>75 —

注：①粗粒式沥青混凝土稳定度可降低 1kN；

②Ⅰ型细粒式及砂粒式沥青混凝土的空隙率为 2%～6%；

③沥青混凝土混合料的矿料间隙率（*VMA*）宜符合下表要求：

最大集料粒径（mm）	方孔筛	37.5	31.5	26.5	19.0	16.0	13.2	9.5	4.75
	圆孔筛	50	35 或 40	30	25	20	15	10	5
VMA 不小于（%）		12	12.5	13	14	14.5	15	16	18

④当沥青碎石混合料试件在 60℃水中浸泡即发生松散时，可不进行马歇尔试验，但应测定密度、空隙率、沥青饱和度等指标；

⑤残留稳定度可根据需要采用浸水马歇尔试验或真空饱水后浸水马歇尔试验进行测定。

子任务 8.2　沥青混合料配合比设计及最佳沥青用量确定

沥青混合料配合比设计必须在对同类公路配合比设计和使用情况调查研究的基础上，充分借鉴成功的经验，依据设计规程和经验数据，确定配制沥青混合料的各组成材料的用量之比。配合比设计就是确定各种组成材料用量的过程，包括三个阶段：目标配合比设计、生产配合比设计和生产配合比验证。我国热拌沥青混合料配合比设计采用马歇尔法，首先确定由各种骨料配制而成的矿质混合料的配合比，然后确定沥青的用量。上网查阅现行《公路沥青路面施工技术规范》JTG F40，录屏上传到学习平台。

任务要求：某高速公路路面结构采用三层式沥青混凝土路面，最低月平均气温为－5℃。沥青混合料原材料采用普通石油沥青，标号为AH-50、AH-70、AH-90，技术性能指标合格；粗骨料采用碎石，抗压强度大于120MPa，磨耗率12％，密度为2.7g/cm^3；砂采用级配合格，洁净河砂，表观密度为2.65g/cm^3；矿粉技术指标符合要求。各种矿质骨料筛分试验结果列于表8.2-1。试确定矿质混合料的配合比，并确定最佳沥青用量。

各种矿质骨料的筛分试验结果　　表8.2-1

骨料	通过下列筛孔（方孔筛，mm）的质量百分率									
	16.0	13.2	9.5	4.75	2.36	1.18	0.6	0.3	0.15	0.075
碎石	100	94	26	0	0	0	0	0	0	0
石屑	100	100	100	80	40	17	0	0	0	0
河砂	100	100	100	100	94	90	75	38	17	0
矿粉	100	100	100	100	100	100	100	100	100	83

摘录：《公路沥青路面施工技术规范》JTG F40—2004

附录B　热拌沥青混合料配合比设计方法

B.1　一般规定

B.1.1　本方法适用于密级配沥青混凝土及沥青稳定碎石混合料。

B.1.2　热拌沥青混合料的配合比设计应通过目标配合比设计、生产配合比设计及生产配合比验证三个阶段，确定沥青混合料的材料品种及配合比、矿料级配、最佳沥青用量。本规范采用马歇尔试验配合比设计方法。如采用其他方法设计沥青混合料时，应按本规范规定进行马歇尔试验及各项配合比设计检验，并报告不同设计方法的试验结果。

B.1.3　热拌沥青混合料的目标配合比设计宜按图B.1.3的框图的步骤进行。

B.1.4　配合比设计的试验方法必须遵照现行试验规程的方法执行。混合料拌合必须采用小型沥青混合料拌合机进行。混合料的拌合温度和试件制作温度应符合本规范的要求。

B.1.5　生产配合比设计可参照本方法规定的步骤进行。

……

B.3　材料选择与准备

B.3.1　配合比设计的各种矿料必须按现行《公路工程集料试验规程》规定的方法，从工程实际使用的材料中取代表性样品。进行生产配合比设计时，取样至少应在干拌5次以后进行。

B.3.2　配合比设计所用的各种材料必须符合气候和交通条件的需要。其质量应符合本规范第4章规定的技术要求。当单一规格的集料某项指标不合格，但不同粒径规格的材料按级配组成的集料混合料指标能符合规范要求时，允许使用。

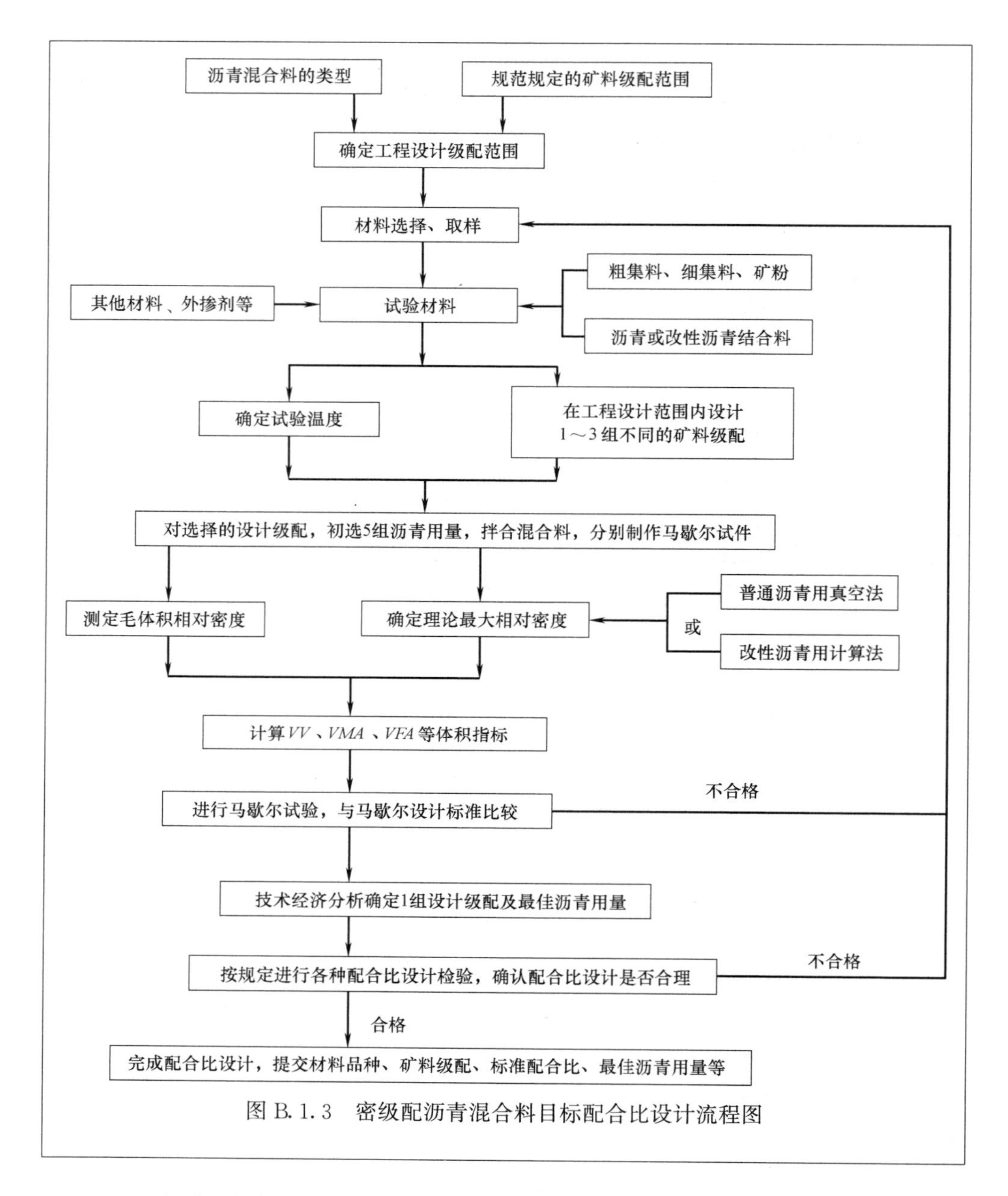

图 B.1.3　密级配沥青混合料目标配合比设计流程图

一、矿质混合料配合比设计

将各种矿料按一定比例组配成一个具有足够密实程度、较高内摩阻力的矿质混合料。首先根据道路等级、路面类型和所处结构层位，确定混合料类型；根据确定的沥青混合料类型确定所需要的矿质混合料级配范围；确定混合料的配合。

1. 根据任务所给条件：高速公路、沥青混凝土混合料、三层式结构上面层，参考《沥青路面施工及验收规范》GB 50029—96 的表 7.1.3，考虑经济性，选择满足使用要求的沥青混凝土混合料________。

摘录：《沥青路面施工及验收规范》GB 50029—96

表 7.1.3　沥青路面各层的沥青混合料类型

筛孔系列	结构层次	高速公路、一级公路 城市快速路、主干路		其他等级公路		一般城市道路及 其他道路工程	
		三层式沥青混凝土路面	两层式沥青混凝土路面	沥青混凝土路面	沥青碎石路面	沥青混凝土路面	沥青碎石路面
方孔筛系列	上面层	AC—13 AC—16 AC—20	AC—13 AC—16	AC—13 AC—16	AM—13	AM—5 AC—10 AC—13	AM—5 AM—10
	中面层	AC—20 AC—25	—	—	—	—	—
	下面层	AC—25 AC—30	AC—20 AC—25 AC—30	AC—20 AC—25 AC—30 AM—25 AM—30	AM—25 AM—30	AC—20 AC—25 AM—25 AM—30	AM—25 AM—30 AM—40
圆孔筛系列	上面层	LH—15 LH—20 LH—25	LH—15 LH—20	LH—15 LH—20	LS—15	LH—5 LH—10 LH—15	LS—5 LS—10
	中面层	LH—25 LH—30	—	—	—	—	—
	下面层	LH—30 LH—35 LH—40	LH—30 LH—35 LH—40	LH—25 LH—30 LH—35 AM—30 AM—35	LS—30 LS—35 LS—40	LH—25 LH—30 LS—30 LS—35 LS—40	LS—30 LS—35 LS—40 LS—50

注：当铺筑抗滑表层时，可采用 AK—13 或 AK—16 型热拌沥青混合料，也可在 AC—10（LH—15）型细粒式沥青混凝土上嵌压沥青预拌单粒径碎石 S—10 铺筑而成。

2. 根据沥青混合料的类型，参考规范确定所需矿质混合料的级配范围，填入表 8.2-2 中。

矿质混合料的级配范围　　　　**表 8.2-2**

级配类型	通过下列筛孔（方孔筛，mm）的质量百分率									
	16.0	13.2	9.5	4.75	2.36	1.18	0.6	0.3	0.15	0.075
级配范围										
级配中值										

摘录：《公路沥青路面施工技术规范》JTG F40—2004

5.3.2　沥青混合料的矿料级配应符合工程规定的设计级配范围。密级配沥青混合料宜根据公路等级、气候及交通条件按表 5.3.2-1 选择采用粗型（C 型）或细型（F 型）混合料，并在表 5.3.2-2 范围内确定工程设计级配范围，通常情况下工程设计级配范围不宜超出表 5.3.2-2 的要求。其他类型的混合料宜直接以表 5.3.2-3～表 5.3.2-7 作为工程实际级配范围。

表 5.3.2-1　粗型和细型密级配沥青混凝土的关键筛孔通过率

混合料类型	公称最大粒径（mm）	用以分类的关键性筛孔（mm）	粗型密级配		细型密级配	
			名称	关键性筛孔通过率（%）	名称	关键性筛孔通过率（%）
AC-25	26.5	4.75	AC-25 C	<40	AC-25 F	>40
AC-20	19	4.75	AC-20 C	<45	AC-20 F	>45
AC-16	16	2.36	AC-16 C	<38	AC-16 F	>38
AC-13	13.2	2.36	AC-13 C	<40	AC-13 F	>40
AC-10	9.5	2.36	AC-10 C	<45	AC-10 F	>45

表 5.3.2-2　密级配沥青混凝土混合料矿料级配范围

级配类型		通过下列筛孔（mm）的质量百分率（%）												
		31.5	26.5	19	16	13.2	9.5	4.75	2.36	1.18	0.6	0.3	0.15	0.075
粗粒式	AC-25	100	90～100	75～90	65～83	57～76	45～65	24～52	16～42	12～33	8～24	5～17	4～13	3～7
中粒式	AC-20		100	90～100	78～92	62～80	50～72	26～56	16～44	12～33	8～24	5～17	4～13	3～7
	AC-16			100	90～100	76～92	60～80	34～62	20～48	13～36	9～26	7～18	5～14	4～8
细粒式	AC-13				100	90～100	68～85	38～68	24～50	15～38	10～28	7～20	5～15	4～8
	AC-10					100	90～100	45～75	30～58	20～44	13～32	9～23	6～16	4～8
砂粒式	AC-5						100	90～100	55～75	35～55	20～40	12～28	7～18	5～10

表 5.3.2-3　沥青玛蹄脂碎石混合料矿料级配范围

级配类型		通过下列筛孔（mm）的质量百分率（%）											
		26.5	19	16	13.2	9.5	4.75	2.36	1.18	0.6	0.3	0.15	0.075
中粒式	AC-25	100	90～100	72～92	62～82	40～55	18～30	13～22	12～20	10～16	9～14	8～13	8～12
	AC-20		100	90～100	65～85	45～65	20～32	15～24	14～22	12～18	10～15	9～14	8～12
细粒式	AC-16			100	90～100	50～75	20～34	15～26	14～24	12～20	10～16	9～15	8～12
	AC-13				100	90～100	28～60	20～32	14～26	12～22	10～18	9～16	8～13

3. 采用图解法确定矿质混合料的配合比，如图 8.2-1 所示。

由图解法确定矿质混合料配合比为：碎石∶石屑∶砂∶矿粉＝__________。

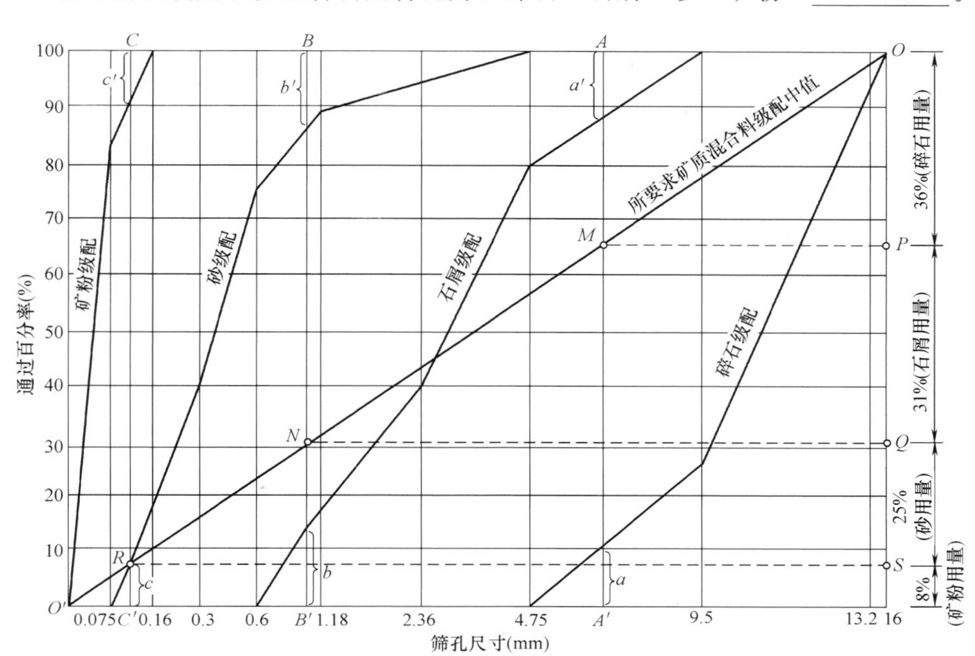

图 8.2-1　图解法确定矿质混合料配合比图

校核配合比：按图解法确定的配合比配制矿质混合料，得到一个合成的级配。将此级配与要求的矿质混合料级配范围进行比较，可以看出，合成的级配__________符合《公路沥青路面施工技术规范》JTG F40—2004 所要求的级配范围中值，见表 8.2-3。

矿质混合料配合比校核表　　　　**表 8.2-3**

组成情况		通过下列筛孔(方孔筛，mm)的质量百分率									
		16.0	13.2	9.5	4.75	2.36	1.18	0.6	0.3	0.15	0.075
各种矿料的级配情况	碎石 100%										
	石屑 100%										
	河砂 100%										
	矿粉 100%										
各种矿料按配合比的级配情况	碎石　%										
	石屑　%										
	河砂　%										
	矿粉　%										
合成矿质混合料的级配											
要求矿质混合料级配范围											
要求矿质混合料级配中值											

摘录：《公路沥青路面施工技术规范》JTG F40—2004

B.2　确定工程设计级配范围

B.2.1　沥青路面工程的混合料设计级配范围由工程设计文件或招标文件规定，密级配沥青混合料的设计级配宜在本规范5.3.2规定的级配范围内，根据公路等级、工程性质、气候条件、交通条件、材料品种等因素，通过对条件大体相当工程的使用情况进行调查研究后调整确定，必要时允许超出规范级配范围。密级配沥青稳定碎石混合料可直接以本规范规定的级配范围作工程设计级配范围使用。经确定的工程设计级配范围是配合比设计的依据，不得随意变更。

B.2.2　调整工程设计级配范围宜遵循下列原则：

（1）首先按本规范表5.3.2-2确定采用粗型（C型）或细型（F型）的混合料。对夏季温度高、高温持续时间长，重载交通多的路段，宜选用粗型密级配沥青混合料（AC-C型），并取较高的设计空隙率。对冬季温度低且低温持续时间长的地区，或者重载交通较少的路段，宜选用细型密级配沥青混合料（AC-F型），并取较低的设计空隙率。

（2）为确保高温抗车辙能力，同时兼顾低温抗裂性能的需要。配合比设计时宜适当减少公称最大粒径附近的粗集料用量，减少0.6mm以下部分细粉的用量，使中等粒径集料较多，形成S型级配曲线，并取中等或偏高水平的设计空隙率。

（3）确定各层的工程设计级配范围时应考虑不同层位的功能需要，经组合设计的沥青路面应能满足耐久、稳定、密水、抗滑等要求。

（4）根据公路等级和施工设备的控制水平，确定的工程设计级配范围应比规范级配范围窄，其中4.75mm和2.36mm通过率的上下限差值宜小于12%。

（5）沥青混合料的配合比设计应充分考虑施工性能，使沥青混合料容易摊铺和压实，避免造成严重的离析。

……

B.4　矿料配比设计

B.4.1　高速公路和一级公路沥青路面矿料配合比设计宜借助电子计算机的电子表格用试配法进行。其他等级公路沥青路面也可参照进行。

B.4.2　矿料级配曲线按《公路工程沥青及沥青混合料试验规程》T 0725的方法绘制（图B.4.2）。以原点与通过集料最大粒径100%的点的连线作为沥青混合料的最大密度线，见表B.4.2-1和表B.4.2-2。

表B.4.2-1　泰勒曲线的横坐标

d_i	0.075	0.15	0.3	0.6	1.18	2.36	4.75	9.5
$d_i^{0.45}$	0.312	0.426	0.582	0.795	1.077	1.472	2.016	2.754
d_i	13.2	16	19	26.5	31.5	37.5	53	63
$d_i^{0.45}$	3.193	3.482	3.762	4.370	4.723	5.109	5.969	6.542

表 B.4.2-2 矿料级配设计计算示例

筛孔（%）	10～20（%）	5～10（%）	3～5（%）	石屑（%）	黄砂（%）	矿粉（%）	消石灰（%）	合成级配	工程设计级配范围		
									中值	下限	上限
16	100	100	100	100	100	100	100	100.0	100	100	100
13.2	88.6	100	100	100	100	100	100	96.7	95	90	100
9.5	16.6	99.7	100	100	100	100	100	76.6	70	60	80
4.75	0.4	8.7	94.9	100	100	100	100	47.7	41.5	30	53
2.36	0.3	0.7	3.7	97.2	87.9	100	100	30.6	30	20	40
1.18	0.3	0.7	0.5	67.8	62.2	100	100	22.8	22.5	15	30
0.6	0.3	0.7	0.5	40.5	46.4	100	100	17.2	16.5	10	23
0.3	0.3	0.7	0.5	30.2	3.7	99.8	99.2	9.5	12.5	7	18
0.15	0.3	0.7	0.5	20.6	3.1	96.2	97.6	8.1	8.5	5	12
0.075	0.2	0.6	0.3	4.2	1.9	84.7	95.6	5.5	6	4	8
配合比	28	26	14	12	15	3.3	1.7	100.0	—	—	—

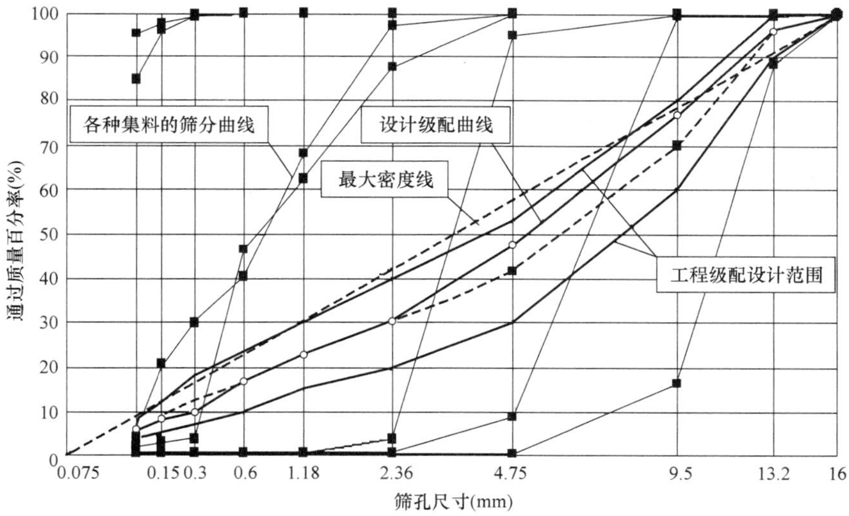

图 B.4.2 矿料级配曲线示例

B.4.3 对高速公路和一级公路，宜在工程设计级配范围内计算 1～3 组粗细不同的配合比，绘制设计级配曲线，分别位于工程设计级配范围的上方、中值及下方。设计合成级配不得有太多的锯齿形交错，且在 0.3～0.6mm 范围内不出现“驼峰”。当反复调整不能满意时，宜更换材料设计。

B.4.4 根据当地的实践经验选择适宜的沥青用量，分别制作几组级配的马歇尔试件，测定 *VMA*，初选一组满足或接近设计要求的级配作为设计级配。

二、马歇尔试验

沥青混合料的最佳沥青用量（OCA），可以通过各种理论计算方法确定，采用理论方法计算得到的最佳沥青用量必须通过修正，才能应用于工程中。

1. 制作试件。普通沥青混合料的成型温度如缺乏黏温曲线时可参考《公路沥青路面施工技术规范》JTG F40—2004 中的表 B. 5. 2 执行。

2. 计算矿料的合成毛体积相对密度 γ_{sb}。

$$\gamma_{sb}=\frac{100}{\frac{P_1}{\gamma_1}+\frac{P_2}{\gamma_2}+\cdots+\frac{P_n}{\gamma_n}}$$

$$=\_\_\_\_\_\_\_\_\_\_\_\_\_\_\_\_\_\_\_\_$$

3. 计算矿料的合成表观密度 γ_{sa}。

$$\gamma_{sa}=\frac{100}{\frac{P_1}{\gamma_1'}+\frac{P_2}{\gamma_2'}+\cdots+\frac{P_n}{\gamma_n'}}$$

$$=\_\_\_\_\_\_\_\_\_\_\_\_\_\_\_\_\_\_\_\_$$

4. 预估沥青混合料的适宜油石比 P_a 或沥青用量 P_b。

$$P_a=\frac{P_{a1}\times\gamma_{sb1}}{\gamma_{sb}}$$

$$=\_\_\_\_\_\_\_\_\_\_\_\_\_\_\_\_\_\_\_\_$$

$$P_b=\frac{P_a}{100+P_a}$$

$$=\_\_\_\_\_\_\_\_\_\_\_\_\_\_\_\_\_\_\_\_$$

5. 确定矿料的有效相对密度 γ_{se}。以预估的最佳油石比拌合两组混合料，采用真空法实测最大相对密度，取平均值，反算合成矿料的有效相对密度 γ_{se}。

$$\gamma_{se}=\frac{100-P_b}{\frac{100}{\gamma_t}-\frac{P_b}{\gamma_b}}$$

$$=\_\_\_\_\_\_\_\_\_\_\_\_\_\_\_\_\_\_\_\_$$

6. 以预估油石比为中值，按 0.5%间隔取 5 个或 5 个以上不同油石比分别成型马歇尔试件，进行试验。如预估油石比为 5.8%，可选择 4.8%、5.3%、5.8%、6.3%、6.8%。

7. 测定压实沥青混合料试件的毛体积相对密度 γ_f 和吸水率，取平均值。

____。

8. 确定沥青混合料的最大理论相对密度，代入《公路沥青路面施工技术规范》JTG F40—2004 的式（B. 5. 6-1）计算。

$$\gamma_{se}=\frac{100-P_b}{\frac{100}{\gamma_t}-\frac{P_b}{\gamma_b}}$$

$$=\_\_\_\_\_\_\_\_\_\_\_\_\_\_\_\_\_\_\_\_$$

9. 计算沥青混合料试件的空隙率 VV、矿料间隙率 VMA、有效沥青饱和度 VFA 等体积指标，进行体积组成分析。测定沥青混合料试件的马歇尔稳定度、流值、马歇尔模数等，具体详见表8.2-4。

$$VV=\left(1-\frac{\gamma_{f}}{\gamma_{t}}\right)\times 100$$

$$=\_\_\_\_\_\_\_\_\_\_\_\_\_\_\_\_\_\_\_\_$$

$$VMA=\left(1-\frac{\gamma_{f}}{\gamma_{sb}}\times\frac{P_{s}}{100}\right)\times 100$$

$$=\_\_\_\_\_\_\_\_\_\_\_\_\_\_\_\_\_\_\_\_$$

$$VFA=\frac{VMA-VV}{VMA}\times 100$$

$$=\_\_\_\_\_\_\_\_\_\_\_\_\_\_\_\_\_\_\_\_$$

沥青混合料马歇尔试验结果　　表8.2-4

油石比（%）	最大理论相对密度	毛体积相对密度	空隙率（%）	饱和度（%）	矿料间隙率（%）	稳定度（kN）	流值（mm）	马歇尔模数（kN/mm）

摘录：《公路沥青路面施工技术规范》JTG F40—2004

B.5　马歇尔试验

B.5.1　配合比设计马歇尔试验技术标准按本规范第5章的规定执行。

B.5.2　沥青混合料试件的制作温度按本规范5.2.3规定的方法确定，并与施工实际温度相一致，普通沥青混合料如缺乏粘温曲线时可参照表B.5.2执行，改性沥青混合料的成型温度在此基础上再提高10～20℃。

表B.5.2　热拌普通沥青混合料试件的制作温度（℃）

施工工序	石油沥青的标号				
	50号	70号	90号	110号	130号
沥青加热温度	160～170	155～165	150～160	145～155	140～150
矿料加热温度	集料加热温度比沥青温度高10～30(填料不加热)				
沥青混合料拌合温度	150～170	145～165	140～160	135～155	130～150
试件击实成型温度	140～160	135～155	130～150	125～145	120～140

注：表中混合料温度，并非拌合机的油浴温度，应根据沥青的针入度、粘度选择，不宜都取中值。

B.5.3 按式（B.5.3）计算矿料混合料的合成毛体积相对密度 γ_{sb}。

$$\gamma_{sb}=\frac{100}{\frac{P_1}{\gamma_1}+\frac{P_2}{\gamma_2}+\cdots+\frac{P_n}{\gamma_n}} \tag{B.5.3}$$

式中 P_1、P_2、…、P_n——各种矿料成分的配比，其和为100；

γ_1、γ_2、…、γ_n——各种矿料相应的毛体积相对密度。

注：1. 沥青混合料配合比设计时，均采用毛体积相对密度（无量纲），不采用毛体积密度，故无需进行密度的水温修正。

2. 生产配合比设计时，当细料仓中的材料混杂各种材料而无法采用筛分替代法时，可将0.075mm部分筛除后以统货实测值计算。

B.5.4 按式（B.5.4）计算矿料混合料的合成表观相对密度 γ_{sa}。

$$\gamma_{sa}=\frac{100}{\frac{P_1}{\gamma_1'}+\frac{P_2}{\gamma_2'}+\cdots+\frac{P_n}{\gamma_n'}} \tag{B.5.4}$$

式中 P_1、P_2、…、P_n——各种矿料成分的配比，其和为100；

γ_1'、γ_2'、…、γ_n'——各种矿料按试验规程方法测定的表观相对密度。

B.5.5 按式（B.5.5-1）或按式（B.5.5-2）预估沥青混合料的适宜的油石比 P_a 或沥青用量为 P_b。

$$P_a=\frac{P_{a1}\times\gamma_{sb1}}{\gamma_{sb}} \tag{B.5.5-1}$$

$$P_b=\frac{P_a}{100+P_a} \tag{B.5.5-2}$$

式中 P_a——预估的最佳油石比（与矿料总量的百分比），%；

P_b——预估的最佳沥青用量（占混合料总量的百分数），%；

P_{a1}——已建类似工程沥青混合料的标准油石比，%；

γ_{sb}——集料的合成毛体积相对密度；

γ_{sb1}——已建类似工程集料的合成毛体积相对密度。

注：作为预估最佳油石比的集料密度，原工程和新工程也可均采用有效相对密度。

B.5.6 确定矿料的有效相对密度

1 对非改性沥青混合料，宜以预估的最佳油石比拌合2组的混合料，采用真空法实测最大相对密度，取平均值。然后由式（B.5.6-1）反算合成矿料的有效相对密度 γ_{se}。

$$\gamma_{se}=\frac{100-P_b}{\frac{100}{\gamma_t}-\frac{P_b}{\gamma_b}} \tag{B.5.6-1}$$

式中 γ_{se}——合成矿料的有效相对密度；

P_b——试验采用的沥青用量（占混合料总量的百分数），%；

γ_t——试验沥青用量条件下实测得到的最大相对密度，无量纲；

γ_b——沥青的相对密度（25℃/25℃），无量纲。

2 对改性沥青及 SMA 等难以分散的混合料，有效相对密度宜直接由矿料的合成毛体积相对密度与合成表观相对密度按式（B.5.6-2）计算确定，其中沥青吸收系数 C 值根据材料的吸水率由式（B.5.6-3）求得，材料的合成吸水率按式（B.5.6-4）计算：

$$\gamma_{se}=C\times\gamma_{sa}+(1-C)\times\gamma_{sb} \tag{B.5.6-2}$$

$$C=0.33\omega_x^2-0.2936\omega_x+0.9339 \tag{B.5.6-3}$$

$$\omega_x=\left(\frac{1}{\gamma_{sb}}-\frac{1}{\gamma_{sa}}\right)\times100 \tag{B.5.6-4}$$

式中 γ_{se}——合成矿料的有效相对密度；

C——合成矿料的沥青吸收系数，可按矿料的合成吸水率从式（B.5.6-3）求取；

ω_x——合成矿料的吸水率，按式（B.5.6-4）求取，%；

γ_{sb}——材料的合成毛体积相对密度，按式（B.5.3）求取，无量纲；

γ_{sa}——材料的合成表观相对密度，按式（B.5.4）求取，无量纲。

B.5.7 以预估的油石比为中值，按一定间隔（对密级配沥青混合料通常为 0.5%，对沥青碎石混合料可适当缩小间隔为 0.3%～0.4%），取 5 个或 5 个以上不同的油石比分别成型马歇尔试件。每一组试件的试样数按现行试验规程的要求确定，对粒径较大的沥青混合料，宜增加试件数量。

注：5 个不同油石比不一定选整数，例如预估油石比 4.8%，可选 3.8%、4.3%、4.8%、5.3%、5.8%等。B.5.6.1 中规定的实测最大相对密度通常与此同时进行。

B.5.8 测定压实沥青混合料试件的毛体积相对密度 γ_f 和吸水率，取平均值。测试方法应遵照以下规定执行：

(1) 通常采用表干法测定毛体积相对密度；

(2) 对吸水率大于 2%的试件，宜改用蜡封法测定的毛体积相对密度。

注：对吸水率小于 0.5%的特别致密的沥青混合料，在施工质量检验时，允许采用水中重法测定的表观相对密度作为标准密度，钻孔试件也采用相同方法。但配合比设计时不得采用水中重法。

B.5.9 确定沥青混合料的最大理论相对密度

1 对非改性的普通沥青混合料，在成型马歇尔试件的同时，按 B.5.6.1 的要求用真空法实测各组沥青混合料的最大理论相对密度 γ_{ti}。当只对其中一组油石比测定最大理论相对密度时，也可按式（B.5.9.-1）或式（B.5.9-2）计算其他不同油石比时的最大理论相对密度 γ_{ti}。

2 对改性沥青或 SMA 混合料宜按式（B.5.9-1）或式（B.5.9-2）计算各个不同沥青用量混合料的最大理论相对密度。

$$\gamma_{ti}=\frac{100+P_{ai}}{\frac{100}{\gamma_{se}}-\frac{P_{ai}}{\gamma_{b}}} \quad \text{(B.5.9-1)}$$

$$\gamma_{ti}=\frac{100}{\frac{P_{si}}{\gamma_{se}}+\frac{P_{bi}}{\gamma_{b}}} \quad \text{(B.5.9-2)}$$

式中　γ_{ti}——相对于计算沥青用量 P_{bi} 时沥青混合料的最大理论相对密度，无量纲；

P_{ai}——所计算的沥青混合料中的油石比，%；

P_{bi}——所计算的沥青混合料的沥青用量，$P_{bi}=P_{ai}/(1+P_{ai})$，%；

P_{si}——所计算的沥青混合料的矿料含量，$P_{si}=100-P_{bi}$，%；

γ_{se}——矿料的有效相对密度，按式（B.5.6-1）或式（B.5.6-2）计算，无量纲；

γ_{b}——沥青的相对密度（25℃/25℃），无量纲。

B.5.10　按式（B.5.10-1）～式（B.5.10-3）计算沥青混合料试件的空隙率、矿料间隙率 VMA、有效沥青的饱和度 VFA 等体积指标，取1位小数，进行体积组成分析。

$$VV=\left(1-\frac{\gamma_{f}}{\gamma_{t}}\right)\times 100 \quad \text{(B.5.10-1)}$$

$$VMA=\left(1-\frac{\gamma_{f}}{\gamma_{sb}}\times\frac{P_{s}}{100}\right)\times 100 \quad \text{(B.5.10-2)}$$

$$VFA=\frac{VMA-VV}{VMA}\times 100 \quad \text{(B.5.10-3)}$$

式中　VV——试件的空隙率，%；

VMA——试件的矿料间隙率，%；

VFA——试件的有效沥青饱和度（有效沥青含量占 VMA 的体积比例），%；

γ_{f}——按B.5.8测定的试件的毛体积相对密度，无量纲；

γ_{t}——沥青混合料的最大理论相对密度，按B.5.9的方法计算或实测得到，无量纲；

P_{s}——各种矿料占沥青混合料总质量的百分率之和，即 $P_{s}=100-P_{b}$，%；

γ_{sb}——矿料混合料的合成毛体积相对密度，按式（B.5.3）计算。

B.5.11　进行马歇尔试验，测定马歇尔稳定度及流值。

三、确定最佳沥青用量（或油石比）

以油石比为横坐标，以马歇尔试验的各项指标为纵坐标（图8.2-2），按试验结果绘制毛体积密度与沥青用量曲线、稳定度与沥青用量曲线、空隙率与沥青用量曲线、流值与沥青用量曲线、*VMA* 与沥青用量曲线、*VFA* 与沥青用量曲线。确定符合《公路沥青路面施工技术规范》JTG F40—2004 的表 5.3.3-1 沥青混合料技术标准的沥青用量范围 OAC_{min}～OAC_{max}。填表 8.2-5。

沥青混合料马歇尔试验结果　　　　表 8.2-5

油石比（%）	最大理论相对密度	毛体积相对密度	空隙率（%）	饱和度（%）	矿料间隙率（%）	稳定度（kN）	流值（mm）	马歇尔模数（kN/mm）
初始用量 OAC_1								
按各项指标全部合格范围中值确定的初始用量 OCA_2								
最佳油石比 OAC								

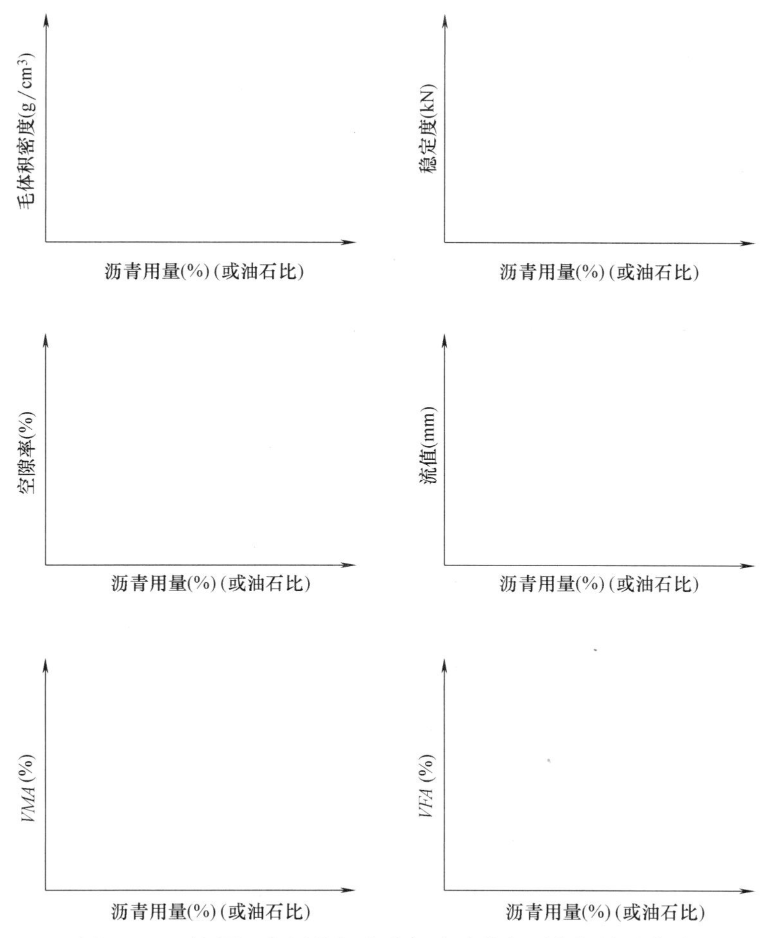

图 8.2-2　绘制沥青用量与马歇尔试验的各项指标关系曲线

1. 根据试验曲线走势，确定沥青混合料的最佳沥青用量 OAC_1。

在曲线图上求取相应于密度最大值、稳定度最大值、目标空隙率（或中值）、沥青饱和度范围的中值的沥青用量 a_1、a_2、a_3、a_4，求得 OAC_1。

$$OAC_1=(a_1+a_2+a_3+a_4)/4$$

$$=\_\_\_\_\_\_\_\_\_\_\_\_\_\_\_\_\_\_\_\_$$

或

$$OAC_1=(a_1+a_2+a_3)/3$$

$$=\_\_\_\_\_\_\_\_\_\_\_\_\_\_\_\_\_\_\_\_$$

2. 以各项指标均符合技术标准（不含 VMA）的沥青范围 $OAC_{min}\sim OAC_{max}$ 中值为 OAC_2。

$$OAC_2=(OAC_{min}+OAC_{max})/2$$

$$=\_\_\_\_\_\_\_\_\_\_\_\_\_\_\_\_\_\_\_\_$$

3. 计算沥青最佳用量 OAC。

$$OAC=(OAC_1+OAC_2)/2$$

$$=\_\_\_\_\_\_\_\_\_\_\_\_\_\_\_\_\_\_\_\_$$

4. 按计算出的沥青最佳用量 OAC，从图 8.2-2 得到对应的空隙率和 VMA 值，检验是否能满足《公路沥青路面施工技术规范》JTG F40—2004 中表 5.3.3-1 关于最小 VMA 值的要求。OAC 宜位于 VMA 凹型曲线最小值一侧。当空隙率不是整数时，最小 VMA 按内插法确定，并画入图中。

5. 检测图 8.2-2 中相应于此 OAC 的各项指标是否均符合马歇尔试验技术标准要求。

6. 根据实践经验和公路等级、气候条件、交通情况，调整确定最佳沥青用量 OAC。

____。

7. 计算沥青结合料被集料吸收的比例及有效沥青含量。

$$P_{ba}=\frac{\gamma_{se}-\gamma_b}{\gamma_{se}\times\gamma_{sb}}\times\gamma_b\times100$$

$$=\_\_\_\_\_\_\_\_\_\_\_\_\_\_\_\_\_\_\_\_$$

$$P_{be}=P_b-\frac{P_{ba}}{100}\times P_s$$

$$=\_\_\_\_\_\_\_\_\_\_\_\_\_\_\_\_\_\_\_\_$$

8. 检验最佳沥青用量时的粉胶比和有效沥青膜厚度。

（1）计算沥青混合料的粉胶比 FB，宜符合 0.6～1.6 的要求。对常用的公称最大粒径为 13.2～19mm 的密级配沥青混合料，粉胶比宜控制在 0.8～1.2 范围内。

$$FB=\frac{P_{0.075}}{P_{be}}$$

$$=\_\_\_\_\_\_\_\_\_\_\_\_\_\_\_\_\_\_\_\_$$

（2）计算集料的比表面，估算沥青混合料的沥青膜有效厚度。各种集料粒径的表面积系数按《公路沥青路面施工技术规范》JTG F40—2004 中表 B.6.9 采用。

$$SA=\sum(P_i\times FA_i)$$

$$=\_\_\_\_\_\_\_\_\_\_\_\_\_\_\_\_\_\_\_\_$$

$$DA=\frac{P_{be}}{\gamma_b\times SA}\times 10$$
$$=\underline{\qquad\qquad\qquad\qquad\qquad}$$

摘录：《公路沥青路面施工技术规范》JTG F40—2004

B.6　确定最佳沥青用量（或油石比）

B.6.1　按图 B.6.1 的方法，以油石比或沥青用量为横坐标，以马歇尔试验的

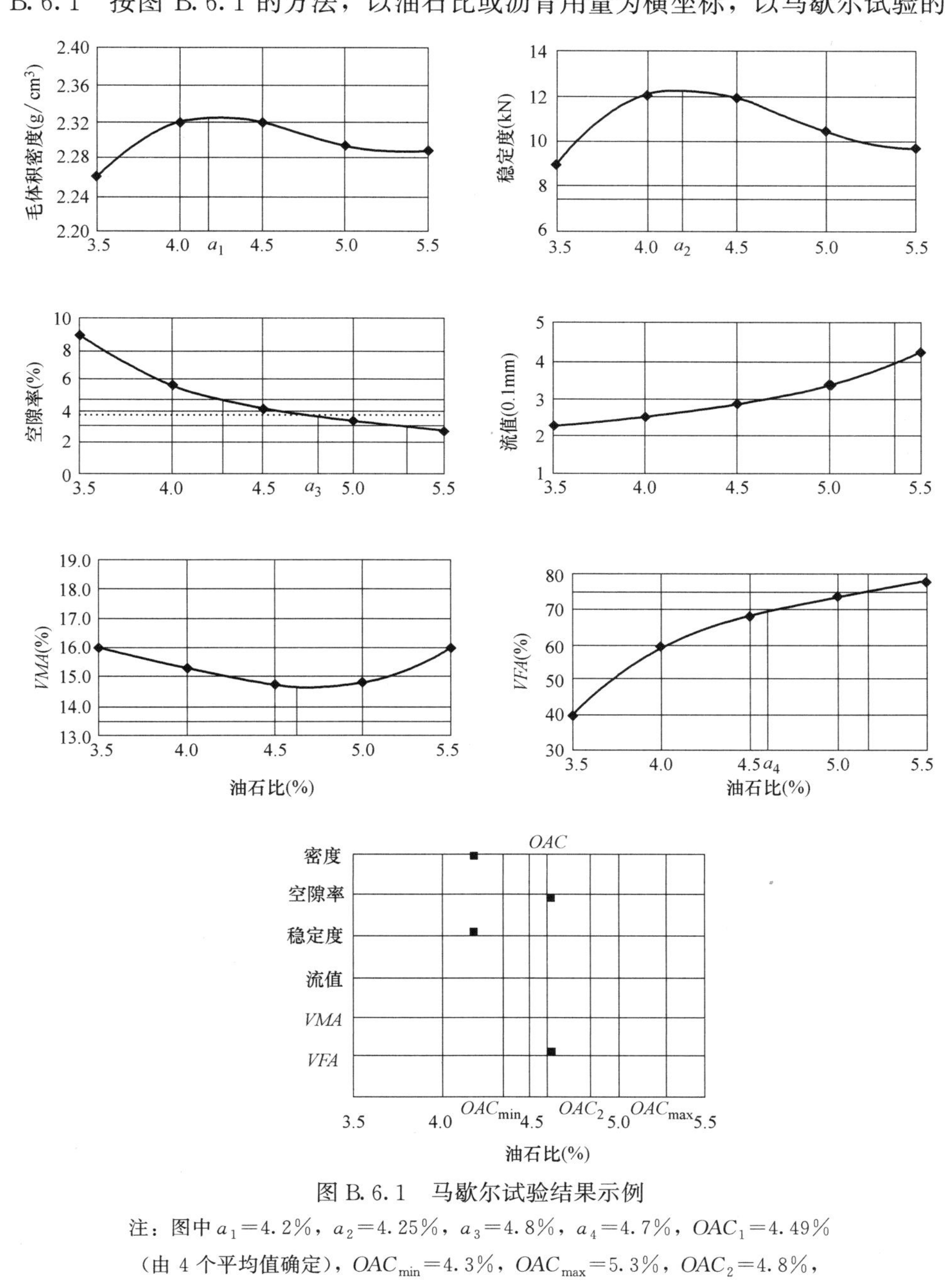

图 B.6.1　马歇尔试验结果示例

注：图中 a_1=4.2%，a_2=4.25%，a_3=4.8%，a_4=4.7%，OAC_1=4.49%（由 4 个平均值确定），OAC_{min}=4.3%，OAC_{max}=5.3%，OAC_2=4.8%，OAC=4.64%。此例中相对于空隙率 4%的油石比为 4.6%。

各项指标为纵坐标，将试验结果点入图中，连成圆滑的曲线。确定均符合本规范规定的沥青混合料技术标准的沥青用量范围 OAC_{min}～OAC_{max}。选择的沥青用量范围必须涵盖设计空隙率的全部范围，并尽可能涵盖沥青饱和度的要求范围，并使密度及稳定度曲线出现峰值。如果没有涵盖设计空隙率的全部范围，试验必须扩大沥青用量范围重新进行。

注：绘制曲线时含 *VMA* 指标，且应为下凹型曲线，但确定 OAC_{min}～OAC_{max} 时不包括 *VMA*。

B.6.2 根据试验曲线的走势，按下列方法确定沥青混合料的最佳沥青用量 OAC_1。

1 在曲线图 B.6.1 上求取相应于密度最大值、稳定度最大值、目标空隙率（或中值）、沥青饱和度范围的中值的沥青用量 a_1、a_2、a_3、a_4。按式（B.6.2-1）取平均值作为 OAC_1。

$$OAC_1=(a_1+a_2+a_3+a_4)/4 \quad \text{(B.6.2-1)}$$

2 如果在所选择的沥青用量范围未能涵盖沥青饱和度的要求范围，按式（B.6.2-2）求取 3 者的平均值作为 OAC_1。

$$OAC_1=(a_1+a_2+a_3)/3 \quad \text{(B.6.2-2)}$$

3 对所选择试验的沥青用量范围，密度或稳定度没有出现峰值（最大值经常在曲线的两端）时，可直接以目标空隙率所对应的沥青用量 a_3 作为 OAC_1，但 OAC_1 必须介于 OAC_{min}～OAC_{max} 的范围内。否则应重新进行配合比设计。

B.6.3 以各项指标均符合技术标准（不含 *VMA*）的沥青用量范围 OAC_{min}～OAC_{max} 的中值作为 OAC_2。

$$OAC_2=(OAC_{min}+OAC_{max})/2 \quad \text{(B.6.3)}$$

B.6.4 通常情况下取 OAC_1 及 OAC_2 的中值作为计算的最佳沥青用量 *OAC*。

$$OAC=(OAC_1+OAC_2)/2 \quad \text{(B.6.4)}$$

B.6.5 按式（B.6.4）计算的最佳油石比 *OAC*，从图 B.6.1 中得出所对应的空隙率和 *VMA* 值，检验是否能满足本规范表 5.3.3-1 或表 5.3.3-2 关于最小 *VMA* 值的要求。*OAC* 宜位于 *VMA* 凹形曲线最小值的贫油一侧。当空隙率不是整数时，最小 *VMA* 按内插法确定，并将其画入图 B.6.1 中。

B.6.6 检查图 B.6.1 中相应于此 *OAC* 的各项指标是否均符合马歇尔试验技术标准。

B.6.7 根据实践经验和公路等级、气候条件、交通情况，调整确定最佳沥青用量 *OAC*。

1 调查当地各项条件相接近的工程的沥青用量及使用效果，论证适宜的最佳沥青用量。检查计算得到的最佳沥青用量是否相近，如相差甚远，应查明原因，必要时重新调整级配，进行配合比设计。

2　对炎热地区公路以及高速公路、一级公路的重载交通路段，山区公路的长大坡度路段，预计有可能产生较大车辙时，宜在空隙率符合要求的范围内将计算的最佳沥青用量减小 0.1%～0.5%作为设计沥青用量。此时，除空隙率外的其他指标可能会超出马歇尔试验配合比设计技术标准，配合比设计报告或设计文件必须予以说明。但配合比设计报告必须要求采用重型轮胎压路机和振动压路机组合等方式加强碾压，以使施工后路面的空隙率达到未调整前的原最佳沥青用量时的水平，且渗水系数符合要求。如果试验段试拌试铺达不到此要求时，宜调整所减小的沥青用量的幅度。

3　对寒区公路、旅游公路、交通量很少的公路，最佳沥青用量可以在 OAC 的基础上增加 0.1%～0.3%，以适当减小设计空隙率，但不得降低压实度要求。

B.6.8　按式（B.6.8-1）及式（B.6.8-2）计算沥青结合料被集料吸收的比例及有效沥青含量。

$$P_{ba}=\frac{\gamma_{se}-\gamma_{b}}{\gamma_{se}\times\gamma_{sb}}\times\gamma_{b}\times100 \tag{B.6.8-1}$$

$$P_{be}=P_{b}-\frac{P_{ba}}{100}\times P_{s} \tag{B.6.8-2}$$

式中　P_{ba}——沥青混合料中被集料吸收的沥青结合料比例，%；

P_{be}——沥青混合料中的有效沥青用量，%；

γ_{se}——集料的有效相对密度，按式（B.5.6-1）计算，无量纲；

γ_{sb}——材料的合成毛体积相对密度，按式（B.5.3）求取，无量纲；

γ_{b}——沥青的相对密度（25℃/25℃），无量纲；

P_{s}——各种矿料占沥青混合料总质量的百分率之和，即 $P_{s}=100-P_{b}$，%。

如果需要，可按式（B.6.8-3）及式（B.6.8-4）计算有效沥青的体积百分率 V_{be} 及矿料的体积百分率 V_{g}。

$$V_{be}=\frac{\gamma_{f}\times P_{be}}{\gamma_{b}} \tag{B.6.8-3}$$

$$V_{g}=100-(V_{be}+VV) \tag{B.6.8-4}$$

B.6.9　检验最佳沥青用量时的粉胶比和有效沥青膜厚度。

1　按式（B.6.9-1）计算沥青混合料的粉胶比，宜符合 0.6～1.6 的要求。对常用的公称最大粒径为 13.2～19mm 的密级配沥青混合料，粉胶比宜控制在 0.8～1.2 范围内。

$$FB=\frac{P_{0.075}}{P_{be}} \tag{B.6.9-1}$$

式中　FB——粉胶比，沥青混合料的矿料中 0.075mm 通过率与有效沥青含量的比值，无量纲；

$P_{0.075}$——矿料级配中 0.075mm 的通过率（水洗法），%；

P_{be}——沥青混合料中的有效沥青用量，%。

2　按式（B.6.9-2）的方法计算集料的比表面，按式（B.6.9-3）估算沥青混合料的沥青膜有效厚度。各种集料粒径的表面积系数按表 B.6.9 采用。

$$SA=\sum(P_i\times FA_i) \tag{B.6.9-2}$$

$$DA=\frac{P_{be}}{\gamma_b\times SA}\times 10 \tag{B.6.9-3}$$

式中　SA——集料的比表面积，m^2/kg；

P_i——各种粒径的通过百分率，%；

FA_i——相应于各种粒径的集料的表面积系数，如表 B.6.9 所列；

DA——沥青膜有效厚度，μm；

P_{be}——有效沥青含量，%；

γ_b——沥青的相对密度（25℃/25℃），无量纲。

注：各种公称最大粒径混合料中大于 4.75mm 尺寸集料的表面积系数 FA 均取 0.0041，且只计算一次，4.75mm 以下部分的 FA_i 如表 B.6.9 示例。该例的 $SA=6.60m^2/kg$。若混合料的有效沥青含量为 4.65%，沥青的相对密度 1.03，则沥青膜厚度为 $DA=4.65/(1.03/6.60)\times10=6.83\mu m$。

表 B.6.9　集料的表面积系数计算示例

筛孔尺寸（mm）	19	16	13.2	9.5	4.75	2.36	1.18	0.6	0.3	0.15	0.075	集料比表面积总和 SA（m^2/kg）
表面积系数 FA_i	0.0041	—	—	—	0.0041	0.0082	0.0164	0.0287	0.0614	0.1229	0.3277	
通过百分率 P_i（%）	100	92	85	76	60	42	32	23	16	12	6	
比表面积 $FA_i\times P_i$（m^2/kg）	0.41	—	—	—	0.25	0.34	0.52	0.66	0.98	1.47	1.97	6.60

摘录：《公路沥青路面施工技术规范》JTG F40—2004

表 5.3.3-1　密级配沥青混凝土混合料马歇尔试验技术标准

（本表适用于公称最大粒径≤26.5mm 的密级配沥青混凝土混合料）

试验指标	单位	高速公路、一级公路				其他等级公路	行人道路
		夏炎热区（1-1、1-2、1-3、1-4 区）		夏热区及夏凉区（2-1、2-2、2-3、2-4、3-2 区）			
		中轻交通	重载交通	中轻交通	重载交通		
击实次数（双面）	次	75				50	50
试件尺寸	mm	ϕ101.6mm×63.5mm					

续表

试验指标		单位	高速公路、一级公路				其他等级公路	行人道路
			夏炎热区(1-1、1-2、1-3、1-4 区)		夏热区及夏凉区(2-1、2-2、2-3、2-4、3-2 区)			
			中轻交通	重载交通	中轻交通	重载交通		
空隙率 *VV*	深约 90mm 以内	%	3～5	4～6	2～4	3～5	3～6	2～4
	深约 90mm 以下	%	3～6		2～4	3～6	3～6	—
稳定度 *MS* 不小于		kN	8				5	3
流值 *FL*		mm	2～4	1.5～4	2～4.5	2～4	2～4.5	2～5

矿料间隙率 *VMA* (%) 不小于	设计空隙率(%)	相应于以下公称最大粒径(mm)的最小 *VMA* 及 *VFA* 技术要求(%)					
		26.5	19	16	13.2	9.5	4.75
	2	10	11	11.5	12	13	15
	3	11	12	12.5	13	14	16
	4	12	13	13.5	14	15	17
	5	13	14	14.5	15	16	18
	6	14	15	15.5	16	17	19
沥青饱和度 *VFA*(%)		55～70	65～75			70～85	

注：1. 对空隙率大于5%的夏炎热区重载交通路段，施工时应至少提高压实度1个百分点。
2. 当设计的空隙率不是整数时，由内插确定要求的 *VMA* 最小值。
3. 对改性沥青混合料，马歇尔试验的流值可适当放宽。

表 5.3.3-2 沥青稳定碎石混合料马歇尔试验配合比设计技术标准

试验指标	单位	密级配基层(ATB)		半开级配面层(AM)	排水式开级配磨耗层(OGFC)	排水式开级配基层(ATPB)
公称最大粒径	mm	26.5mm	等于或大于31.5mm	等于或小于26.5mm	等于或小于26.5mm	所有尺寸
马歇尔试件尺寸	mm	ϕ101.6mm×63.5mm	ϕ152.4mm×95.3mm	ϕ101.6mm×63.5mm	ϕ101.6mm×63.5mm	ϕ152.4mm×95.3mm
击实次数(双面)	次	75	112	50	50	75
空隙率 *VV*	%	3～6		6～10	不小于18	不小于18
稳定度,不小于	kN	7.5	15	3.5	3.5	—
流值	mm	1.5～4	实测	—	—	—
沥青饱和度 *VFA*	%	55～70		40～70	—	—
密级配基层 ATB 的矿料间隙率 *VMA*,不小于		设计空隙率(%)		ATB-40	ATB-30	ATB-25
		4		11	11.5	12
		5		12	12.5	13
		6		13	13.5	14

注：在干旱地区，可将密级配沥青稳定碎石基层的空隙率适当放宽到8%。

四、配合比设计检验

1. 高温稳定性检验

按最佳沥青用量 *OAC* 制作车辙试验试件，按 JTG F40—2004 的 T0715 进行检测，在 60℃条件下用车辙试验机对设计的沥青用量检验高温抗车辙能力，填入表 8.2-6 中。沥青混合料车辙试验动稳定度技术要求见《公路沥青路面施工技术规范》JTG F40—2004 的表 5.3.4-1。

沥青混合料动稳定度试验记录表　　　　**表 8.2-6**

取样日期		试验日期		试验规程		试验员签字	
样品状态		样品名称		复核人签字		技术负责人签字	
主要仪器设备及编号							
时间制作方法：			试验温度(℃)：			毛体积表观相对密度：	
试验轮接地压强(MPa)：			时间尺寸(mm)：			空隙率(%)：	
试验机修正系数：			试件系数：			往返碾压速度(次/min)：	

试样编号	1	2	3
时间 t_1(min)			
时间 t_2(min)			
对应时间 t_1 的变形量 d_1(mm)			
对应时间 t_2 的变形量 d_2(mm)			
动稳定度(次/mm)			
变异系数(%)			
平均动稳定度(次/mm)			
备注			

2. 水稳定性检验

按现行《公路沥青路面施工技术规范》JTG F40 规定的试验方法进行浸水马歇尔试验和冻融劈裂试验，残留稳定度及残留强度比均必须符合相关规定。

3. 低温抗裂性能检验

对公称最大粒径等于或小于 19mm 的混合料，按现行《公路沥青路面施工技术规范》JTG F40 规定的试验方法进行低温弯曲试验，其破坏应变宜符合要求。

4. 渗水系数检验

利用轮碾机成型的车辙试件进行渗水试验检验的渗水系数宜符合现行《公路沥青路面施工技术规范》JTG F40 相关要求。

5. 钢渣活性检验

对使用钢渣的沥青混合料，应按现行《公路沥青路面施工技术规范》JTG F40 规定的试验方法检测钢渣的活性及膨胀性。

摘录：《公路沥青路面施工技术规范》JTG F40—2004

B.7　配合比设计检验

B.7.1　对用于高速公路和一级公路的密级配沥青混合料，需在配合比设计的基础上按本规范要求进行各种使用性能的检验，不符合要求的沥青混合料，必须更换材料或重新进行配合比设计。其他等级公路的沥青混合料可参照执行。

B.7.2　配合比设计检验按计算确定的设计最佳沥青用量在标准条件下进行。如按照B.6.7的方法将计算的设计沥青用量调整后作为最佳沥青用量，或者改变试验条件时，各项技术要求均应适当调整，不宜照搬。

B.7.3　高温稳定性检验。对公称最大粒径等于或小于19mm的混合料，按规定方法进行车辙试验，动稳定度应符合本规范表5.3.4-1的要求。

注：对公称最大粒径大于19mm的密级配沥青混凝土或沥青稳定碎石混合料，由于车辙试件尺寸不能适用，不宜按本规范方法进行车辙试验和弯曲试验。如需要检验可加厚试件厚度或采用大型马歇尔试件。

B.7.4　水稳定性检验。按规定的试验方法进行浸水马歇尔试验和冻融劈裂试验，残留稳定度及残留强度比均必须符合本规范表5.3.4-2的规定。

注：调整沥青用量后，马歇尔试件成型可能达不到要求的空隙率条件。当需要添加消石灰、水泥、抗剥落剂时，需重新确定最佳沥青用量后试验。

B.7.5　低温抗裂性能检验。对公称最大粒径等于或小于19mm的混合料，按规定方法进行低温弯曲试验，其破坏应变宜符合本规范表5.3.4-3要求。

B.7.6　渗水系数检验。利用轮碾机成型的车辙试件进行渗水试验检验的渗水系数宜符合本规范表5.3.4-4要求。

B.7.7　钢渣活性检验。对使用钢渣的沥青混合料，应按规定的试验方法检验钢渣的活性及膨胀性试验，并符合本规范5.3.4条5的要求。

B.7.8　根据需要，可以改变试验条件进行配合比设计检验，如按调整后的最佳沥青用量、变化最佳沥青用量$OAC\pm0.3\%$、提高试验温度、加大试验荷载、采用现场压实密度进行车辙试验，在施工后的残余空隙率（如7%～8%）的条件下进行水稳定性试验和渗水试验等，但不宜用规范规定的技术要求进行合格评定。

五、生产配合比

1. 生产配合比设计

对间歇式拌合机，应按规定方法测试各热料仓的材料级配，确定各热料仓的配合比，供拌合机控制室使用。同时选择适宜的筛孔尺寸和安装角度，尽量使各热料仓的供料大体平衡。取目标配合比设计的最佳沥青用量OAC、$OAC\pm0.3\%$等三个沥青用量进行马歇尔试验和试拌，通过室内试验及拌合机取样试验综合确定生产配合比的最佳沥青用量，由此确定的最佳沥青用量与目标配合比设计的结果的差值不宜超过±0.2%。对连续式拌合机可省略生产配合比设计步骤。

2. 生产配合比验证

拌合机采用生产配合比进行试拌、铺筑试验段，并取试样进行马歇尔试样，同时从路上钻取芯样观察空隙率的大小，由此确定生产用的标准配合比。标准配合比的矿料级配至少应包含0.075mm、2.36mm、4.75mm及公称最大粒径筛孔的通过率接近优选的工程设计级配的中值，并避免在0.3～0.6mm处出现“驼峰”。对确定的标准配合比，宜再次进行车辙试验和水稳定性检验。

子任务8.3　其他沥青混合料品种、特性与应用

在道路路面结构、桥梁铺装等施工中，应用最广泛的是热拌沥青混合料，热拌沥青混合料是经人工组配的矿质混合料与黏稠沥青在专用设备中加热拌合，并采用保温运输工具运送到施工现场，在热态下进行摊铺、压实的沥青混合料，是沥青混合料中最典型的品种，其他品种均由其发展而来，下面就其他沥青混合料的品种、特性及应用作简单介绍。

一、沥青玛蹄脂碎石混合料

沥青玛蹄脂碎石混合料，代号为SAM，是指由高含量粗骨料、高含量矿粉、较大沥青用量以及较少含量的中间颗粒组成的骨架密实结构类型的沥青混合料，具有较高的抗车辙能力、优良的抗裂性能、良好的耐久性、较好的抗滑性能和经济性，广泛应用于道路工程中。

查阅现行《公路沥青玛蹄脂碎石路面技术指南》SHC F40-01、《公路沥青路面施工技术规范》JTG F40，录屏上传到学习平台。然后，借助标准查找下列问题：

1. 沥青玛蹄脂碎石混合料应用范围如何？

摘录：《公路沥青玛蹄脂碎石路面技术指南》SHC F40-01—2002

1　总则

1.0.1　为指导沥青玛蹄脂碎石路面（以下简称SMA路面）的建设特制订本指南。

1.0.2　本指南规定SMA路面的材料、配合比设计、施工、质量要求，适用于铺筑新建公路面层或旧路面加铺磨耗层使用。

1.0.3　旧路面上铺筑SMA磨耗层时，原路面应经过整平及必要的修补，符合设计规定的强度要求。

1.0.4　铺筑SMA面层时除本指南已有规定者外，应遵照交通行业标准《公路沥青路面施工技术规范》JT032的规定执行。当使用改性沥青时，还应遵照《公路改性沥青路面施工技术规范》TJ036的规定执行。

2. 与热拌沥青混合料相比，沥青玛蹄脂碎石混合料的配合比设计有哪些要求？

摘录：《公路沥青路面施工技术规范》JTG F40—2004

附录C　SMA混合料配合比设计方法

……

C.3　设计矿料级配的确定

C.3.1　设计初试级配

1　SMA路面的工程设计级配范围宜直接采用本规范表5.3.2-3规定的矿料级配范围。公称最大粒径等于或小于9.5mm的SMA混合料，以2.36mm作为粗集料骨架的分界筛孔，公称最大粒径等于或大于13.2mm的SMA混合料以4.75mm作为粗集料骨架的分界筛孔。

2　在工程设计级配范围内，调整各种矿料比例设计3组不同粗细的初试级配，3组级配的粗集料骨架分界筛孔的通过率处于级配范围的中值、中值±3%附近，矿粉数量均为10%左右。

C.3.2　按附录B的方法计算初试级配的矿料的合成毛体积相对密度γ_{sb}、合成表观相对密度γ_{sa}、有效相对密度γ_{se}。其中各种集料的毛体积相对密度、表观相对密度试验方法遵照附录B的规定进行。

C.3.3　把每个合成级配中小于粗集料骨架分界筛孔的集料筛除，按《公路工程集料试验规程》T 0309的规定，用捣实法测定粗集料骨架的松方毛体积相对密度γ_s，按式（C.3.3）计算粗集料骨架混合料的平均毛体积相对密度γ_{CA}。

$$\gamma_{CA}=\frac{P_1+P_2+\cdots+P_n}{\frac{P_1}{\gamma_1}+\frac{P_2}{\gamma_2}+\cdots+\frac{P_n}{\gamma_n}} \quad \text{(C.3.3)}$$

式中　P_1、P_2、…、P_n——粗集料骨架部分各种集料在全部矿料级配混合料中的配合比；

γ_1、γ_2、…、γ_n——各种粗集料相应的毛体积相对密度。

C.3.4　按式（C.3.4）计算各组初试级配的捣实状态下的粗集料松装间隙率VCA_{DRC}。

$$VCA_{DRC}=\left(1-\frac{\gamma_S}{\gamma_{CA}}\right)\times 100 \quad \text{(C.3.4)}$$

式中　VCA_{DRC}——粗集料骨架的松装间隙率（%）；

γ_{CA}——粗集料骨架的毛体积相对密度；

γ_S——粗集料骨架的松方毛体积相对密度。

C.3.5　按本规范B.5.5的方法预估新建工程SMA混合料的适宜的油石比P_a或沥青用量为P_b，作为马歇尔试件的初试油石比。

C.3.6　按照选择的初试油石比和矿料级配制作SMA试件，马歇尔标准击实的次数为双面50次，根据需要也可采用双面75次，一组马歇尔试件的数目不得少于4～6个。SMA马歇尔试件的毛体积相对密度由表干法测定。

C.3.7　按式（C.3.7）的方法计算不同沥青用量条件下SMA混合料的最大理论相对密度，其中纤维部分的比例不得忽略。

$$\gamma_t=\frac{100+P_a+P_x}{\frac{100}{\gamma_{se}}+\frac{P_a}{\gamma_a}+\frac{P_x}{\gamma_x}} \tag{C.3.7}$$

式中　γ_{se}——矿料的有效相对密度，由C.3.2确定；

P_a——沥青混合料的油石比，(%)；

γ_a——沥青结合料的表观相对密度（25℃/25℃），无量纲；

P_x——纤维用量，以矿料质量的百分数，%；

γ_x——纤维稳定剂的密度，由供货商提供或由比重瓶实测得到。

C.3.8　按式（C.3.8）计算SMA马歇尔混合料试件中的粗集料骨架间隙率VCA_{mix}，试件的集料各项体积指标空隙率VV、集料间隙率VMA、沥青饱和度VFA按本规范附录B的方法计算。

$$VCA_{mix}=\left(1-\frac{\gamma_f}{\gamma_{ca}}\times\frac{P_{CA}}{100}\right)\times 100 \tag{C.3.8}$$

式中　P_{CA}——沥青混合料中粗集料的比例，即大于4.75mm的颗粒含量（%）；

γ_{ca}——粗集料骨架部分的平均毛体积相对密度，由式（C.3.3）确定；

γ_f——沥青混合料试件的毛体积相对密度，由表干法测定。

C.3.9　从3组初试级配的试验结果中选择设计级配时，必须符合$CVA_{mix}<VCA_{DRC}$及$VMA>16.5\%$的要求，当有1组以上的级配同时符合要求时，以粗集料骨架分界集料通过率大且VMA较大的级配为设计级配。

3. 与热拌沥青混合料相比，对沥青玛蹄脂碎石混合料的最佳沥青用量有哪些要求？

摘录：《公路沥青路面施工技术规范》JTG F40—2004

附录C　SMA混合料配合比设计方法

……

C.4　确定设计沥青用量

C.4.1　根据所选择的设计级配和初试油石比试验的空隙率结果，以0.2%~0.4%为间隔，调整3个不同的油石比，制作马歇尔试件，计算空隙率等各项体积指标。一组试件数不宜少于4~6个。

C.4.2　进行马歇尔稳定度试验，检验稳定度和流值是否符合本规范规定的技术要求。

C.4.3　根据希望的设计空隙率，确定油石比，作为最佳油石比 *OAC*。所设计的 SMA 混合料应符合本规范 5.3 规定的各项技术标准。
C.4.4　如初试油石比的混合料体积指标恰好符合设计要求时，可以免去这一步，但宜进行一次复核。

二、大孔隙排水性沥青混合料

大孔隙排水性沥青混合料，简称 OGFC，与一般沥青混合料不同，其矿料级配较粗，多为开口空隙，最大特点是空隙率高。铺筑大孔隙排水式沥青混合料 OGFC 的主要目的是使路面在高速行车条件下，雨水可以急速地通过混合料内部大的开口空隙排出路面以外，不产生溅水和水雾，同时大幅度降低路面的噪声。OGFC 通常分为 OGFC-19 或 OGFC-13 两种类型，特别需要降低噪声时，宜采用公称最大粒径较小的级配。

查阅现行《公路沥青路面施工技术规范》JTG F40，录屏上传到学习平台。然后，借助标准查找下列问题：

1. 与热拌沥青混合料相比，大孔隙排水性沥青混合料在选材上有哪些不同?

摘录:《公路沥青路面施工技术规范》JTG F40—2004
附录 D　OGFC 混合料配合比设计方法
……
D.2　材料选择
D.2.1　用于 OGFC 混合料的粗集料、细集料以及石粉的质量应符合本规范第 4 章对表面层材料的技术要求。OGFC 宜在使用石粉的同时掺用消石灰、纤维等添加剂。
D.2.2　OGFC 宜采用高粘度改性沥青，其质量宜符合表 D.2.2 的技术要求。当实践证明采用普通改性沥青或纤维稳定剂后能符合当地条件时也允许使用。

表 D.2.2　高粘度改性沥青的技术要求

试验项目		单位	技术要求
针入度(25℃,100g,5s)	不小于	0.1mm	40
软化点($T_{R\&B}$)	不小于	℃	80
延度(15℃)	不小于	cm	50
闪点	不小于	℃	260
薄膜加热试验(TFOT)后的质量变化	不大于	%	0.6
粘韧性(25℃)	不小于	N·m	20
韧性(25℃)	不小于	N·m	15
60℃粘度	不小于	Pa·s	20000

2. 相较热拌沥青混合料，OGFC混合料的配合比设计有哪些要求？

摘录：《公路沥青路面施工技术规范》JTG F40—2004

附录D　OGFC混合料配合比设计方法

……

D. 3　确定设计矿料级配和沥青用量

D. 3. 1　按试验规程规定的方法精确测定各种原材料的相对密度，粗集料按T 0304方法测定，机制砂及石屑可按T 0330方法测定，也可以用筛出的2. 36～4. 75mm部分的毛体积相对密度代替，矿粉（含消石灰、水泥）以表观相对密度代替。

D. 3. 2　以本规范表5. 3. 2-4级配范围作为工程设计级配范围，在充分参考同类工程的成功经验的基础上，在级配范围内适配3组不同2. 36mm通过率的矿料级配作为初选级配。

D. 3. 3　对每一组初选的矿料级配，按式（D. 3. 3-1）计算集料的表面积。根据希望的沥青膜厚度，按式（D. 3. 3-2）计算每一组混合料的初试沥青用量P_b。通常情况下，OGFC的沥青膜厚度h宜为14μm。

$$A=(2+0.02a+0.04b+0.08c+0.14d+0.3e+0.6f+1.6g)/48.74 \quad \text{(D. 3. 3-1)}$$

$$P_b=h\times A \quad \text{(D. 3. 3-2)}$$

式中　A——集料总的表面积。

其中a、b、c、d、e、f、g分别代表4. 75mm、2. 36mm、1. 18mm、0. 6mm、0. 3mm、0. 15mm、0. 075mm筛孔的通过百分率，%。

D. 3. 4　制作马歇尔试件，马歇尔试件的击实次数为双面50次。用体积法测定试件的空隙率，绘制2. 36mm通过率与空隙率的关系曲线。根据期望的空隙率确定混合料的矿料级配，并再次按D. 3. 3的方法计算初始沥青用量。

D. 3. 5　以确定的矿料级配和初始沥青用量拌合沥青混合料，分别进行马歇尔试验、谢伦堡析漏试验、肯特堡飞散试验、车辙试验，各项指标应符合本规范表5. 3的技术要求，其空隙率与期望空隙率的差值不宜超过±1%。如不符合要求，应重新调整沥青用量拌合沥青混合料进行试验，直至符合要求为止。

D. 3. 6　如各项指标均符合要求，即配合比设计已完成，出具配合比设计报告。

知识小链接：

OGFC最大的特点是空隙率高，难以使用通常的马歇尔试验方法确定沥青含量。以各项功能性检验为主，选择期望的空隙率而又具有较高耐久性的最大容许沥青膜厚度来确定沥青含量。油石比主要由析漏试验结果选定。通常以析漏试验确定的沥青混合料不致产生流淌的沥青用量作为上限，以肯特堡飞散试验检验沥青混合料在通车后粒料不致松散、脱落、飞散时的沥青用量为下限。

三、橡胶沥青混合料

橡胶沥青混合料由橡胶改性沥青、粗骨料、细骨料、矿粉、稳定剂按一定比例加热搅拌而成，由于其具备较好的表面构造、密水性、抗剪切稳定性，间断级配和混合料被普遍用于交叉口和变速较多的城市道路面层和补强结构。与普通沥青混合料相比，橡胶沥青混合料具有较好的耐久性和抗疲劳寿命、抵抗路面产生疲劳裂缝和反射裂缝、改善高温抗永久变形能力（车辙、拥包)、低温裂缝的能力，降低噪声，提高了薄层罩面的耐久性和使用性能，降低了路面成本。

查阅现行《橡胶沥青路面技术标准》CJJ/T 273，录屏上传到学习平台。然后，借助标准查找下列问题：

与热拌沥青混合料相比，橡胶沥青混合料配合比设计有什么不同?

摘录：《橡胶沥青路面技术标准》CJJ/T 273—2019

5.1　一般规定

5.1.1　热拌橡胶沥青混合料的配合比设计应包括组成设计和性能检验两部分；组成设计应包括原材料的选用与特性试验、矿料级配组成设计、最佳沥青用量的确定三项；性能检验应包括车辙试验、低温弯曲试验、浸水马歇尔试验、冻融劈裂试验、渗水试验五项。

5.1.2　热拌橡胶沥青混合料的配合比设计应通过目标配合比设计、生产配合比设计、配合比验证三个阶段进行。

5.2　连续级配橡胶改性沥青混合料

5.2.1　连续级配橡胶改性沥青混合料的矿料级配应满足均匀性和密水性的要求，并应按表5.2.1级配范围选择。混合料配合比的马歇尔设计方法应按本标准附录C执行。

表5.2.1　连续级配橡胶改性沥青混合料级配范围

混合料类型		通过下列筛孔(mm)的质量百分率(%)											
		26.5	19	16	13.2	9.5	4.75	2.36	1.18	0.6	0.3	0.015	0.075
TRHMA-AC-25	上限	100	90	83	76	65	52	42	33	24	17	13	7
	下限	90	75	65	57	45	24	16	12	8	5	4	3
TRHMA-AC-20	上限	—	100	92	80	72	56	44	33	24	17	13	7
	下限	—	90	78	62	50	26	16	12	8	5	4	3
TRHMA-AC-16	上限	—	—	100	92	80	62	48	36	26	18	14	8
	下限	—	—	90	76	60	34	20	13	9	7	5	4
TRHMA-AC-13	上限	—	—	—	100	85	68	50	38	28	20	16	8
	下限	—	—	—	90	68	38	24	15	10	7	6	4

注：TRHMA-AC-××代号的意义：TRHMA-AC为连续级配橡胶改性沥青混合料；××为公称最大粒径（mm)。

5.2.2 连续级配橡胶改性沥青混合料马歇尔试验配合比设计的技术标准应符合表5.2.2的规定。

表5.2.2 连续级配橡胶改性沥青混合料马歇尔试验配合比设计技术标准

试验指标	单位	技术要求			
试件尺寸	mm	ϕ101.6mm×63.5mm			
击实次数	次	双面各75			
空隙率 *VV*	%	4～6			
稳定度 *MS*	kN	≥8			
流值 *FL*	mm	2～5			
矿料间隙率 *VMA*(%)	设计空隙率(%)	*VMA* 技术要求(%)			
		TRHMA-AC-25	TRHMA-AC-20	TRHMA-AC-16	TRHMA-AC-13
	3	≥11	≥12	≥12.5	≥13
	4	≥12	≥13	≥13.5	≥14
	5	≥13	≥14	≥14.5	≥15
	6	≥14	≥15	≥15.5	≥16
沥青饱和度 *VFA*(%)		65～75			

注：当设计空隙率不是整数时，*VMA* 最小值由内插法确定。

5.2.3 连续级配橡胶改性沥青混合料性能检验的技术要求应符合表5.2.3的规定。

表5.2.3 连续级配橡胶改性沥青混合料性能检验技术要求

试验项目		单位	技术要求			试验方法
车辙试验(60℃空气介质，设计空隙率±1%)		次/mm	≥3000			JTG E20 T0719
水稳定性	浸水马歇尔试验残留稳定度	%	≥85			JTG E20 T0709
	冻融劈裂试验残留强度比	%	≥80			JTG E20 T0729
渗水系数		mL/min	≤120			JTG E20 T0730
低温弯曲试验应变		με	寒区	温区	热区	JTG E20 T0715
			≥3000	≥2800	≥2500	

注：气候分区按最低月平均气温确定：寒区小于−10℃；温区为−10～0℃；热区大于0℃。

四、冷拌沥青混合料

冷拌沥青混合料是指矿质混合料与稀释沥青或乳化沥青在常温状态或加热温度很低的条件下，经拌合、铺筑而成型的沥青混合料。这种混合料一般较松散，存放时间较长，可达3个月以上，并可以随时取料施工。其适用于一般道路的沥青路面面层、修补旧路和坑槽、旧路改造的加铺层或高等级道路的联接层或平整层。

查阅现行《公路沥青路面施工技术规范》JTG F40，录屏上传到学习平台。然后，借助标准查找下列问题：

1. 冷拌沥青混合料应用范围是什么？有哪些具体要求？

摘录：《公路沥青路面施工技术规范》JTG F40—2004

8.1　一般规定

8.1.1　冷拌沥青混合料适用于三级及三级以下的公路的沥青面层、二级公路的罩面层施工以及各级公路沥青路面的基层、联接层或整平层。冷拌改性沥青混合料可用于沥青路面的坑槽冷补。

8.1.2　冷拌沥青混合料宜采用乳化沥青或液体沥青拌制，也可采用改性乳化沥青，各种结合料类型及规格应符合本规范第4章的要求。

8.1.3　冷拌沥青混合料宜采用密级配沥青混合料，当采用半开级配的冷拌沥青碎石混合料路面时应铺筑上封层。

知识小链接：

(1) 乳化沥青混合料路面施工过程中的碾压是最困难的事，在何时碾压？采用什么压路机？碾压到什么程度为止？

首先，碾压效果取决于铺设以后至可以开始碾压的时间。掌握开始碾压的时机是最重要的。因为在尚未破乳时，乳液中的水分还在混合料中间，碾压过程不能使水分跑出来，即使认为是压“实”了，其中还有好多水分占据的空间，一旦水分挥发，将成为孔隙，路面的空隙率将会很大。通常情况是抢在破乳开始以后碾压，但由于水分蒸发需要一定的时间，尤其是内部的水分不可能很快蒸发掉，只能在这个时间内碾压，一边将水分挤出去，一边使混合料压实，这个时机非常重要。

(2) 根据国外的研究，较薄的路面宜采用高频的振动压路机（70Hz）或水平振荡的压路机效果较好，它可以一边碾压一边将水分振出来。采用大直径的刚性碾也能取得较好的效果。而较厚的路面，采用振幅较大的振动压路机能取得最好的压实效果。

(3) 常温沥青混合料的使用性能与压实度、空隙率的关系十分密切。由于常温沥青混合料内部有水分，与热拌沥青混合料内部的空隙结构是不一样的。通过对常温沥青混合料内部孔分布的研究表明，内部有无数的微细空隙，而微细的闭空隙中的水分更难逸出，而热拌沥青混合料内部的空隙则比较大，几乎不存在微细空隙。所以常温沥青混合料的空隙率通常比较大，这也是影响常温沥青混合料性能的一个因素。

(4) 关于补坑用的冷拌沥青混合料及相关的施工工艺，是参照近年来国内外的成品质量检查、国外的相关标准，结合我国的实践经验编制的。

2. 相较热拌沥青混合料，冷拌沥青混合料的配合比设计有哪些要求？

摘录：《公路沥青路面施工技术规范》JTG F40—2004

8.2　冷拌沥青混合料的配合比设计

8.2.1　冷拌沥青混合料可参照本规范第5章相应的矿料级配使用，并根据已有的成功经验经试拌确定设计级配范围和施工配合比。

8.2.2　乳化沥青碎石混合料的乳液用量应根据当地实践经验以及交通量、气候、集料情况、沥青标号、施工机械等条件确定，也可按热拌沥青混合料的沥青用量折算，实际的沥青残留物数量可较同规格热拌沥青混合料的沥青用量减少10%～20%。

3. 用于修补沥青路面坑槽的冷补沥青混合料矿料级配组成与热拌沥青混合料有哪些不同？

摘录：《公路沥青路面施工技术规范》JTG F40—2004

8.4　冷补沥青混合料

8.4.1　用于修补沥青路面坑槽的冷补沥青混合料宜采用适宜的改性沥青结合料制造，并具有良好的耐水性。

8.4.2　冷补沥青混合料的矿料级配宜参照表8.4.2的要求执行。沥青用量通过试验并根据实际使用效果确定，通常宜为4%～6%。其级配应符合补坑的需要，粗集料级配必须具有充分的嵌挤能力，以便在未经充分碾压的条件下可开放通车碾压而不松散。

表8.4.2　冷补沥青混合料的矿料级配

类型	通过下列筛孔(mm)的百分率(%)											
	26.5	19	16	13.2	9.5	4.75	2.36	1.18	0.6	0.3	0.15	0.075
细粒式LB-10	—	—	—	100	80～100	30～60	10～40	5～20	0～15	0～12	0～8	0～5
细粒式LB-13	—	—	100	90～100	60～95	30～60	10～40	5～20	0～15	0～12	0～8	0～5
中粒式LB-16	—	100	90～100	50～90	40～75	30～60	10～40	5～20	0～15	0～12	0～8	0～5
粗粒式LB-19	100	95～100	80～100	70～100	60～90	30～70	10～40	5～20	0～15	0～12	0～8	0～5

注：1. 黏聚性试验方法：将冷补材料800g装入马歇尔试模中，放入4℃恒温室中2～3h，取出后双面各击实5次，制作试件，脱模后放在标准筛上，将其直立并使试件沿筛框来回滚动20次，破损率不得大于40%。

2. 冷补沥青混合料马歇尔试验方法：称混合料1180g在常温下装入试模中，双面各击实50次，连同试模一起以侧面竖立方式置110℃烘箱中养生24h，取出后再双面各击实25次，再连同试模在室温中竖立放置24h，脱模后在60℃恒温水槽中养生30min，进行马歇尔试验。

8.4.3　冷补沥青混合料的质量宜符合下列要求：

（1）制造冷补沥青混合料的集料必须符合本规范热拌沥青混合料集料的质量要求。

（2）有良好的低温操作和易性。用于冬季寒冷季节补坑的混合料，应在松散状态下经－10℃的冰箱保持 24h 无明显的凝聚结块现象，且能用铁铲方便地拌合操作。

（3）有良好的耐水性，混合料按水煮法或水浸法检验的抗水剥落性能（裹覆面积）不得小于 95%。

（4）冷补沥青混合料应有足够的黏聚性，马歇尔试验稳定度宜不小于 3kN。

五、其他混凝土的特点及应用

综上所述，不同特性的沥青混合料具有不同的优点和缺点。归纳不同品种的沥青混合料结构类型、性能特点及适用范围，并列于表 8.3-1。

沥青混合料性能指标　　表 8.3-1

特点和性能	AC16-Ⅰ型	AC16-Ⅱ型	AK-16A	AM-16	OGFC	SMA-16
结构类型	悬浮密实结构	悬浮半空隙结构	悬浮或嵌挤半空隙结构	嵌挤空隙结构	嵌挤空隙结构	嵌挤密实结构
空隙率(%)	3～6	4～8(10)	3～8	>10	>15	3～4(4.5)
沥青用量	中等	较少	中等	很少	很少	很多
4.75mm 通过率(%)	42～63	30～50	30～50	18～42	30～50	20～30
0.075mm 通过率(%)	中等(4～8)	较少(2～5)	较多(4～9)	很少(0～5)	很少(2～5)	很多(8～12)
抗车辙变形	差	差	较好	好	很好	很好
疲劳耐久性	好	较好	好	好	差	很好
抗裂性能	好	较好	好	较差	差	很好
水稳定性	好	较差	较差	较大	很差	很好
渗水情况	小	较大	较大	很大	很大	很小
抗老化性能	很好	较好	较好	很差	很差	很好
抗磨损	很好	较好	较好	很差	很差	很好
抗滑性能	差	较差	较好	—	很好	好
路面噪声、反光、溅水、水雾	差	较差	较好	—	很好	好

附录　学生线上平台作业摘录与说明

一、学生查阅标准、规范的录屏

本教材的“学习任务”均以企业实际问题或任务逐步加以引导、推进。学生作为“企业新人”“职场新手”，首先，依照企业思路，主动上网查找最新 PDF 版标准、规范。然后在教师的引领、帮助下，通过“查中学”“做中学”，自主完成相关材料的种类、规格、技术性能、质量标准、储存保管等行业常识的学习；同时，为各类材料性能的检测及质量评定等做准备。若发现标准或规范已在互联网更新，请以最新版的现行标准、规范为准！可不再参考纸质版教材的相关摘录。以下是学生上网查阅新标准、新规范，及学生通过“建标库”APP，直接查找标准或规范的录屏。

1. 上网查阅标准或规范（举例）：

码 1　上网查阅标准或规范（举例）

2. 在“建标库”APP 中查阅标准或规范（举例）：

码 2　在“建标库”APP 中查阅标准或规范（举例）

二、试验步骤与视频截图一一对应的“图文作业”

学生在进行自主试验前，用手机查阅现行标准、规范，并找到相关试验内容进行预习。为方便学生理解标准、规范对材料性能检测的要求，还要求学生上网搜索、优选相关试验的检测视频。为进一步提升预习质量，学生需要将现行标准、规范的试验操作步骤一一列出，每一个试验步骤配若干张检测视频的截屏，形成标准与视频一一对应的“图文作业”（该“图文作业”可以文档形式，也可以微信聊天记录的形式提交学习平台）。然后，在老师强化安全教育后，学生以小组为单位，依据标准、规范，在视频的帮助下，自行组织试验；在老师的督查、引导、帮助下，完成材料性能检测及质量评定。

1. 砂

码 3　砂的含水率检测

码 4　砂的堆积密度检测

码 5　砂的表现密度检测

码 6 砂的颗粒级配检测

码 7 砂的含泥量检测

码 8 砂的泥块含量检测

2. 水泥

码 9 水泥胶砂强度检测

码 10 水泥细度检测

码 11 水泥标准稠度用水量、凝结时间、安定性的检测

3. 混凝土

码 12 混凝土坍落度试验

码 13 试件的制作及养护

码 14 混凝土抗压强度检测

4. 钢筋

码 15 钢筋拉伸试验

码 16 钢筋冷弯试验

码 17 钢筋重量偏差试验

5. 沥青

码 18 沥青针入度试验

码 19 沥青软化点检测

码 20 沥青延度试验

三、混凝土对比试验

本教材“混凝土配合比设计及性能调整”的学习子任务是通过设计单一变量的比对试验来揭示其内在规律。学生通过直观比对试验中结果与变量的内在关联，总结规律，获取知识。通过完成一系列主要变量的对比试验，进而理解、掌握不同主要变量对混凝土性能的影响。

码 21　掺合料的质量对混凝土和易性的影响

码 22　粉煤灰、矿渣粉对混凝土和易性影响

码 23　水胶比相同的情况下，增加水泥浆量，对混凝土和易性的影响

码 24　增加水泥量或外掺减水剂降低用水量，增加混凝土强度

码 25　外加剂对混凝土和易性影响

主要参考文献

[1] 刘祥顺. 建筑材料 [M]. 4版. 北京：中国建筑工业出版社，2015.
[2] 王陵茜. 市政工程材料 [M]. 3版. 北京：中国建筑工业出版社，2020.
[3] 楼丽凤. 市政工程建筑材料 [M]. 北京：中国建筑工业出版社，2011.